よくわかる 最新 鉄道の技術と仕組み

要素技術と運行のシステムを学ぶ

秋山芳弘　監修
阿佐見俊介、磯部栄介、出野市郎、佐藤盛三、千代雄二、鷲田鉄也　著

秀和システム

本書で使用している写真は、特記のない限り、
著者による安全な場所からの撮影です。

はじめに

鉄道が注目される時代の鉄道技術入門書

鉄道は、大量輸送・高速性・定時性・安全性・省エネルギー・環境面など多くの点で他の交通機関に対して優れています。このため、大都市における自動車渋滞緩和と大気汚染軽減の切り札として、アジアの大都市を中心に都市鉄道（メトロ）が整備され、また高速鉄道に代表される都市間鉄道の建設も東アジアや西ヨーロッパで精力的に進められています。さらにアメリカやロシア・中国・オーストラリアなどの大陸国では、鉄道貨物輸送が盛んに行なわれています。このような状況を反映して、世界的な鉄道の市場規模は、現在、年間約25兆円ともいわれています。

最近では、自動車に依存しない公共交通指向型の都市開発（TOD = Transit-Oriented Development）とか、MaaS（マース）（Mobility as a Service）の基軸交通機関として鉄道が脚光を浴びています。さらにインフラ輸出の目玉として日本の鉄道車両や鉄道システムの海外展開が積極的に行なわれています。

一方、鉄道を趣味として楽しまれる方も多数おられます。常に列車中心の旅行をされる方、路線の乗りつぶしをされる方、切符を収集される方、写真撮影をされる方、車両をはじめとする特定の技術分野を探求される方など多彩です。このような鉄道趣味の領域では、もともと男性が圧倒的に多かったのですが、女性の鉄道ファンが増えてきているのが最近の特徴です。

本書は、これから鉄道の基礎的技術を習得しようとされる方や鉄道ファンを主な対象とし、最近の鉄道の動向を含めて、図や写真を豊富に使用して鉄道システム全般をわかりやすく解説することを目的としました。

鉄道システムは、土木・車両・運転・電力・信号通信・保守・運営などさまざまな分野に分かれており、これらの個別技術の基礎を知ることは鉄道システム全体を理解するうえで重要なことです。また、鉄道趣味においても「鉄道の技術と仕組み」を一通り知っておくと、鉄道の楽しみ方が一段と広がります。

本書は、2009年に発刊しました『図解入門 よくわかる 最新 鉄道の基本と仕組み』の全面改訂版として、記述内容・掲載データ・写真などを一新し、また鉄道を取り巻く最近の話題に関する新規項目も追加しており、2009年版と比較して、より充実した内容になっております。本書が、鉄道技術入門書として、また趣味書として多くの方々に活用されることを願っています。

2020年10月

執筆者代表　秋山芳弘

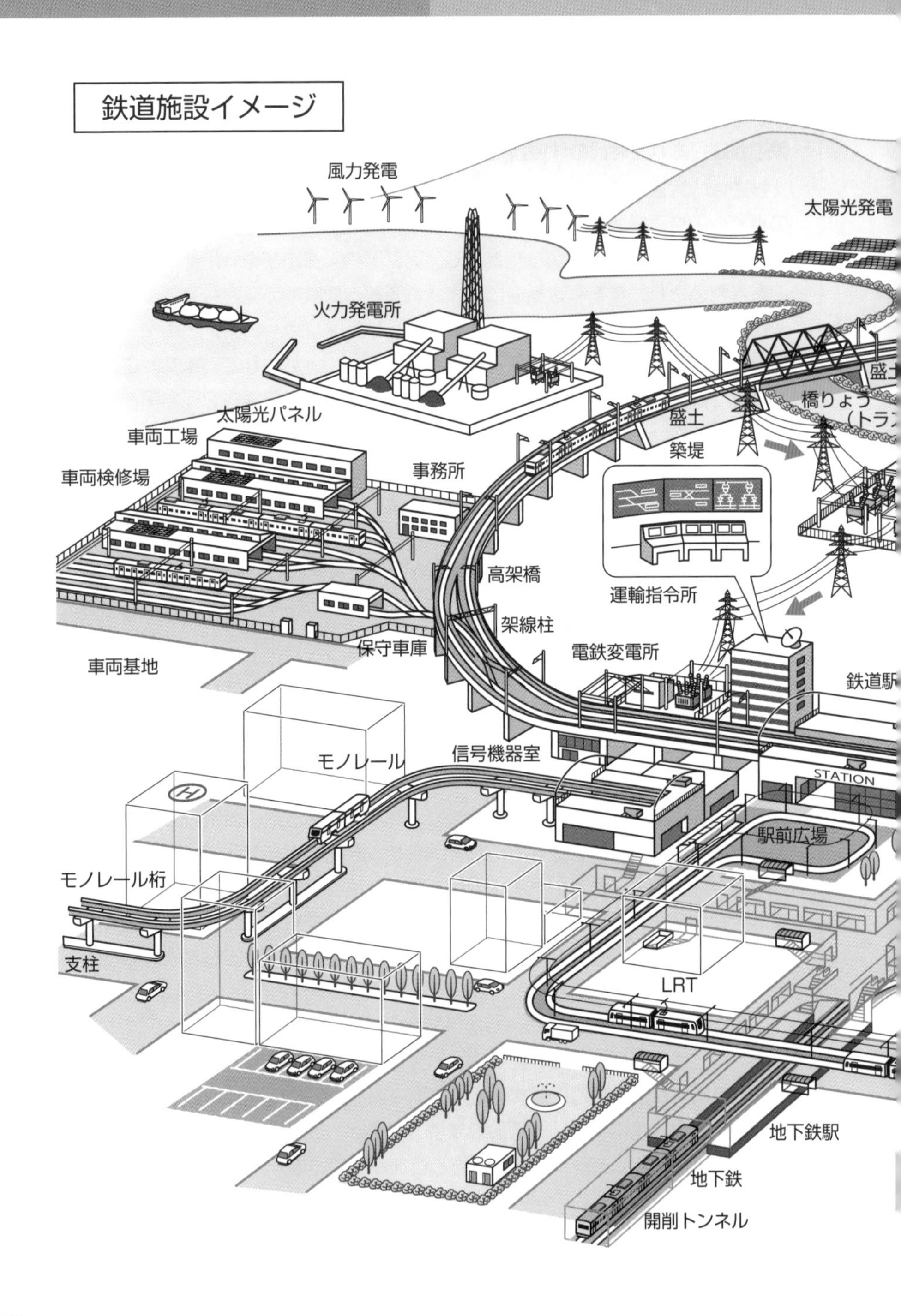
鉄道施設イメージ
風力発電
太陽光発電
火力発電所
太陽光パネル
車両工場
車両検修場
事務所
盛土
築堤
橋りょう
(トラ
運輸指令所
高架橋
架線柱
保守車庫
車両基地
電鉄変電所
鉄道駅
信号機器室
モノレール
STATION
駅前広場
モノレール桁
支柱
LRT
地下鉄駅
地下鉄
開削トンネル

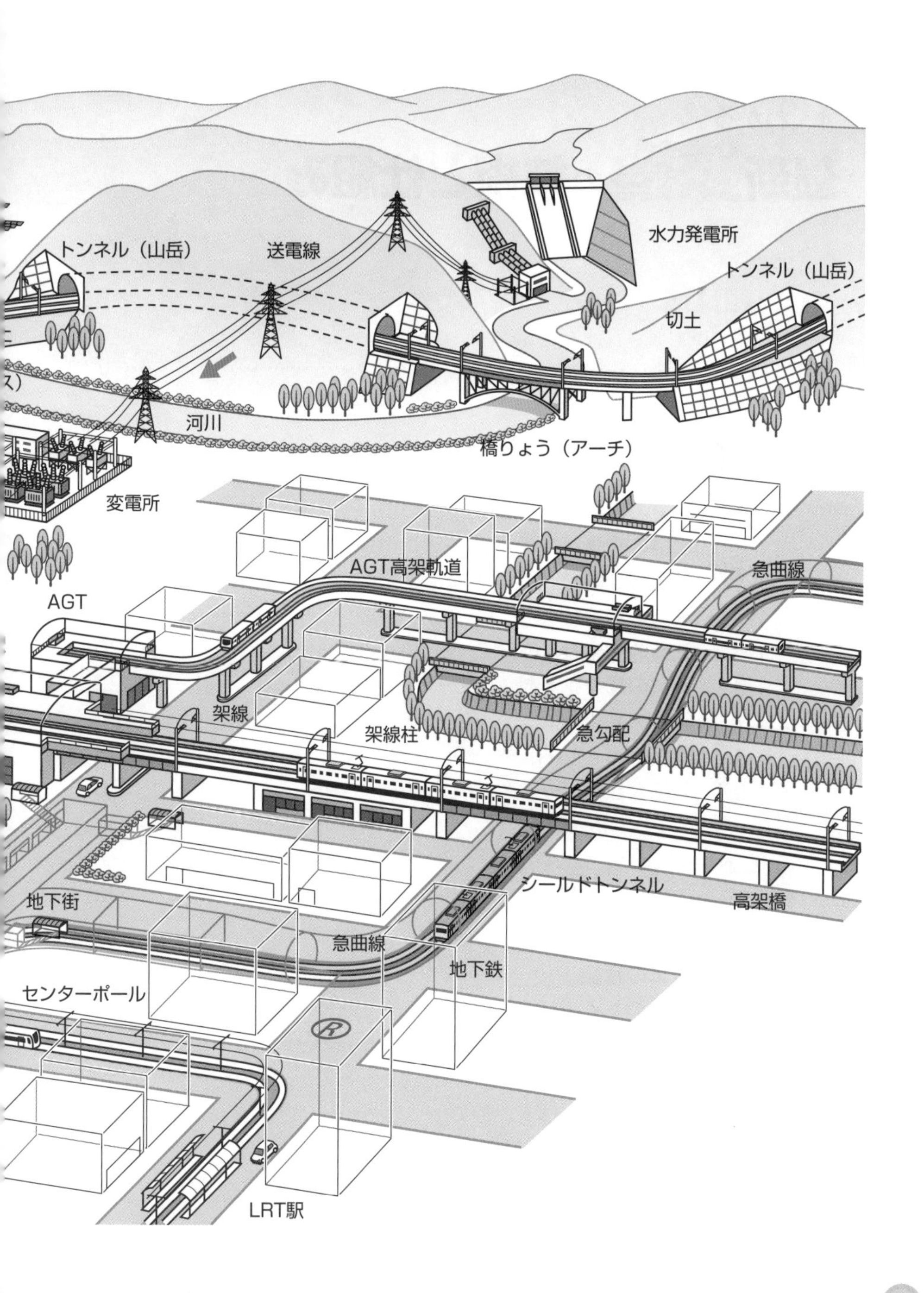
トンネル（山岳）
送電線
水力発電所
トンネル（山岳）
切土
河川
橋りょう（アーチ）
変電所
AGT
AGT高架軌道
急曲線
架線
架線柱
急勾配
シールドトンネル
高架橋
地下街
急曲線
地下鉄
センターポール
LRT駅

よくわかる
最新鉄道の技術と仕組み

CONTENTS

第4章　駅

第5章　きっぷ

第6章　電気・信号設備

第7章 線路

第8章 車両基地

第9章 これからの鉄道

第10章 世界の鉄道

第1章

鉄道の基本

鉄道とは何かを理解するには、まず鉄道の特徴について知っておくべきです。そもそも鉄道とは、いったいどんなものなのか……。その定義や特性から探っていきましょう。

1-1 鉄道の定義

鉄道とは、一般に「道床・まくら木・レールなどの固定した施設を利用して、旅客・貨物を輸送するための車両を機械的・電気的動力により運行する交通機関」ということができます。

「鉄道」と「軌道」

「**鉄道**」は原則として専用の線路（通路）を使いますが、「**軌道**」は道路交通の補助施設という位置づけになります。道路と同一面を走行する路面電車のほか、道路上の空間を走るモノレールや、道路の直下にトンネルのある地下鉄にも「軌道」に分類されるものがあります。日本の場合、「鉄道」は**鉄道事業法**、「軌道」は**軌道法**と適用される法律が異なりますが、交通機関としての特性に大きな違いはありません。

鉄道に含まれるもの

狭義の鉄道は「陸上交通機関として一定の敷地を占有し、レール・まくら木などの軌道上に、機械的・電気的動力を用いた鉄輪の車両を運転して、旅客や貨物を運ぶもの」と表わすことができます。一方、広義の鉄道は「一定のガイドウェイに沿って車両を運転して、旅客や貨物を運ぶものすべて」を指すものと解釈し、狭義の鉄道のほかにゴムタイヤ車輪の車両を用いた鉄道や浮上式鉄道、モノレール・AGT・ケーブルカー・ロープウェイなども含むとされています。

鉄道の輸送特性が活かせる領域

都市における交通手段を比較してみると、地下鉄は片道数万人/hの輸送需要に対応でき、しかも平均速度で30km/h程度の移動が可能な大量高速輸送機関です。自動車はドア・ツー・ドアで移動できるなど利便性は高いですが、道路条件や定員制限により移動距離や輸送力に制約が生じます。自転車や徒歩の移動距離はせいぜい2～3km程度までです。路面電車や市内路線バスは片道数千人/hの需要に対応し、10km程度の比較的短距離の移動に利用されます。

また、都市間高速輸送の代表格といえる新幹線については、高速道路や航空との競争となりますが、一般には鉄道が航空と比較してその特性を発揮できる距離帯は800km以内、時間帯は4時間以内といわれています。

■鉄道の種類(分類別)■

分類	名称
法体系上(鉄道事業法、全国新幹線鉄線道整備法)	普通鉄道、新幹線鉄道、特殊鉄道
鉄道事業法による事業(事業者)	第1種鉄道事業、第2種鉄道事業、第3種鉄道事業
事業者形態(グループ)	JR、公営、民鉄、第3セクター
機能(目的、役割)	幹線鉄道、地方鉄道、都市鉄道
軌間(ゲージ)	広軌鉄道、標準軌鉄道、狭軌鉄道、三線軌鉄道
駆動方式	粘着鉄道、歯軌条鉄道、鋼索鉄道、架空索道、非粘着鉄道
動力方式	蒸気鉄道、内燃鉄道、電気鉄道
設置空間	高架鉄道、地平鉄道、地下鉄道
目的と場所	空港アクセス鉄道、ニュータウン鉄道、臨港鉄道、登山鉄道、観光鉄道、森林鉄道
線路等級	線路の重要度や輸送量に応じて等級区分(例：1級線、2級線)
助成方式	地下鉄補助線(区間)、ニュータウン補助線

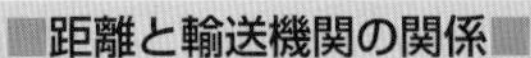

■距離と輸送機関の関係■

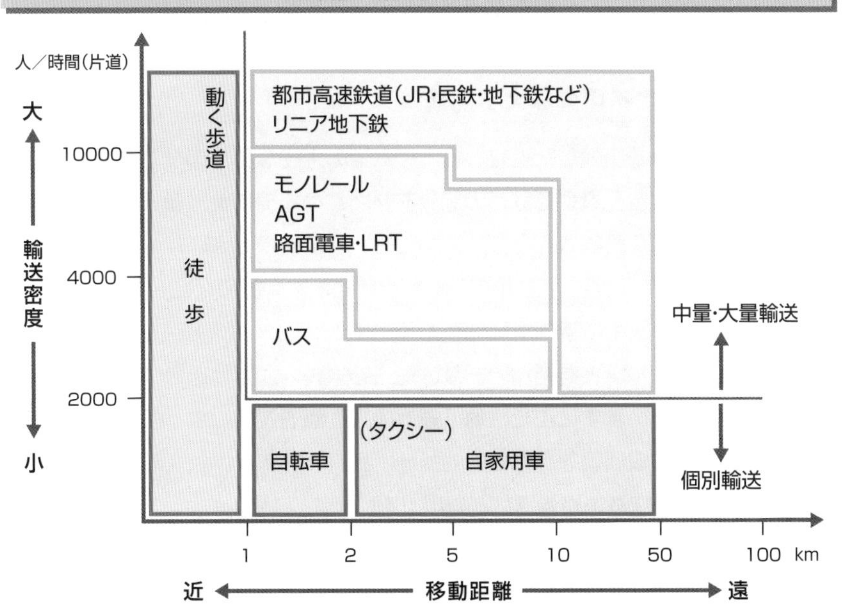

1-2 鉄道の大量輸送性

都市鉄道は、片道1時間あたり数万人規模の輸送力を備えています。通勤・通学のラッシュ時には、短時間に集中する利用者を効率よく輸送しなくてはなりません。列車の運転間隔を縮める、列車編成を長くする、1車両あたりの定員を多くする、といった対応が可能なのが鉄道の最大の強みです。

短時間に集中する通勤・通学客を効率よく輸送

朝と夕方・夜の時間帯は職場や学校に通う利用者が集中するため、都心と郊外を結ぶ路線は混雑します。輸送力向上の方法としては、車両を大型化する、運転本数を増やす、編成を長大化する、運転速度を上げるなどが考えられます。都市圏の過密化・広域化の進展に伴い、輸送力が限界に達している路線も多く、混雑緩和や速度向上を図るため、複々線化事業や追い越し設備の設置、連続立体交差化事業が各地で進められています。

一方で、鉄道の設備はピーク時に合わせて用意するため、ピークの過ぎた閑散時間帯に対しては過剰となってしまいます。そのため、利用者の集中をできるだけ平準化することが望ましく、時差通勤やテレワーク、サテライトオフィスの導入などによる分散化の推進も有効な手段です。

都市圏輸送に不可欠な大手民鉄

海外の鉄道と比較したとき、日本の鉄道の大きな特徴のひとつが、民間企業が主として自己資金で鉄道の施設を整え、かつ補助金に頼らず運賃収入で経費をまかなう**民鉄**の存在です。中でも、特に規模の大きなものを**大手民鉄**といい、東京・大阪・名古屋の三大都市圏と、福岡圏に存在しています。

大手民鉄は、主に近郊主要都市あるいはニュータウンといった拠点と都心部のターミナル駅とを結んでおり、毎日の通勤・通学輸送に欠かせない交通手段になっています。また、地下鉄との相互直通運転による都心部乗り入れも拡大し、沿線価値を高める努力が続けられています。加えて、都市間輸送や観光輸送、空港連絡輸送なども担っています。

＊**人キロ**　旅客の輸送量を示す基本的な単位で、1人が1km移動することを1人キロという。

地下鉄

地上に建築物の多い日本の大都市部では、地上の道路交通との平面交差を避け、地下空間の有効利用を図った**地下鉄**が、交通網の基軸として非常に大きい役割を担っています。

日本の地下鉄の歴史は、イギリスで学び、地下鉄の必要性を感じ取った早川徳次（はやかわのりつぐ）が中心になって創業した東京地下鉄道が1927年に浅草～上野間を開業したことに始まります。続いて1933年に大阪の梅田～心斎橋間で市営の地下鉄が開業、当時の市長であった関一（せきはじめ）が、都市計画と一体的に整備したことで有名です。

第2次世界大戦前に地下鉄が開業したのはこの2都市にとどまりましたが、戦後、高度成長期に各地で計画が具体化し、名古屋（1957年)、札幌（1971年)、横浜（1972年)、神戸（1977年)、京都と福岡（1981年)、仙台（1987年）の順で開業しました。郊外鉄道との相互直通運転により、地下鉄を介した都市部を縦横に走る交通網の形成にも寄与しています。

各都市とも複数の路線を有しており、新しい線は古い線の下につくらなければならないため、どんどん深くなる傾向にあります。そのため、リニアモーター駆動による小断面車両を採用してトンネル断面積を小さくして建設費を抑制する路線（**リニアメトロ**）も多くなりました。

旅客の公共輸送機関別分担率(2017年度)

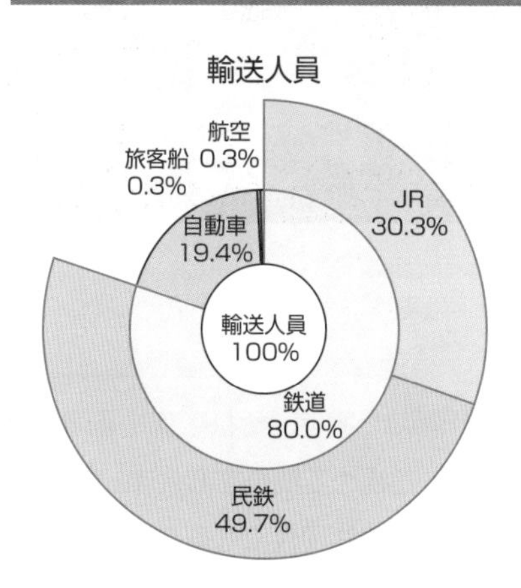

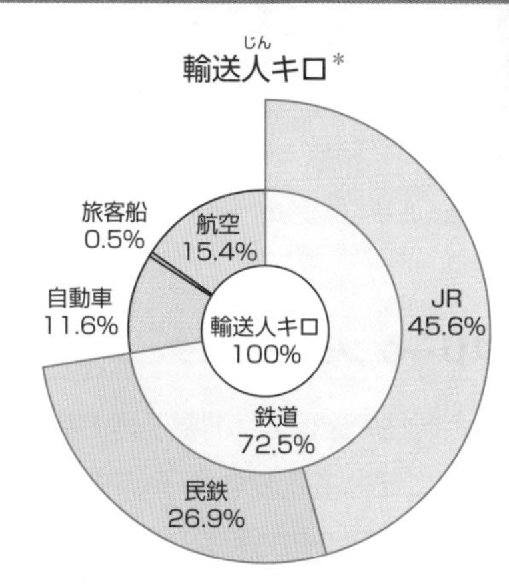

（注）交通関連統計資料集、鉄道統計年報による。
（注）四捨五入により合計が100%にならない場合がある。
出典：国土交通省鉄道局監修、『数字でみる鉄道 2019』

1-3 鉄道の定時性（輸送の安定性）

自動車などの路面交通が道路渋滞に大きく左右されたり、航空や旅客船が気象条件の影響を受けやすいのに対して、鉄道は定時性に優れていて遅延や運休が少なく、安定した交通機関といえます。

正確なダイヤ

日本の鉄道ダイヤは世界でも有数の正確さを誇っています。分刻みの発車予定時刻に合わせて駅に着けば、ほぼ待ち時間なしに列車に乗れたり、待ち合わせの時間から逆算して出発地を出る列車を選べばちゃんと遅れずに到着する、私たちが普段から当たり前のように享受しているものが、いかに高度な技術と多くの努力により実現しているのかは、海外の鉄道事情に目を向けるとすぐに実感することです。

繰り返す日常

▼パターンダイヤで組まれた発車時刻表

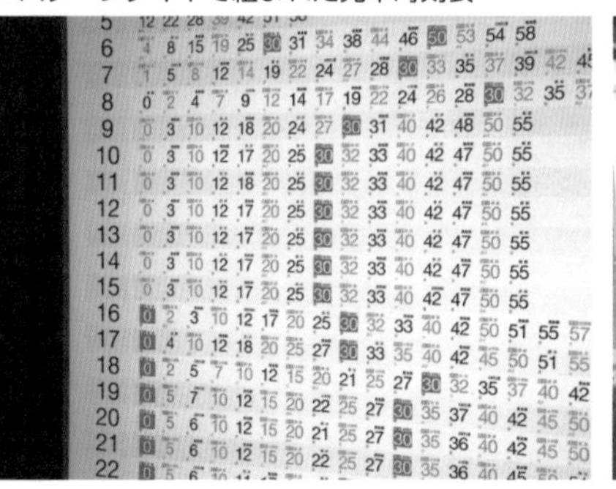

▼ダイヤグラムに従い定時運行に努める

フリーケンシーとパターンダイヤ

定時性の確保は、需要予測に基づく運行計画の立案と、それを支える運転システム、そして正確な保守·点検の裏付けがあって初めて成り立ちます。さらに、それぞれの列車が時間に正確なことで、乗り換えの利便性にも寄与します。

＊**トンキロ**　貨物の輸送量を示す基本的な単位で、貨物1トンが1km移動することを1トンキロという。

利用者がある程度以上見込める路線では、待ち時間をあまり感じずに利用できる**高頻度運転**（フリーケンシー）や、運行時刻がわかりやすい**等間隔運行**（パターンダイヤ）を導入することにより、安定した利便性のよい輸送を実現しています。

貨物輸送

人の流れだけでなく、**貨物輸送**においても、時間が読める定時性は重要な要素となります。船便や航空便と比較すると、鉄道は天候の影響による遅延や運休が相対的に少ないため、荷主にとっては確実な輸送が期待できます。北海道と本州を結ぶ青函トンネルが物流の大動脈として機能しているのも、その一例といえます。

かつては国内貨物輸送の中心だった鉄道貨物も、道路網の整備に伴うトラック輸送の著しい発達でシェアが激減し、輸送トン数で見た鉄道貨物のシェアは約１%に過ぎません。ただし、輸送距離を勘案した輸送トンキロ*では約5%を維持しています。また、近年は低環境負荷のメリットが重視され、トラック等の自動車から環境負荷の小さい鉄道へと転換する**モーダルシフト**（modal shift）への取り組みが進んでいます。

貨物の輸送機関別分担率(2017年度)

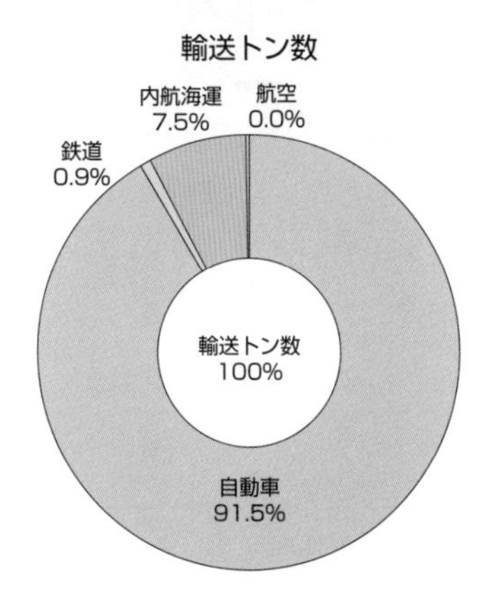

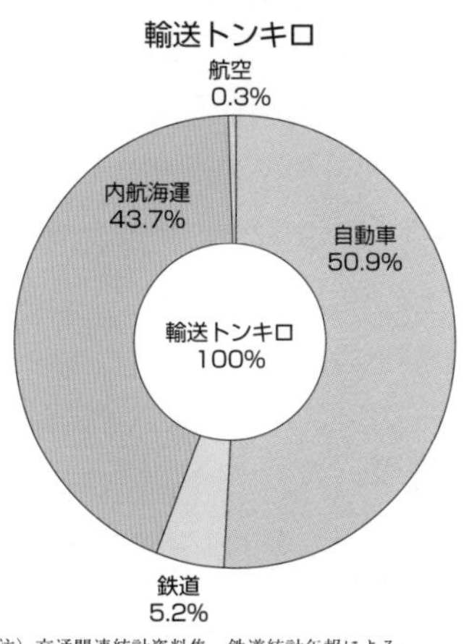

（注）交通関連統計資料集、鉄道統計年報による。
（注）四捨五入により合計が100%にならない場合がある。
出典：国土交通省鉄道局監修、『数字でみる鉄道 2019』

1-4 鉄道の速達性

2点間の移動という意味において、交通機関には速達性が求められます。鉄道もまた、いかに速度を上げるかに取り組んできた歴史があります。その進化の結晶ともいえるのが、日本が世界に誇る新幹線です。

都市部鉄道の速達性

都市における交通機関の**表定速度**(ひょうていそくど)*は、地域や時間帯、駅間距離などの条件によりますが、都心と郊外を結ぶ放射状路線の鉄道で50～60km/h、都心部を走る鉄道で30～35km/hといわれており、乗合バスの10～15km/h、自動車の20～25km/hと比べて優位に立っています。

表定速度を向上する要因としては、車両性能の向上、線路や信号の改良、速達列車の運行による停車駅の削減、緩急分離のための複々線化などが考えられます。その一方で、表定速度を低下させる要因には、運行本数の増加、緩急の混雑を平準化する目的での速達列車の停車駅増加、速達列車通過駅での利用者数増加に対応した速達列車の停車駅増加などがあります。

都市間鉄道の速達性

日本の幹線鉄道は、離れた都市と都市の間で人や物の移動、交流を支えてきた実績があります。いかに早く到達するかは永年にわたる課題であり、さまざまな面において改良が試みられました。動力は蒸気から内燃、電気へと移り、走行性能のよい車両へと進化していきました。路線も地形に沿って曲線の多かった旧線から線形改良や長大トンネルの掘削などでスピードアップできる新線に切り替えたり、複線化で行き違いの待ち時間を減らすことで所要時間の短縮を図りました。

優等列車

最高速度の向上とともに、停車駅を減らすことも有効な手段です。国鉄の主要路線では戦前から多くの**急行列車**が設定され、利用されてきました。さらに

***表定速度**　駅間距離を途中駅の停車時間も含んだ所要時間で除した速度のこと。

早くとの要望から「**特別急行列車**」も登場、現在のJRでは急行の定期列車がなくなり、在来線で都市間輸送を担うのは特急列車というのが定着しています。

▼北陸本線特急「サンダーバード」（最高速度130km/h）

▼日豊本線特急「ソニック」（最高速度130km/h）

新幹線

その当時、輸送需要が逼迫していた東海道線東京～大阪間の抜本的輸送力増強対策として、在来線とは別に新たに建設されたのが**東海道新幹線**で、東京～新大阪間を1964年に開業しました。新幹線という名称は、在来線に対する「新しい幹線鉄道」という意味ですが、そのインパクトと実績からそのまま海外でも「SHINKANSEN」が高速鉄道の代名詞として通用するようにまでなりました。

在来線特急の営業最高速度は120 ～ 130km/hが主流ですが、新幹線は「その主たる区間を列車が200km/h以上の高速度で走行できる幹線鉄道」と定義されており、路線や区間によって異なりますが、おおむね240 ～ 320km/h を最高速度としています。

▼東海道・山陽新幹線「のぞみ」（最高速度300km/h）

▼東北・北海道新幹線「はやぶさ」（最高速度320km/h）

1-5 鉄道の安全性

輸送人キロあたりの事故死傷者を比較した場合、鉄道は自動車に比べてはるかに安全な交通機関といえます。その高い安全性は、さまざまな技術の積み重ねと、それを活かすための設備機器の配備によって維持されています。

フェールセーフの設計思想

高速で走行する鉄道では、異常を認めたらすぐに停止させることがとても重要です。そのため、地上や車両には各種の異常を検知する装置が装備されています。

また、人間が操作することによる過ち（ヒューマンエラー）を排除する対策として、安全装置は**フェールセーフ**（Fail Safe）の考え方に基づき設計されています。これは、「装置が故障したり人間が操作を誤った場合には常に安全側状態になるようにして、危険側に動作しないようにする」というものです。

事故を防ぐ安全対策

安全な運行を支える信号システムにおいては、列車の信号冒進（ぼうしん）*・衝突事故を防ぐATSやATC、ATOなどの**保安装置**が重要な役割を果たします。駅のホームには列車非常停止装置や異常警報装置、転落検知システム、ホームドア（可動柵）などがあり、乗客を運ぶ車両も不燃性素材を用いて製造され、消火器や非常通報装置、戸挟み検知機能などを備えています。

踏切事故

また、鉄道と平面交差する道路交通との事故は、**踏切**で発生します。踏切事故は、ひとたび起きれば死傷者の出る重大事故となる危険性が高いものです。踏切事故防止対策としては、踏切をなくすための連続立体交差化を進めるとともに、障害物検知装置の設置や視認性を向上させる工夫、踏切の歩道拡幅といった対処が行なわれています。

---

*＊***信号冒進**　信号の現示に従わないで、その内方に侵入すること。一般に停止信号に従わないことをいう。

災害に備える

　強風や豪雨、降雪、地震などの自然災害に対する備えも重要です。沿線にさまざまな観測機器や対応設備を配置して、列車の安全運行を確保しています。

　降雪地帯を走る路線では、雪に強い車両やスプリンクラーなどの消融雪装置を投入、除雪対策にも万全の態勢をとります。また、予報の精度を上げることで気象・地象状況を把握し、あらかじめ定めた基準によって間引き運行や計画運休などの運転規制を実施し、被害を最小限度に抑える対策も講じています。

　発生すると被害規模が大きくなる大規模地震に対しては、沿線に設置した地震の揺れを測定する地震計や感震器が初期微動のP波（Primary Wave）を検知すると、変電所から列車への送電を停止するシステムの採用が進んでいます。2011年3月11日に発生した東日本大震災でも、高速走行をしていた東北新幹線の列車は緊急停止したため、どの列車も脱線がなく、死傷者はゼロでした。

踏切事故の件数と死傷者数の推移

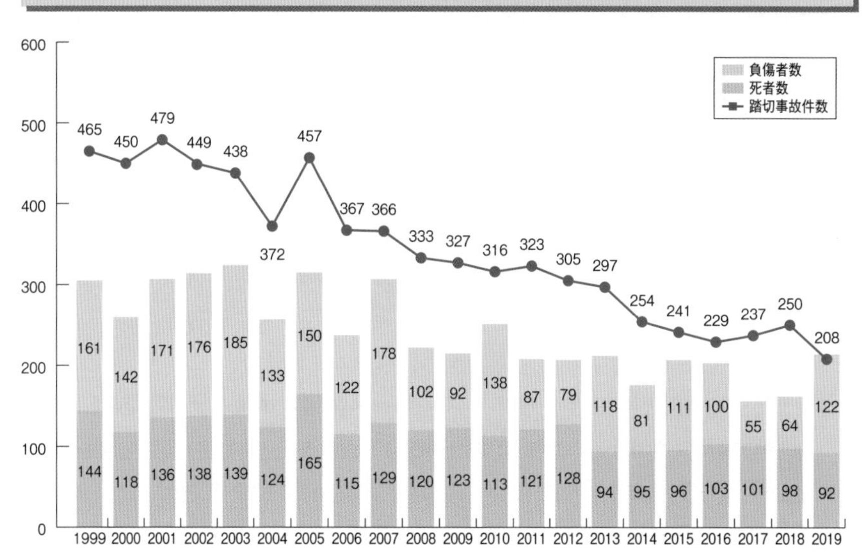

注　1　国土交通省による。
　　2　死者数は24時間死者。

出典：内閣府、『令和２年版交通安全白書』

1-6 鉄道の環境適合性

世界中で地球温暖化問題に対する関心が高まり、その対策として二酸化炭素(CO_2)をはじめとする温室効果ガス排出量の削減が求められています。鉄道はエネルギー効率が非常に高く、CO_2排出量が少ないことから、環境にやさしい輸送機関といえます。

地球温暖化防止への貢献

大都市における自動車の排気ガスによる大気汚染は、呼吸器障害など人間の健康にとって重大な害を及ぼすため、深刻な問題になっています。自動車の排気ガスによって発生する光化学スモッグの被害は深刻で、大型トラックなどディーゼル車の排気ガスに含まれる微粒子が喘息(ぜんそく)を誘発したり、発癌性(はつがんせい)のある疑いが強いことから、排出ガス規制が強化されています。

温室効果ガスの代表である**CO_2の排出量**を交通機関別に旅客の単位輸送量あたりの数字で比較すると、自家用自動車は鉄道の約7.4倍、航空機は約5.3倍、バスは約3倍のCO_2を排出しています（2018年度）。一人ひとりができるCO_2削減努力として、よりCO_2排出量の少ない公共交通機関の利用が求められています。

エネルギー消費量

温暖化と並んで世界的に重要な課題になっているのが、エネルギー問題です。化石燃料は限りのある資源であり、原油の高騰は経済状態を大きく左右します。そのため、近年ではガソリンなどの化石燃料に依存しないバイオエネルギーなどによる燃料電池の開発も行なわれています。

単位輸送量(人キロ)あたりのエネルギー消費量原単位を比較すると、鉄道は営業用バスの44%、営業用乗用車の5%、航空（国内線）の25%になっていて（2016年）、省エネルギーの面でも優れていることがわかります。一般にも、化石燃料(ガソリン)を直接消費する自動車に比べて、鉄道が「クリーンな乗り物」であるというイメージはかなり浸透しているといえます。

鉄道車両における環境対応も常に進化しています。エネルギー効率が良く消費電力の少ない駆動系の導入や車両の軽量化、リサイクルを考慮した素材の採用、非電化区間を蓄電池や燃料電池で走る車両の開発などあらゆる角度からの総合的な取り組みです。

騒音・振動対策

鉄道沿線の環境を良好な状態に保つために、騒音・振動に関する**環境基準**が定められています。この分野において、日本の鉄道は人口が密集する市街地を走ることが多いため、騒音・振動対策の技術が早くから研究・開発されてきました。

たとえば、線路の両側に設置される各種の防音壁、レールを溶接して継ぎ目をなくすロングレール、重いレールに変更する重軌条化、レールやまくら木の下に防振マットを敷く方法など、さまざまな対騒音・対振動技術が実用化されています。

輸送量あたりの二酸化炭素の排出量（旅客）

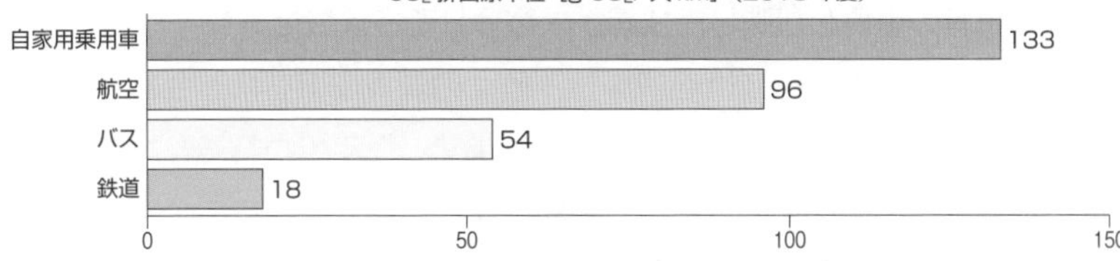

※温室効果ガスインベントリオフィス：「日本の温室効果ガス排出量データ」、国土交通省：「自動車輸送統計」、「航空輸送統計」、「鉄道輸送統計」より、国土交通省環境政策課作成

輸送量あたりの二酸化炭素の排出量（貨物）

CO_2 排出原単位［g-CO_2/ トン km］（2018 年度）

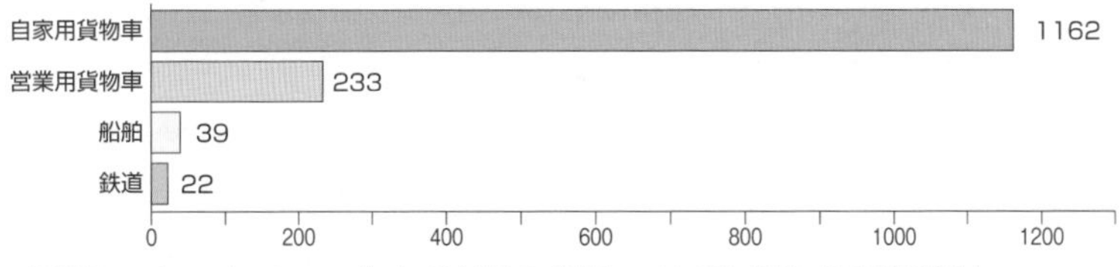

※温室効果ガスインベントリオフィス：「日本の温室効果ガス排出量データ」、国土交通省：「自動車輸送統計」、「内航船舶輸送統計」、「鉄道輸送統計」より、国土交通省環境政策課作成

温室効果ガスインベントリオフィス資料　http://www-gio.nies.go.jp/aboutghg/nir/nir-j.html
国土交通省の交通関係統計資料　https://www.mlit.go.jp/k-toukei/index.html

出典：国土交通省ホームページ

1-7 鉄道の技術

鉄道は、いろんな条件の下でさまざまな構造物と施設、高度なシステムを駆使しながら、日々の安全で安定した高密度大量輸送を実現しています。それらは、知識と経験を積んだ高度な技術スタッフ陣と、訓練を重ねた現業の鉄道職員によって支えられています。

鉄道を支える技術

鉄道は、多くの技術の総合によって成り立っています。このため、関連する技術分野は多岐にわたります。ほとんどの工学ジャンルを網羅し、理学や医学の知識も取り入れています。

特に、土木·電気·機械は鉄道技術の柱です。また、鉄道特有の技術としては、運転や軌道に関するものがあります。鉄道駅舎のデザインやレイアウト、それぞれの用途を持った建物·防災設備などの鉄道建築、駅における各種設備·車両基地・工場・雪害対策設備などの鉄道機械、信号・通信、電力、変電所などさまざまな電気設備関連の鉄道電気、そして車両技術など、多くの分野で鉄道特有の事情を加味した技術が求められてきました。

このように広範囲の技術を網羅し、個々の要素技術を組み合わせて発展してきたところに、**鉄道工学**の特徴があります。長年培われてきた鉄道の技術は、鉄道整備の調査・計画から、建設、運行、保守、改良に至るまで、鉄道事業のすべての基礎となります。

高度な輸送システムとして進化

鉄道の技術は常に進歩を続け、環境や各種災害・老朽化への備え、一層のIT活用、高速化への追求、さらに新しい輸送システムの確立に向けた技術の研究開発などにも取り組んでいます。

一方、これに連動・直結する形で、鉄道の事業としての運営・運用（制度、組織、管理など）を支える**鉄道経営**の分野も確立し、発展してきました。これらが総合的に機能しているのが、日本の鉄道の強みといえます。

技術基準の体系

鉄道の技術は、明治初期に日本が取り入れた西洋文明のひとつとして導入され、近代化の流れの中で発達し、いろんな技術分野の発展を担い、また影響を受けてきたという歴史的な側面があります。鉄道技術者たちは、外国の技術を輸入するところから始まり、さまざまな技術を習得して総合的・組織的にまとめ、確固たる事業として実務的なものに仕上げてきました。鉄道は国土の発展に不可欠なものという認識から、全国一律の技術体系のもと、全国的なネットワークを順次形成、拡大していきました。

鉄道の建設や運転に係る技術の基準・規程は、**鉄道営業法**＊に基づいて定められています。以前は省令で構造規則や運転規則が細かく定められていましたが、現在は**性能規定**＊化され、鉄道に関する技術上の基準を定める省令により、各事業者が基準や規程を定めています。

技術に関する規程体系（JR在来線・民鉄）

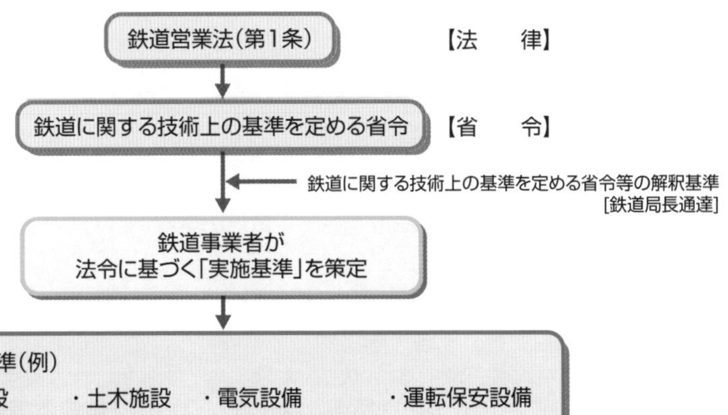

＊**鉄道営業法**　明治33年に公布された、鉄道の設備や運送についての基本原則や、鉄道係員、旅客および公衆の義務や罰則について定めた法律。

＊**性能規定**　原則として備えるべき性能要件をできる限り体系的かつ具体的に示す規定。鉄道事業者の技術的自由度を高め、新技術の導入や線区の個別事情への柔軟な対応を可能にするために従前の「仕様規定」を改めた。

1-8 路面電車とLRT

かつては都市交通の中核でありながら自動車交通の発達とともに縮小されていった路面電車が、LRTというこれからの新しい交通機関として再び脚光を浴びています。

路面電車

1895年に京都市電が開業して以来、道路や自動車技術が発達していなかった戦前において、**路面電車**は日本の都市交通の主役として発展し、各地で路線網を拡充しました。戦後いち早く立ち直り、復興に寄与しましたが、1960年代の高度成長期になると、増え続ける利用者によって混雑が激しくなります。その一方で自動車交通が発達するにつれて遅延が慢性化し、「路面電車は道路の邪魔者」という見方が主流となり、代替交通としての地下鉄の開業などが進むと、相次いで廃止されました。

それでも、地下鉄を建設するほどの需要がない一部の中規模都市では、輸送規模が適正で、バスよりもクリーンな信頼できる交通機関として、路面電車が確たる地位を保ち続けることができました。函館、富山、高岡、福井、豊橋、大津、岡山、広島、松山、高知、長崎、熊本、鹿児島といった地方都市がその例です。また、大都市でも地下鉄との共存を果たしている札幌、東京、大阪、堺などもあります。

LRT

1980年、これまでの路面電車とは一線を画した「**軽快電車**」と呼ばれる新型車両が広島と長崎に登場しました。また、欧米では路面電車の活用が都市交通政策のひとつの柱に位置づけられ、**LRT**（Light Rail Transit）として復権していることが伝わってきました。日本でも、これまでの路面電車に技術的な補完策を講じることで、現代都市の要望にあった交通手段になり得るとして再評価する動きが強まりました。

車両に関しては、ヨーロッパ型の**LRV**（Light Rail Vehicle)を手本に静かで乗り心地がよく、乗り降りのしやすい低床車を開発、連接構造による車体の大型化をしたところもあります。軌道も改良が加えられ、停留所の安全対策や鉄道線との接続を考慮した駅前広場への乗り入れや新規の路線延伸、運行形態の変更など、意欲的な試みをする事業者が増えています。

さらに、これまで路面電車のなかった都市に新たな路線を開業する動きも現実化しています。これらは、中心市街地の活性化を目指す総合的な都市設計の一環と位置づけられているものです。

さまざまなタイプの路面電車とLRT

▼函館市企業局500形（1950年製）

▼鹿児島市交通局9500形

▼札幌市交通局1100形（単車タイプ）

▼富山ライトレール＊TLR0600形（2車体連接タイプ）

▼札幌市交通局A1200形（3車体連接タイプ）

▼広島電鉄5000形（5車体連接タイプ）

＊**富山ライトレール**　現・富山地方鉄道

1-9 特殊な鉄道

鉄道といえば、2本の鉄製レールの上を鉄車輪が転がって走行するという姿をイメージしますが、広い意味で鉄道に分類される交通機関には、いわゆる普通の鉄道とは趣の異なるもの、一見すると鉄道とは思えないものもあります。

モノレール

鉄道の定義における広義の鉄道は「一定のガイドウェイに沿って車両を運転し、旅客や貨物を運ぶものすべて」とされており、2本の鉄製レールの上を走らなくても「鉄道」に分類されます。一般の鉄道と同等の輸送力を持ち、都市交通の重要な一角を担っている代表格が**モノレール**です。

モノレールは、その名の示すとおり、1本のレールまたは桁に跨ったり、ぶら下がったりして、人や物を運搬する交通システムです。跨がるものを「**跨座式**(こざ)」、ぶら下がるタイプを「**懸垂式**(けんすい)」といいます。日本で最初の本格的な公共交通機関としてのモノレールは、1964年の東京オリンピック開催に向けて開業した浜松町～羽田間の東京モノレールです。

モノレールは道路交通の混雑解消手段のひとつとして考えられ、1974年度にはモノレールの柱や桁などのインフラ部を道路施設として公共投資で建設し、そのインフラをモノレール事業者が占用して運行する「**インフラ補助制度**」が創設されました。

現在では東京、多摩、千葉、湘南、大阪、北九州、沖縄などの都市で活躍しています。

AGT

都市部や沿線部においては、建設費が高い一般の鉄道路線や地下鉄を新設するほどの需要が見込めないため、より低廉な費用でつくれる**中量軌道輸送機関**が検討されるようになりました。一般には「**新交通システム**」という名称で呼ばれることが多いのですが、正式には**AGT**（Automated Guideway Transit）といいます。

専用の高架軌道上を**案内軌条**に従ってゴムタイヤで走行するもので、小型軽量車体を4～6両程度連結した編成をコンピュータによる無人での完全自動運転で運行します。日本では1981年に開業した神戸市の神戸新交通ポートアイランド線（ポートライナー）が最初です。

定時・定速・定量輸送が可能な基幹的都市交通機関として期待され、モノレールと同様に「インフラ補助制度」の対象になっています。1983年には共通の基本仕様を決定し、開発・製造・運行コストの低減が図られました。

モノレールとAGT

▼東京モノレール(跨座式)

▼多摩都市モノレール(跨座式)

▼湘南モノレール(懸垂式)

▼千葉都市モノレール(懸垂式)

▼ゆりかもめ(AGT)

▼日暮里・舎人ライナー(AGT)

都市型磁気浮上式鉄道

磁気浮上式リニアモーターカーというと時速500kmの高速鉄道を思い浮かべがちですが、都市交通における磁気浮上式鉄道も実用化されています。2005年に開催された愛知万博の会場アクセスを目的に建設された愛知高速鉄道東部丘陵線がそれで、愛称を「リニモ（Linimo）」といいます。一見するとゴムタイヤで走行するAGTのようですが、AGTに比べて急勾配に強く、最高速度も約100 km/hとなっています。

ケーブルカーとロープウェイ

山の行楽客を運ぶケーブルカーは、鋼索で繋がれた車両を山上駅にある巻上機によって上げ下げしており、車内が階段状になっているのが特徴です。車両自体が重りとなっていて、一方の車両を引き上げることによってもう一方の車両が降りていくしくみです。車両自体に動力は積んでいませんが、「**鋼索鉄道**」という、れっきとした鉄道のひとつです。

また、空中にかけた索条に機器を吊るして運送するロープウェイは、険しい山間部の温泉やスキー場への旅客・貨物輸送の足として必要不可欠な存在ですが、これもまた「**索道**」という鉄道の仲間です。

特殊な鉄道

▼愛知高速鉄道リニモ（磁気浮上式鉄道）

▼箱根登山ケーブルカー

▼丹後海陸交通天橋立ケーブルカー

▼箱根駒ヶ岳ロープウェイ

車両

鉄道の核となる車両のしくみはどうなっているのでしょうか。特徴ある車両を紹介しながら、ちょっと踏み込んだ、ふだんは見ることのできない機器や装置のメカニズムまで一緒に見ていきましょう。

2-1 車両の区別

鉄道車両は、人・物を目的の場所まで運ぶ最もエネルギー効率の良い地球にやさしい交通機関です。動力車両には電気機関車、ディーゼル機関車、蒸気機関車などの機関車、電車の動力車、ディーゼル動車などがあり、付随車両には、客車、貨車、電車の付随車などがあります。

車両の区別

鉄道車両は、人と物を輸送・運送する手段であり、その役割で区別・種類分けがされます。鉄道車両は、最もエネルギー効率の良い、CO_2排出量の少ない大量輸送手段です。

鉄道車両は、動力装置を持つ動力車と動力装置を持たない付随車に分類されます。鉄道車両の動力方式には、**動力集中方式**と**動力分散方式**があり、機関車方式に代表される動力集中方式は、人を輸送する機関車と客車、または貨物を輸送する機関車と貨物車で構成されています。

ヨーロッパでは都市交通電車を除くと動力集中方式が主流ですが、最近では、日本の電車方式である動力分散方式も見直されています。日本も初めは動力集中方式である機関車牽（けん）引列車が主流でしたが、軌道の負担軽減、高加減速、車両の軽量化と冗長性向上*などの面から動力分散方式、つまり**電車方式**･**気動車方式**が普及しました。なお､貨物輸送は**機関車方式**です。一部では貨物電車もありますが、これは動力集中方式の分類に入ります。

動力車とは、電動機やディーゼルエンジンを搭載し、自力で走行機能を持つ車両で、気動車、機関車および電車の電動車を指します。これを持たない車両を付随車といいます。

動力集中方式

動力集中方式とは、機関車＋客車、機関車＋貨物車に代表される車両で、動力を機関車に集中配置した**旅客列車**・**貨物列車**をいいます。

＊冗長性向上　システムの故障が発生しても、そのシステム機能が失なわれることがないようにすること。システムの二重系構成などがその手段。

■機関車と客車の編成(動力集中方式)■

客車方式
貨物車方式

電動車(機関車・動力車)

Push-Pull方式
客車方式
貨物車方式

電動車(動力車)　電動車(動力車)

電車方式
(1M3T)

電動車(電車)

■さまざまな車両(動力集中方式)■

▼交流直流両用電気機関車EF81牽引の寝台列車

▼電気式ディーゼル機関車DF200牽引のコンテナ列車

▼フランスの高速列車TGV＊

▼ドイツの高速列車ICE1＊

＊**Push-Pull方式**　列車の両端に機関車（動力車）を連結して、終端駅でも機関車を付け替えることなく、両方向どちらでも運転できるようにする動力集中方式。

＊**TGV**　Train à Grande Vitesse、フランスの高速列車

＊**ICE**　Intercity Express、ドイツの高速列車

動力分散方式

動力分散方式とは、電車、気動車に代表される車両で、編成列車に動力を複数分散配置した旅客列車のことです。車両重量が平準化するため、線路側の建設費・保守費を抑える効果があります。

■電車の編成(動力分散方式)■

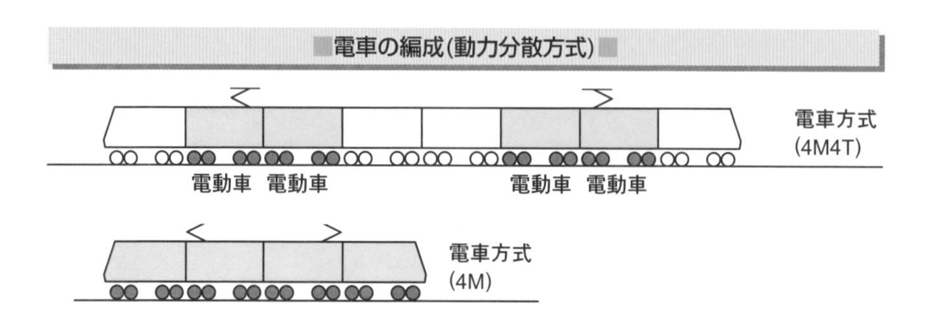

■さまざまな車両(動力分散方式)■

▼山手線を走るE235系

▼富士山をバックに走るN700系新幹線電車

▼都市間輸送を担う交流直流両用のE657系特急電車

▼東京メトロ副都心線を走る10000系地下鉄電車

ボギー車と連接車

車体と台車の組み合わせで見ると、2軸車両(単車)、3軸車両、**ボギー車両**(2軸台車2台で車体を支持)、**連接車両**(車体と車体の連接部に2軸台車1台を配置して車体を支持)、またはLRTではいろいろな連接支持などに区分できます。

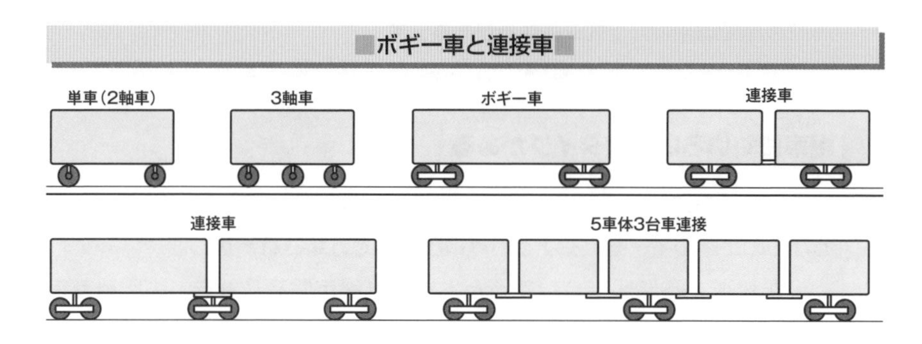

さまざまな車両(ボギー車と連接車)

▼東急世田谷線の２車体連接車両

▼広島電鉄の5車体連接車両(山田信一提供)

▼紙輸送専用の2軸貨車。現在はコンテナ化された

▼電車、客車に代表されるボギー車両

2-2 電車の種類

電車は、人を運ぶオールマイティな車両で、新幹線から地下鉄車両まで多種多様です。都市間を結ぶ新幹線電車、特急電車、急行電車、都市近郊を結ぶ近郊電車、快速電車、都市内を移動する地下鉄電車、路面電車、モノレール、AGT、常電導磁気浮上式車両などがあります。

電車にもいろいろなタイプがある

電車の種類は、輸送距離・地域·速度などの人を輸送する形態や電車が走るためのエネルギーを供給する給電電圧などで分類されます。

人を輸送する形態で分類すると、長距離都市間高速輸送、中距離都市間輸送、短距離都市内輸送に分類されます。長距離都市間輸送には、新幹線電車・特急電車が、中距離都市間輸送には、特急電車・急行電車が、短距離都市近郊・都市内輸送には、**近郊・快速電車**、**地下鉄電車**、**路面電車**および特殊電車等があります。**特殊電車**には、**モノレール車両**、**ゴムタイヤ式のAGT車両**＊、**磁気浮上式車両**、**登山電車**、**ケーブルカー**などがあります。

電気方式で分類すると

電気方式で分類すると、交流方式、直流方式、およびその両方に対応できる交流・直流両用方式に区分されます。

交流方式には、新幹線の単相交流25kV50Hz・60Hz、都市間特急電車やローカル電車などに代表される単相交流20kV50Hz・60Hz、都市内交通のAGTの三相交流600V50Hz・60Hzがあります。周波数は、国内の商用周波数に準じて東日本エリアが50Hz、西日本エリアが60Hzになっていますが、その境界は一般とは異なり、各路線ごとに決められています。

直流方式では、都市間特急電車、都市内通勤近郊電車や地下鉄電車などの直流1500Vが一般的ですが、地方の民鉄には直流600Vの路線もあります。また、地下鉄電車は直流750V·600Vの第三軌条方式で走っています。モノレー

＊**AGT**　Automated Guideway Transitの略でガイドウェイを自動運転する交通システム。ゴムタイヤ式電車の「ゆりかもめ」や「ニュートラム」がその適用例。

ル車両は小型パンタグラフを装備し、直流1500Vおよび750V方式です。

なお、AGTには直流750V方式もあります。

長距離都市間高速輸送

▼東北・北海道新幹線を走るJR東日本のE5系新幹線電車

▼東海道・山陽新幹線を走るJR東海N700系新幹線電車

中距離都市間輸送

▼常磐線を走るE657系交流直流両用特急電車

▼予讃線（よさんせん）を走る8000系直流振り子式特急電車

▼北陸本線用683系交流直流両用特急電車

▼JR九州の高速化に貢献する885系振り子式交流特急電車

都市近郊および短距離都市内輸送

▼東京メトロ東西線を走る15000系地下鉄電車

▼東京の地下鉄環状線（都営大江戸線）を走る鉄輪式リニアモータ駆動方式＊12-600形地下鉄電車

▼ドライバレス運転対応、福岡市営七隈線の鉄輪式リニアモータ駆動方式3000系地下鉄電車

▼大阪市営御堂筋線を走る第三軌条集電方式30000系地下鉄電車

▼つくばエクスプレス線の3000系交流直流両用通勤近郊電車

▼立川地区と多摩ニュータウンを結び、東京西部を南北に走る多摩都市モノレール

＊**鉄輪式リニアモータ駆動方式**　地上側のリアクションプレートに対向し、推進用コイル（リニアモータ）に電気を流して推進力を得るが浮上はせず、通常のレールと車輪によって走行する方式。

▼羽田空港と浜松町を結ぶ東京モノレール10000形電車

▼新橋－お台場－豊洲を結ぶ自動運転のAGTゆりかもめ

▼富山駅を南北に結ぶ富山地方鉄道市内電車LRT

▼愛知万博でも活躍した常電導磁気浮上式リニアモータ駆動方式＊のリニモ

▼札幌近郊を走るインバータ制御のJR北海道731系交流電車。気動車とも協調運転

▼東京都市近郊と都心を結ぶ東急田園都市線2020系通勤電車

＊**磁気浮上式常電導リニアモータ駆動方式**　地上側のリアクションプレートに対向して、車両の磁気浮上用コイルに常に電気を流して車両を浮上させ、推進用コイル（リニアモータ）に電気を流して車両を走らせる方式。

2-3 電車のしくみ

電車は、たくさんの部品が組み合わされ一体となって、人を運ぶしくみができあがっています。主な部品には、モータを含めた加減速装置、空調・照明・換気などの室内機器、これらの機器に電気を供給するバッテリーを含めた補助電源装置、停止させる空気ブレーキ装置などがあります。

■電車の機器構成（直流車両）例■

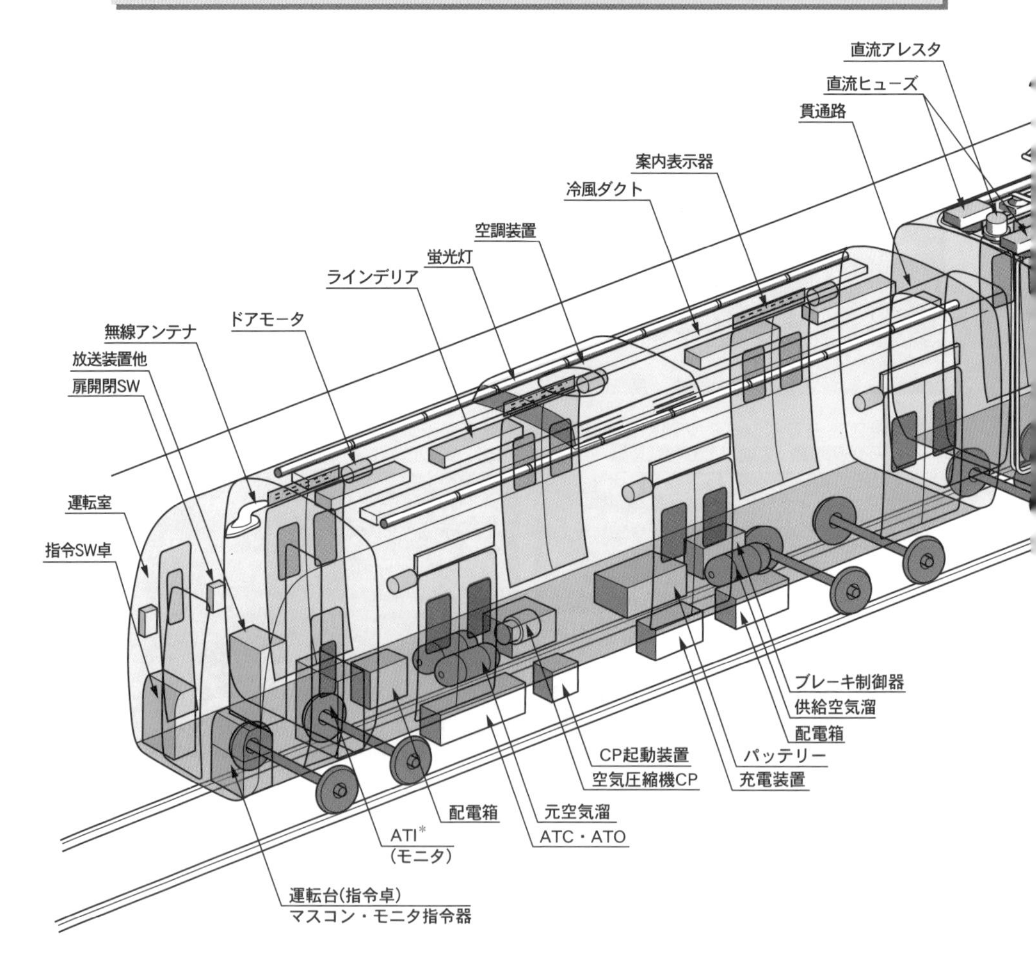

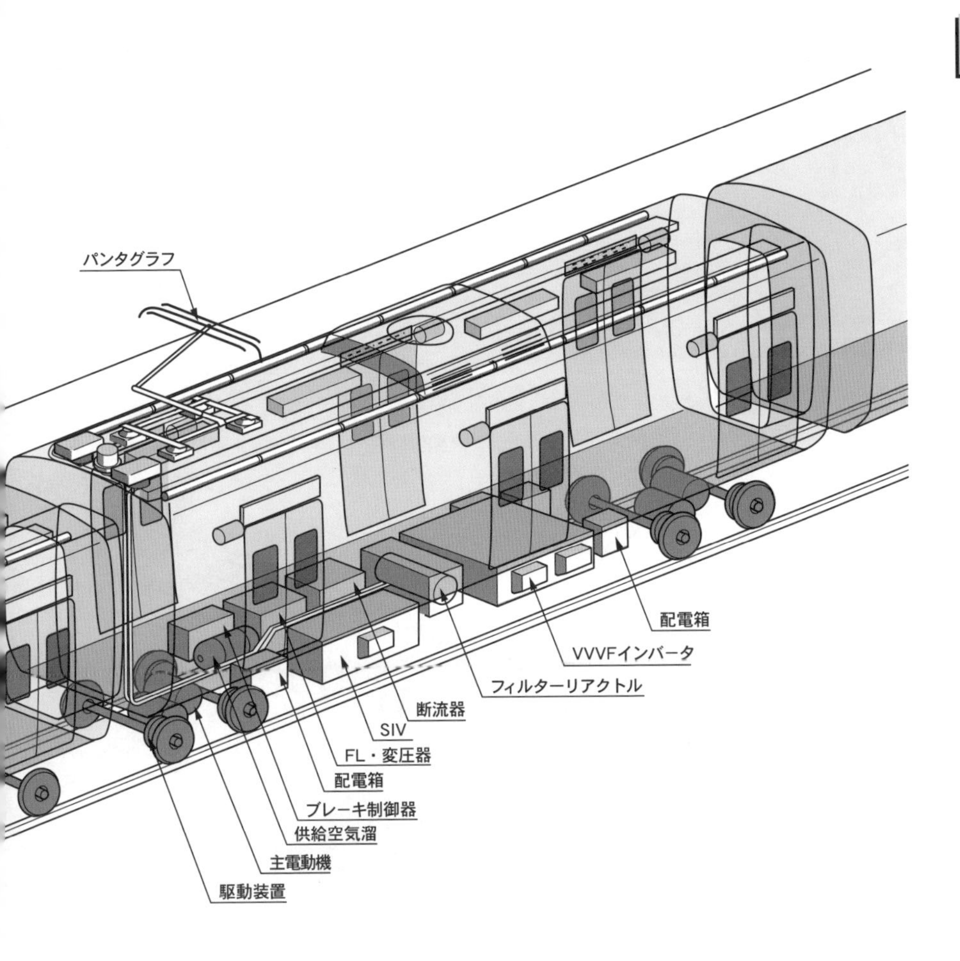

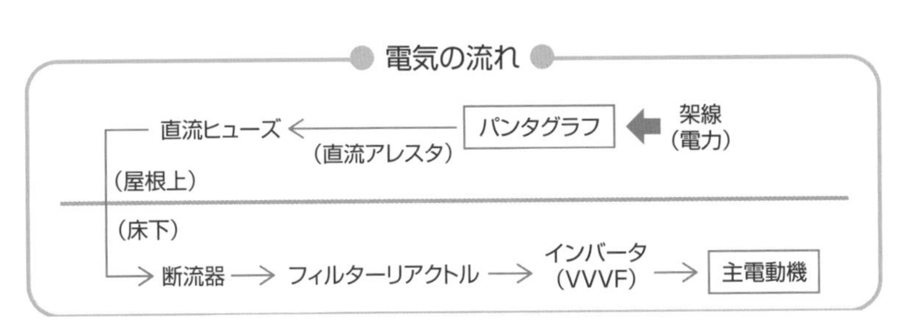

＊**ATI**　Autonomous Train Integration、列車のモニタリングと制御を併せた機能を持つ。

電車の機器構成（交流直流両用車両）例

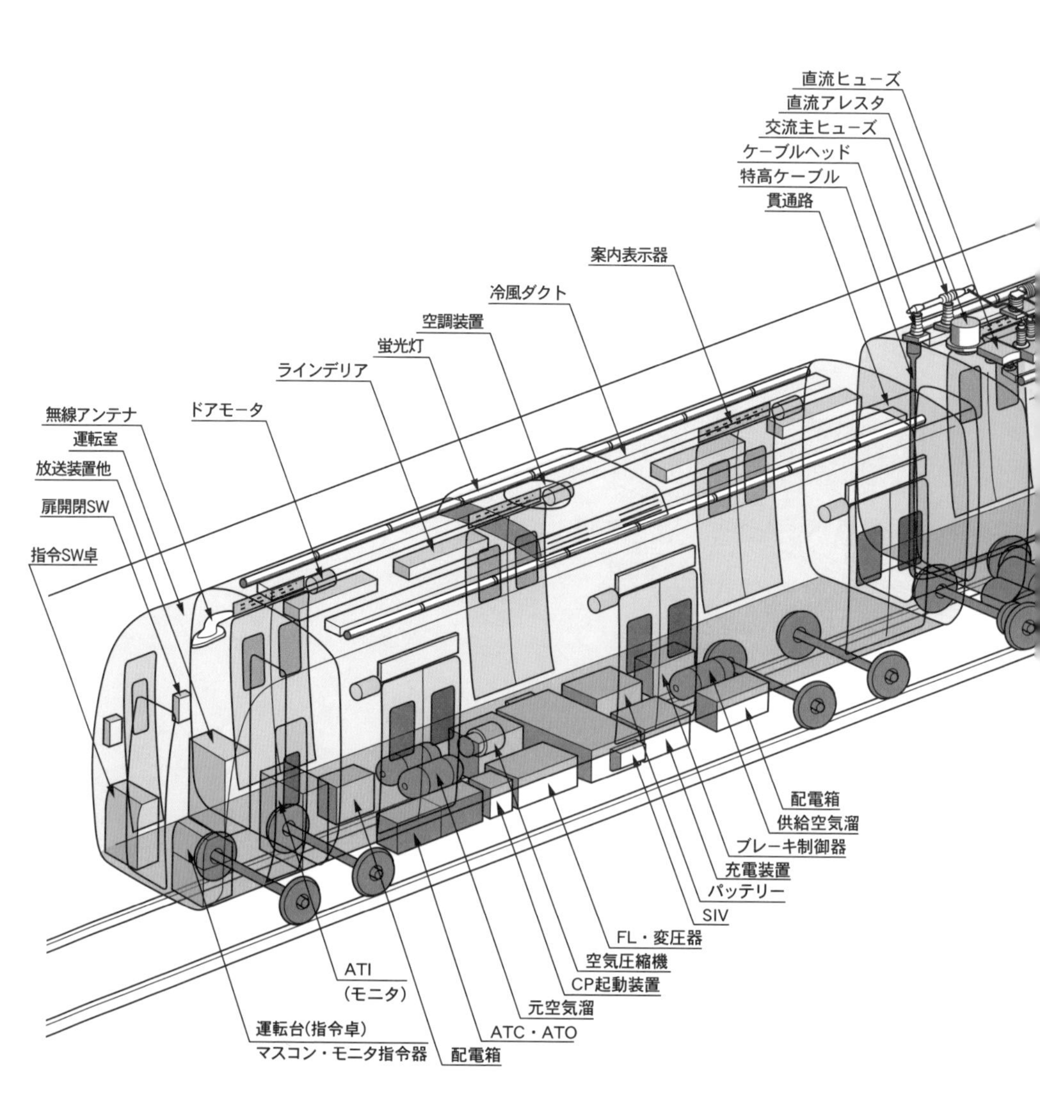

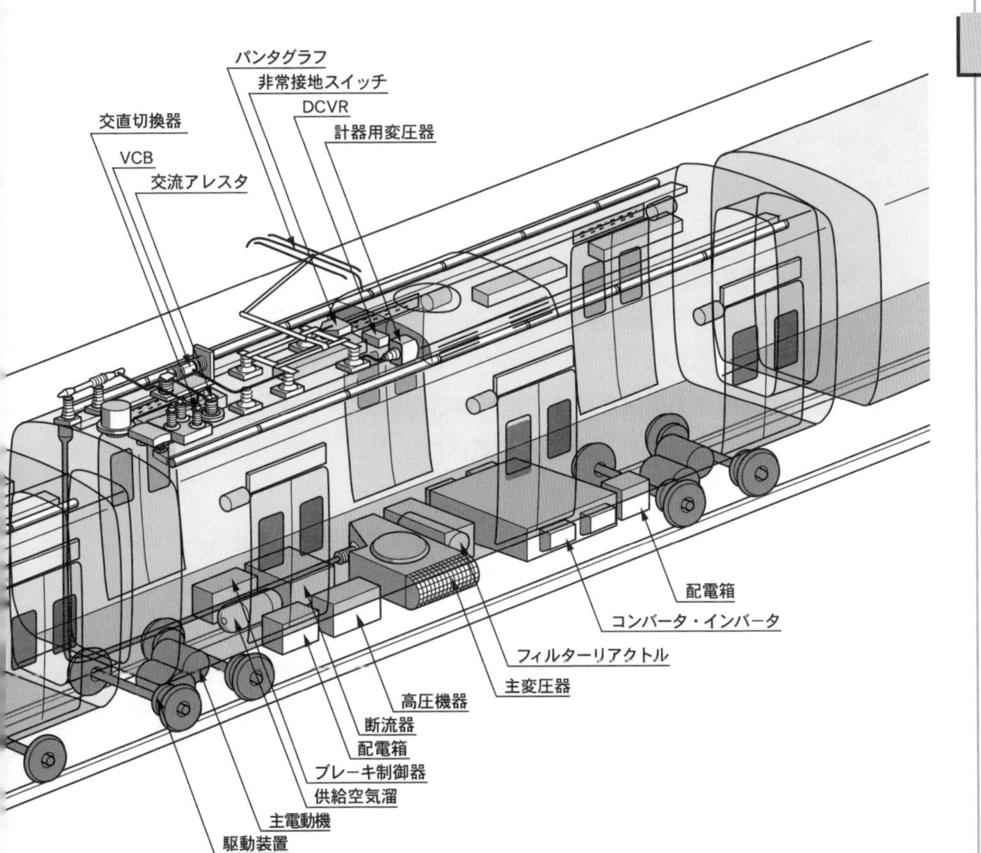
パンタグラフ
非常接地スイッチ
DCVR
計器用変圧器
交直切換器
VCB
交流アレスタ
配電箱
コンバータ・インバータ
フィルターリアクトル
主変圧器
高圧機器
断流器
配電箱
ブレーキ制御器
供給空気溜
主電動機
駆動装置

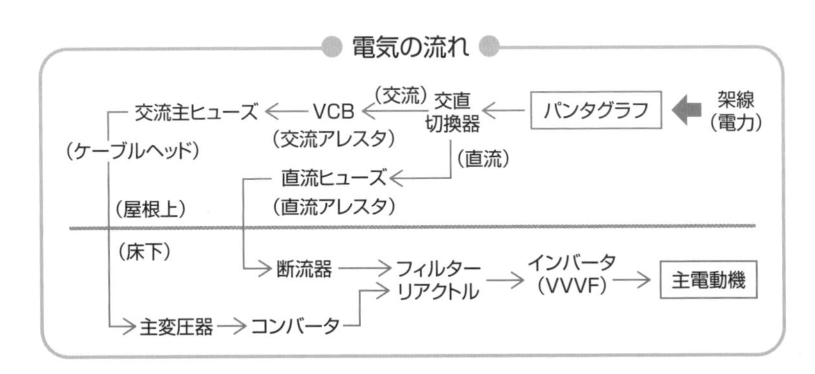
電気の流れ
架線
(電力)
パンタグラフ
交直
切換器
(交流)
VCB
(交流アレスタ)
交流主ヒューズ
(ケーブルヘッド)
(直流)
直流ヒューズ
(直流アレスタ)
(屋根上)
(床下)
断流器
フィルター
リアクトル
インバータ
(VVVF)
主電動機
主変圧器
コンバータ

各装置が人を運ぶ重要な担い手

電車を図解すると、運転室、室内、床下、屋根上などにいろいろな装置がついて、その一つひとつに人を運ぶための大切な役割があります。電車は、電車線路から電力の供給を受け、電気動力を機械動力に変換して走行することができる車両です。電車の構成部品は、主に以下の6つの設備に分類されます。

● **車体や車内を構成する設備**

車体構体、床、側、妻、屋根、天井、窓、**乗降扉**、**貫通路**、座席、**荷物棚**、**吊り手**、**にぎり棒**など。

● **走り装置（車体の重量を支えて走行する総称）**

台車、**車軸**、**車輪**、**軸受**、**軸箱**、**空気ばね**など。

● **電車を加速（減速）する設備**

パンタグラフ、**ヒューズ**、**アレスタ**、**VCB***、**制御装置**(**コンバータ**、**インバータ**、**チョッパー**)、**電動機**、**駆動装置**、**変圧器**、**交流・直流変換装置**、**ディーゼル発電機**、**蓄電池**（**バッテリー**）など。

● **電車を減速・停止する設備**

ブレーキ制御装置、**空気圧縮機**、**空気溜**、基礎ブレーキ装置（**ブレーキシリンダ**、**ブレーキシュー**、**ブレーキディスク**)など。

● **電車の電源・乗客サービス機器**

補助電源装置(**SIV***)、**蓄電池**（**バッテリー**）、**整流装置**、**空調装置**、**暖房装置**、**照明装置**、**蛍光灯**、**換気装置**、**放送装置**、**行先案内装置**など。

● **電車の運転と安全を守る設備**

運転保安装置(**ATC**、**ATS**、**列車無線**)、**ATO***装置、**運転台**、**モニタ装置**など。

＊**VCB**　Vacuum Circuit Breaker、真空遮断器。

＊**SIV**　Static Inverterの略で静止型補助電源装置。給電電圧をインバータにより車両内で使用する低圧の交流や直流に変換する。

＊**ATO**　Automatic Train Operationの略で自動列車運転装置。ATCの速度制限の下で、自動で加速、定速、減速指示機能を持ち、次の駅まで設定された速度パターンで運転し、駅停止の減速度パターンに従い、電車を減速させて、駅の所定の停止位置に停止させる列車運転装置。

加速（減速）機器系統構成例

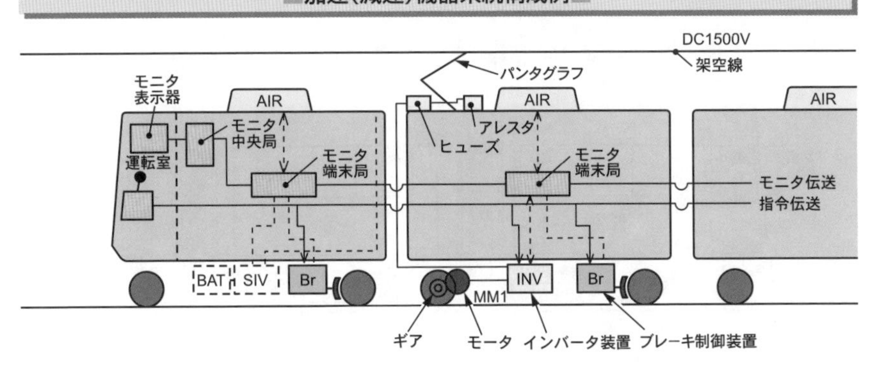

※車両は通常ボギー方式ですが、1軸方式に簡略化してあります。

補助電気機器系統構成例

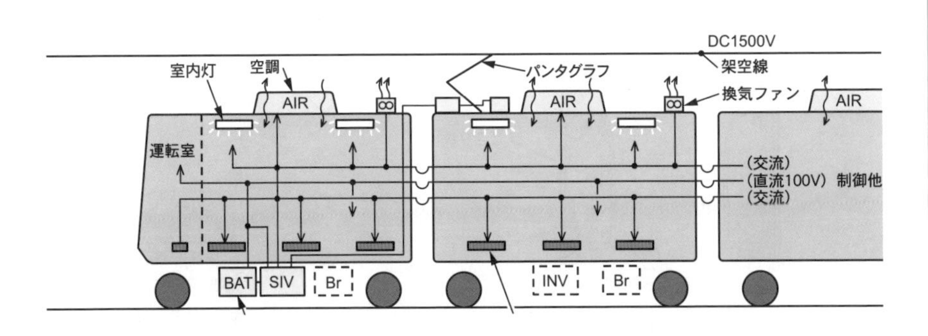

減速・停止機器系統構成例

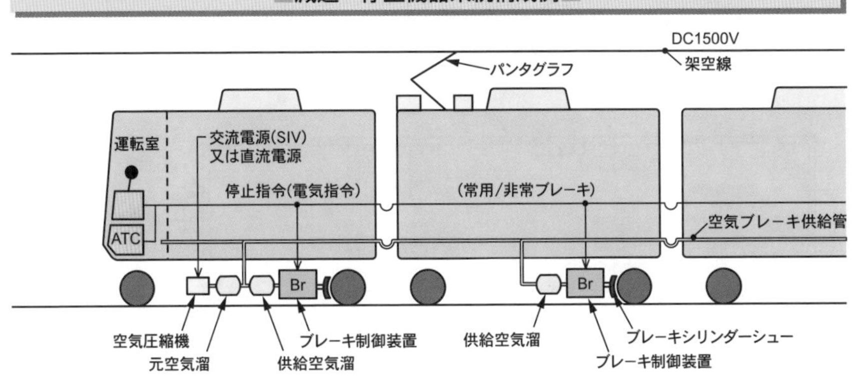

（注）電気的に減速・回生ブレーキの組み合わせ

車体・走り装置機器構成例

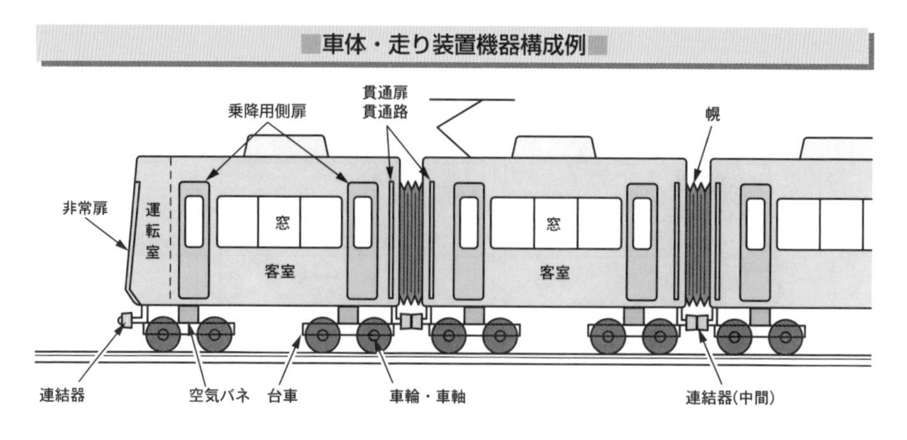

客室内機器構成および台車・モータ構成例

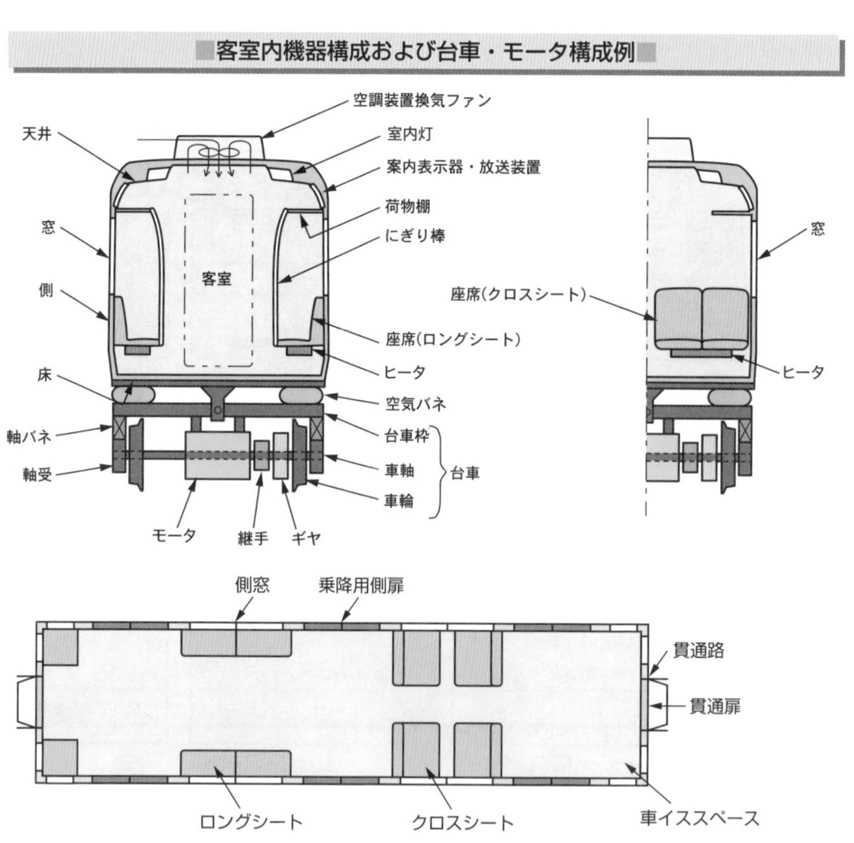

2-4 電車の走行

電車は、モータから車輪へ力を伝え、車輪とレールの摩擦で走るようにできています。モータ・インバータなどを含めた加減速装置があり、モータの回転力を駆動装置で車輪に伝え、車輪はレールとの摩擦力で回転して走ります。

モータと車輪を支えるさまざまな装置

電車は、モータと車輪で走ります。電車にはそのためのいろいろな装置が準備されています。運転席からの指令で制御装置が働き、モータに電気が流れると車輪が回転し、電車は走り出します。

電車は、電気をもらってモータが回転する力に変えます。モータが回転すると、その回転力を歯車(駆動装置)で減速して車輪を回します。車輪が回ると、車輪とレールの摩擦の力で回転力が直線力となり、電車は走ります。つまり、電気を回転する力に換えて、動力を伝達し、回転運動から直線運動に換えて電車が走るのです。

この車輪とレール間に働く摩擦力を粘着力といい、この摩擦は、レール面上の錆・油や雨・雪で大幅に低下します。加速時に空転したり、減速時に滑走し、加速力や減速力が低下するため、制御装置*はこの空転や滑走を抑える工夫をしています。

■電気エネルギーの流れ■

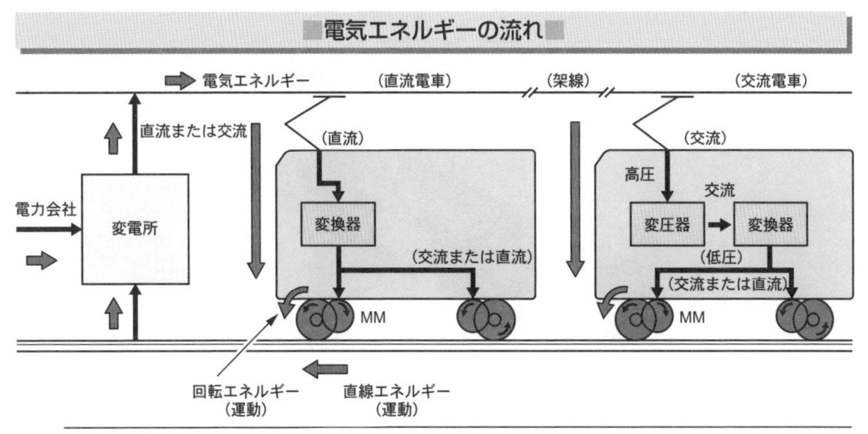

*制御装置(変換器)　架線から電気をもらって、モータを回すために電気の電圧、電流や周波数を可変調整する装置。直流を直流または交流に、交流を一旦、直流にして、直流または交流に変換する。

モータの分類

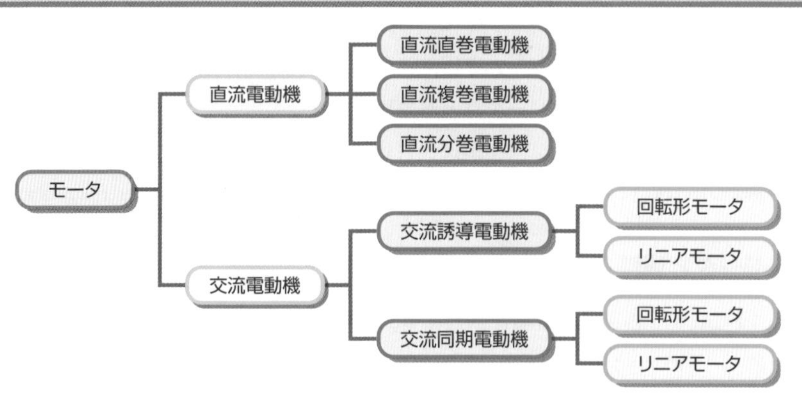

交流誘導電動機（回転形）

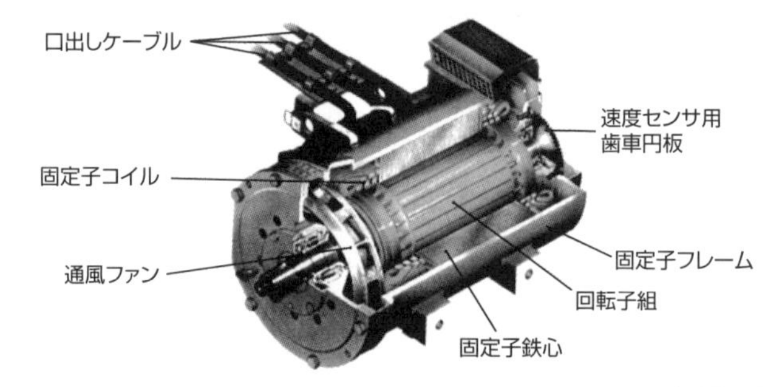

（一社）日本地下鉄協会提供

交流リニア誘導電動機

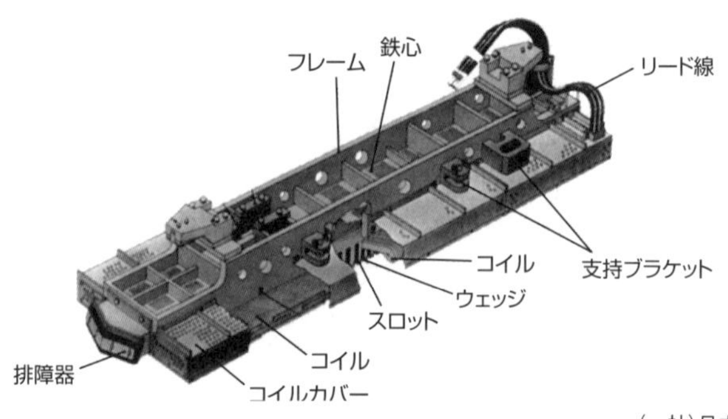

（一社）日本地下鉄協会提供

■床下の台車の中のモータと車輪・車軸の関係■

▼床下から見た交流誘導電動機（右）、駆動装置（左）と車輪・車軸の関係

▼床下から見たリニアモータと車輪・車軸の関係。1台車に1台のリニアモータを取り付け、駆動装置が不要

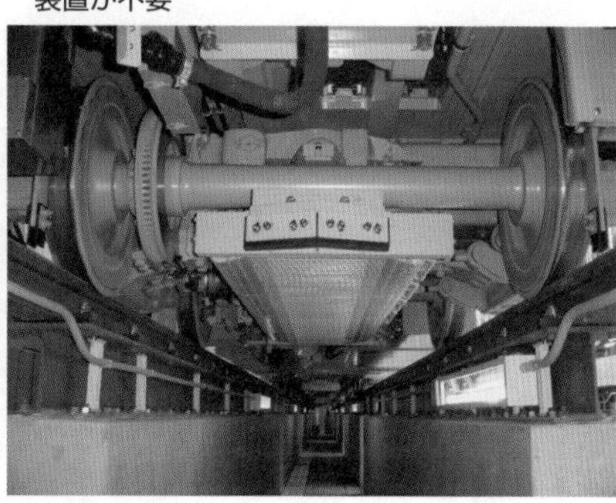

粘着とはレール・車輪間の摩擦現象

粘着とは、電車を加速するための駆動力やブレーキ力の伝達を可能にするレール・車輪間の摩擦現象です。レール・車輪間で車輪円周方向に作用する摩擦力を**粘着力**といいます。

鉄道車両が走るためには、この粘着力を駆動力やブレーキ力に利用しています。**最大牽引力**、**勾配登坂速度**、ブレーキ減速度、最高運転速度といった、列車の性能は、粘着力により左右されます。空転とは、駆動力が粘着力を超えたとき発生する現象です。滑走とは、ブレーキ力がこの粘着力を超えることをいいます。したがって、電車の加減速はこの粘着力を超えないようにしなければなりません。

■粘着力の利用■

▼モータ、駆動装置（小歯車、大歯車）、車輪、レールの順に力が伝わる。歯車比が5のとき、モータが10回転すると車輪は2回転する。実際は5.31など整数ではない。

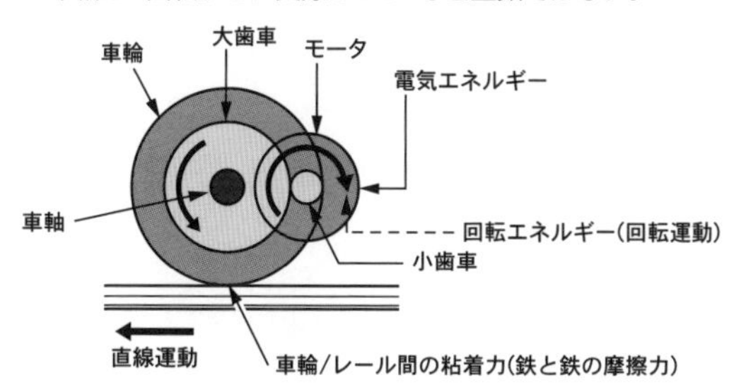

2-5 電車の減速・停止

運動エネルギーを熱・電気エネルギーに変換することで、電車は減速・停止します。変換方法は、電車の運動エネルギーをモータの回転エネルギーに換え、回転エネルギーを熱や電気エネルギーに換える電気ブレーキと、ブレーキ装置の機械的な摩擦で熱エネルギーに換える機械ブレーキに大別されます。

ブレーキのしくみ

電車は、電車の持つ運動エネルギーを機械ブレーキで熱エネルギーに、または、電気ブレーキで、電気エネルギーに換えて電車は減速・停止することができます。このブレーキ機能が電車の止まるしくみです。ブレーキには機械（摩擦）ブレーキ、電気ブレーキ（発電ブレーキ・回生ブレーキ）および逆相ブレーキなどがあります。

ブレーキのいろいろ

● **機械ブレーキ**

電車の走る力を熱に換えて電車を止めます。**ブレーキシュー**＊を車輪に押し付け、その摩擦の力で、電車の運動エネルギーを熱エネルギーに換え、電車を減速させて電車を止めます。車輪の代わりに車軸に取り付けた**ブレーキ円盤**（**ブレーキディスク**）も使われます。また、台車に取り付けたブレーキシューでレールに直接押し付ける**レールブレーキ**もあります。

● **発電ブレーキ**

電車の走る力を電気に換えて電車を止めます。電車の走る力を車輪の回転力に換え、この回転力を使い、モータを発電機に変えるとブレーキ力となります。モータで発生した電気を抵抗器に流し、抵抗器で熱エネルギーに換えて大気に捨てるしくみです。

● **回生ブレーキ**

電気ブレーキの種類に属し、モータで発電した電気を、架線を通じて別の電

＊**ブレーキシュー**　ブレーキを作用させる場合、車輪に押し付ける材料を制輪子（ブレーキシュー）という。

車のモータを回したり、自車のSIV装置などにつながる電気設備の電気として再利用するしくみです。さらに、変電所を経由して地上の電気設備にこの発電した電気を使うこともあります。その発生した電気を捨てずに有効に使う（再利用する）ことができるので省エネルギーです。チョッパ装置を載せた電車やインバータ装置を載せた電車は、すべてこの**回生ブレーキ方式**です。

最近では、電車に蓄電池を載せて、電動機の発電エネルギーを、この蓄電池にいったん充電して、加速時に再利用する方式も**ハイブリッド車両**＊や**蓄電池電車**として実用化され、環境改善に貢献しています。

機械ブレーキ

▼運動エネルギーを摩擦エネルギーに換えて電車を減速・停止する(制輪子を車輪に摩擦で押し付ける)

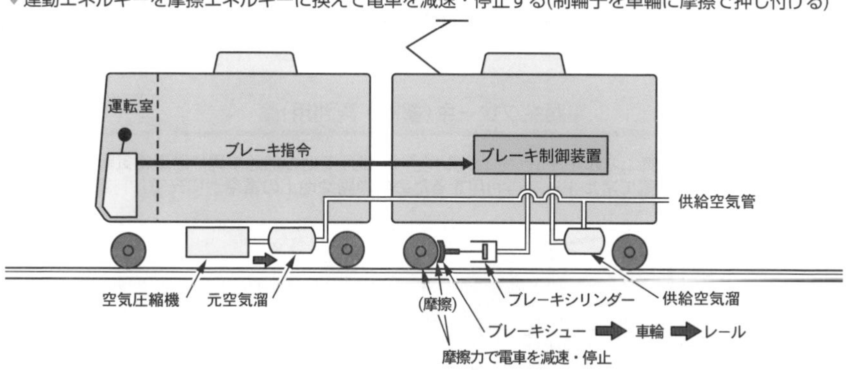

発電ブレーキ

▼運動エネルギーを電気エネルギー (熱エネルギーで発散)に換えて電車を減速・停止する

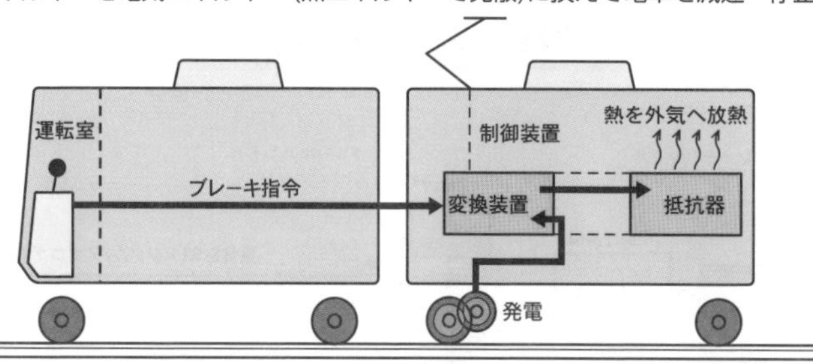

電車の運動(直線)エネルギー ➡ 車輪の回転エネルギーに変換
➡ モータを発電機として電気エネルギーに変換
➡ 抵抗器で熱エネルギーに変換

＊**ハイブリッド車両**　ディーゼルエンジンと発電機やバッテリーなどの複数の電源から電気をもらって、自走する車両(2-25参照)。

回生ブレーキ（再利用）

▼運動エネルギーを電気エネルギー（回生エネルギー）に換えて他の加速車両や鉄道電気設備へ供給。電気を再利用して電車を減速・停止します（省エネルギー）

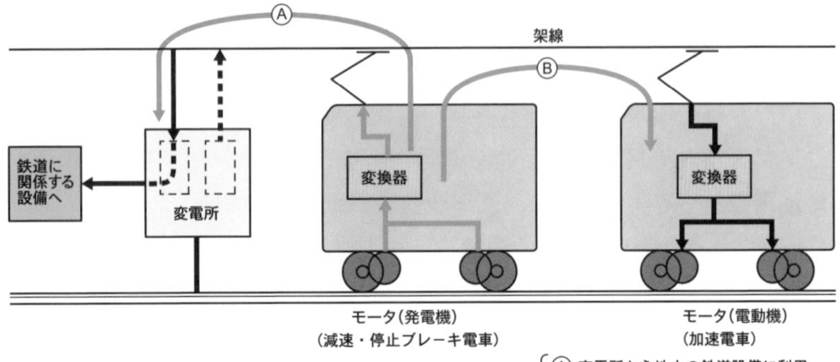

回生ブレーキ（蓄電・再利用）

▼運動エネルギーを電気エネルギー（回生エネルギー）に換えて他の加速車両や鉄道電気設備へ供給するほか、いったん電気エネルギーを再利用するための車両や地上の蓄電池に充電し、電車を減速・停止する（省エネルギー）

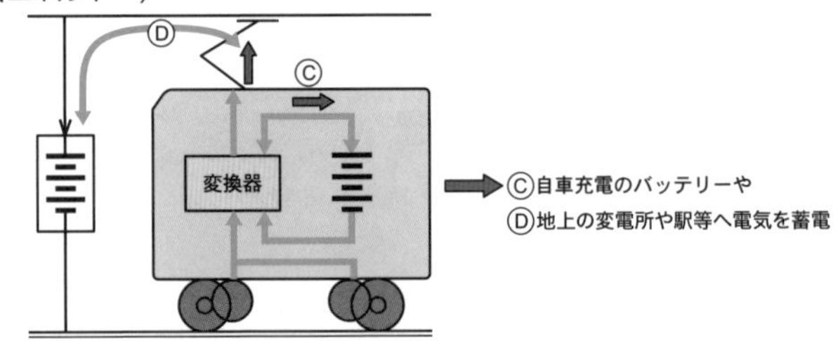

機械ブレーキの機器構成例

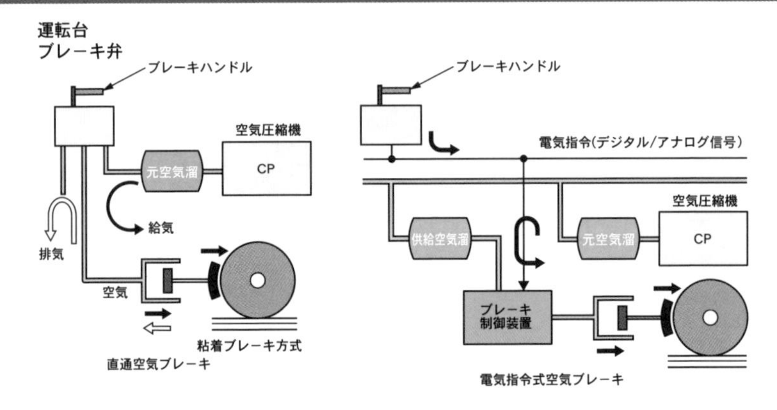

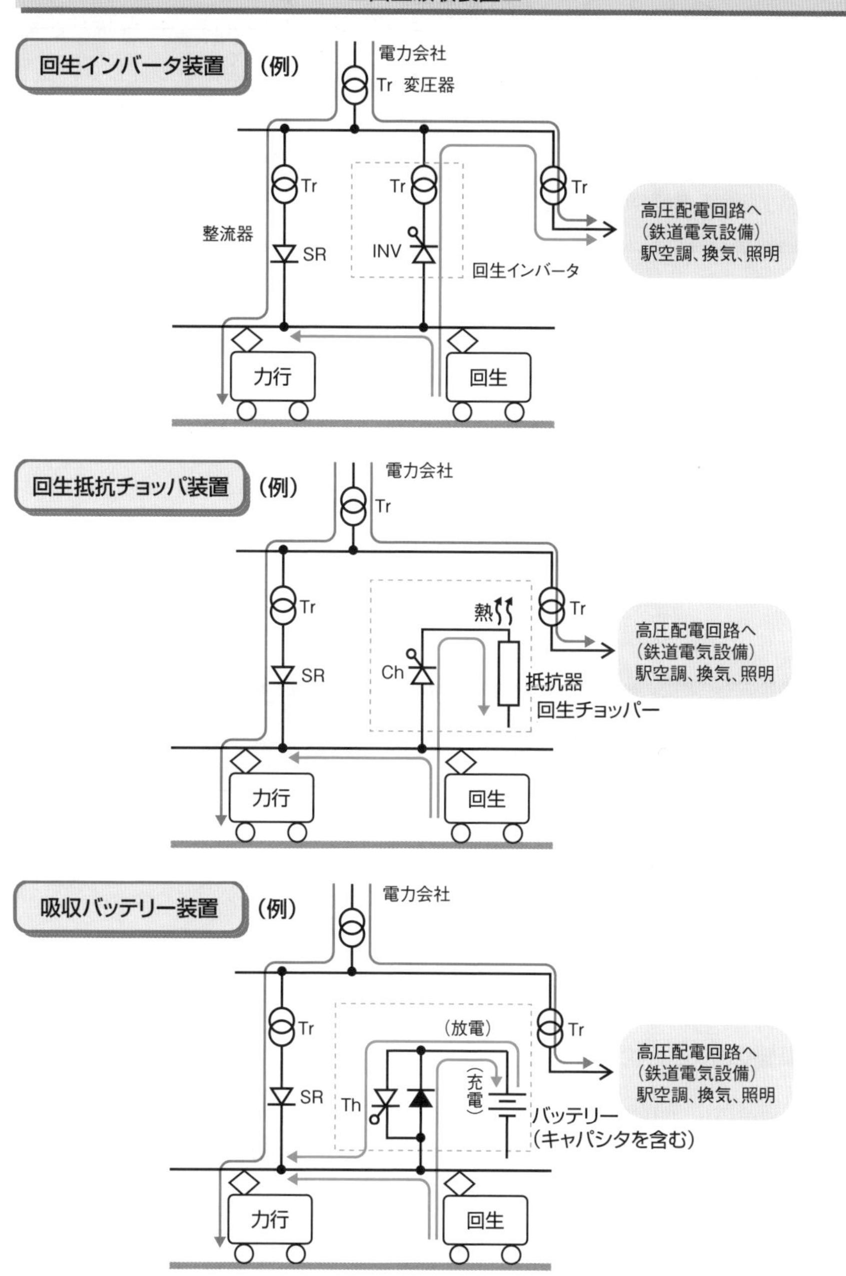

＊**Th**　Thyristor、サイリスタ（スイッチ素子、整流素子）

＊**SR**　Static Rectifier、静止形整流器（Silicon Rectifier、シリコン整流器）

2-6 車輪とレール

ビア樽が鉄道の始まり―ビア樽を輪切りにすると車輪になり、脱線しないで直線でも曲線でも自然に走ることができます。車輪の左右を車軸で連結し、車輪の接触面を傾斜させると、直線部ではレールの中心に向き、曲線では左右の車輪径差がついて回転して曲がります。

車輪とレールの絶妙な形で走る

車両は、車輪とレール間の摩擦で走り・止まることができます。ここでは、ビア樽の断面を切り取った車輪形状とレール形状の絶妙な接触関係で、直線・曲線をうまく走る原理を見てみましょう。

■ビア樽の原理と車輪形状■

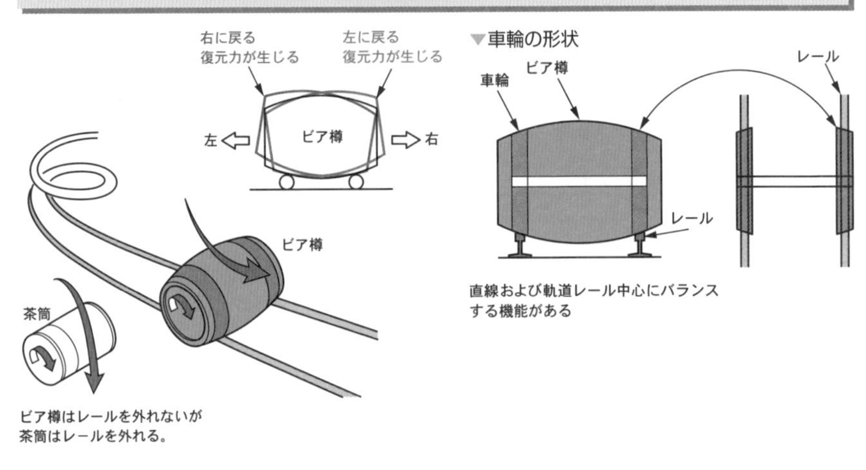

車輪の踏面形状

車輪はレールと接触する踏面形状が工夫されており、安全性の高さ、走行安定性（**蛇行動***防止）、これに相反する曲線通過性（**操舵性能**）に優れています。また、路線形状や運転内容などに合わせて、その**踏面形状**を変えています。

この形状は大きく分けると**円弧踏面**、**円錐踏面**および**円筒踏面**に分類され

＊**蛇行動**　直線区間など高速で走行する場合、車輪の左右間隔よりレール間隔が広いために、その左右の遊間で左右動が発生する。この左右動が蛇のようにくねるので蛇行動という。

ています。この踏面形状により、左右の車輪径差が発生して、同一回転であっても自然に曲線を回ることができます。2本のレールにビア樽を載せて転がしても、ビア樽はレールから外れず回転移動していた経験の結果であり、ビア樽の円弧面を切り取ると車輪踏面となります。

車輪形状と直線・曲線走行

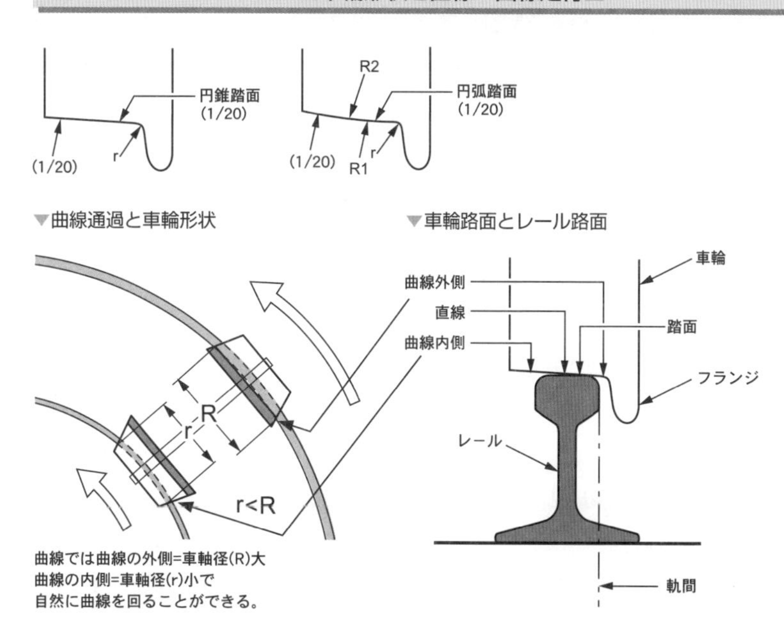

車輪踏面と曲線通過を考慮したレール形状と傾き

曲線通過性を考慮してレール間隔を広げたスラック、直線から曲線を滑らかにつなぐ緩和曲線、およびレールの傾斜の設定など、曲線通過性能を満足する車輪の踏面形状とフランジ形状の設定との連携が不可欠です（7-10参照）。

2-7 機器（加減速関連機器）

電車には、走るために、電気を集め・流し・止める装置がついています。電気を集めるパンタグラフなどの集電装置、電気を流し・止めるスイッチ、電気の流れを調整し回転力に換えるインバータなどの制御装置と電動機（モータ）、回転力を車輪に伝達する駆動装置などがあります。

電車の加減速走行関連機器

電車が加減速走行するための機器は、電気を電車に取り入れて、電気でモータを回す役割をそれぞれ分担する設備です。電気を集め、電気を可変し、電気を調整してモータが回ります（2-11参照）。

● 集電装置

給電線から電車に電気を取り入れる装置です。**架空電車線**や**剛体電車線***からパンタグラフで、第三軌条（レール）から第三軌条靴（シュー、スライダ）で電気を受電します。モノレールやAGTなどでは**第四軌条***受電方式**や**3相受電方式**もあり、小型パンタグラフやスライダ等で正負受電します。

● アレスタ（避雷器）

給電線への落雷から電車の機器を守ります。**交流アレスタ**と**直流アレスタ**があり、どちらも屋根上に取り付けられています。

● ヒューズ

電気回路故障時の過電流を溶断して保護する装置です。一度、保護動作すると交換が必要となります。

***剛体電車線** 地下区間など通常の電車線を張る空間がない場合に使用する架空線の一種で、アルミニウム製T型構造等の電車線。通常の架空電車線は上下変位ができるが、構造上変位しない剛体のために剛体電車線という。

***第四軌条受電** 第三軌条は変電所からのプラス側（電力供給）に用い、マイナス側（帰線電流）はレールを使用する場合に、この帰線電流をレールに流さず、帰線電流用にもう1本の軌条を使用する。この帰線電流用の軌条を第四軌条という。モノレールやAGT新交通などはコンクリートがレールに相当するために第四軌条を使用する。

● 遮断器

電気回路故障時の過電流を遮断して電気機器（制御装置や電動機など）を保護する装置です。こちらは保護動作しても交換が不要です。高速度遮断器なら高速・大電流遮断が可能です。

● 制御装置

集電した電気の電圧・電流や周波数などを可変して、電動機に供給し、電動機を加減速制御する装置です（2-11参照）。

● 電動機（モータ）

制御装置からの電気を回転力に換える装置です。直流電動機と交流電動機があり、最近の新車は交流誘導電動機が採用されています。これらの回転型モータのほかに、リニアモータも地下鉄電車などで使用されています。

● 駆動装置

電動機の回転力を駆動装置の歯車で回転数を下げ伝達力を上げ、車輪を回転させます。この回転力が電車を走らせる推進力となります。通常、電動機側の小歯車と車輪側の大歯車の1段減速で使用されます。

加減速関連機器の関係

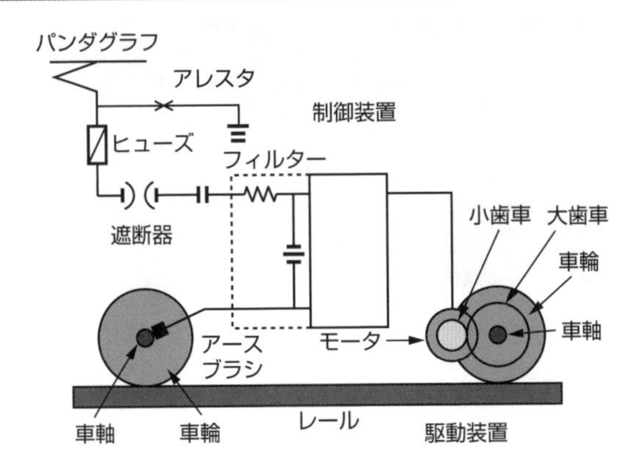

さまざまな機器（屋根上取付）

▼菱形のパンタグラフ

▼シングルアーム型（Z型）パンタグラフ。最近の標準パンタグラフ

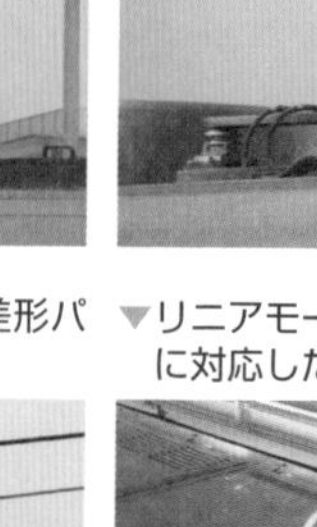

▼菱形パンタグラフの変形としての下枠交差形パンタグラフ

▼リニアモータ方式地下鉄電車は小断面トンネルに対応した小型パンタグラフを使用

▼新幹線E5系シングルアーム型パンタグラフ

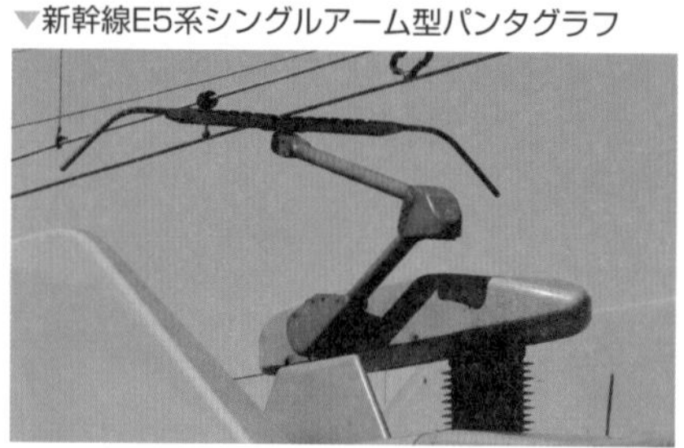

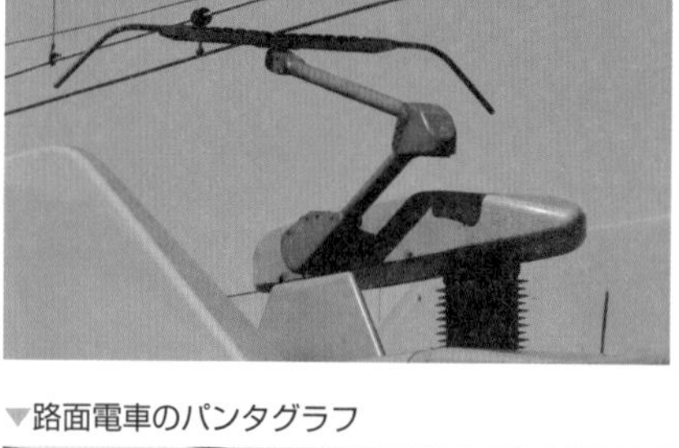

▼新幹線N700S系シングルアーム型パンタグラフ

▼路面電車のパンタグラフ

▼LRTのパンタグラフ

■屋根上機器配置の例■

▼交流直流両用電車の屋根上機器配置例（2台パンタグラフ例、高圧ケーブルとケーブルヘッドで2台接続）

▼交流直流両用電車の屋根上機器配置例（1台パンタグラフ例）

▼交流電車の屋根上機器配置例（交流主ヒューズの有無）

直流区間の無いJR 九州の例

直流区間の有るJR 東日本の例

▼直流電車の屋根上機器配置例（直流主ヒューズの屋根上の有（右）無（左））

▼交流電車には直流冒進からの変圧器保護を目的とする交流主ヒューズを屋根上に取り付ける

▼屋根上に取り付けられた主回路保護の直流ヒューズ

▼交流電車電車の開閉と保護が目的の高速度遮断器（VCB＊）。空気遮断機（ABB＊）も使われている

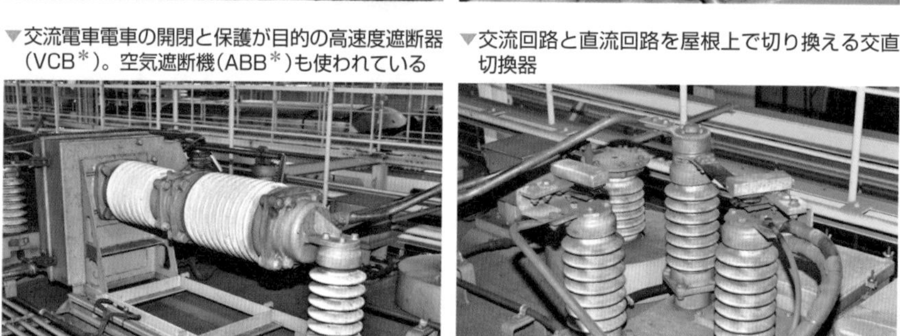

▼交流回路と直流回路を屋根上で切り換える交直切換器

▼交流架線への落雷から電車の電気品を保護する交流アレスタ

▼直流架線への落雷から電車の電気品を保護する直流アレスタ

＊**VCB**　Vacuum Circuit Breaker、真空遮断器

＊**ABB**　Air-Blast Circuit Braker、空気遮断器

■さまざまな機器（床下取付）■

▼第三軌条から電気を集電する第三軌条シュー（上方集電方式）

▼第三軌条から電気を集電する第三軌条シュー（下方集電方式）

▼AGTは三相交流受電のため車側に3つのスライダを取り付けている

▼モノレールはプラス側とマイナス側の2本の電車線に対応して、コンクリート桁の両側に2台の小型パンタグラフが付いている

▼DC1500VをAC1100Vの3相交流に変換するインバータ装置

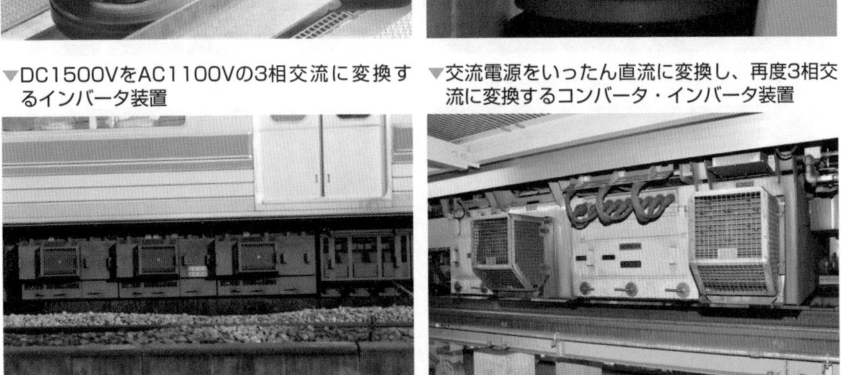

▼交流電源をいったん直流に変換し、再度3相交流に変換するコンバータ・インバータ装置

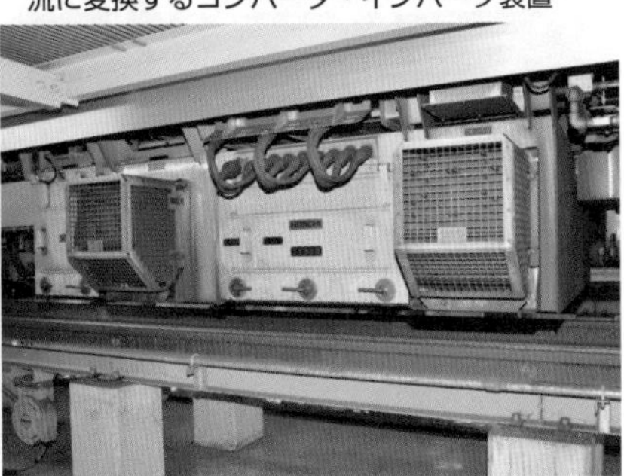

▼特別高圧の交流電圧を高圧の交流電圧に降圧する変圧器

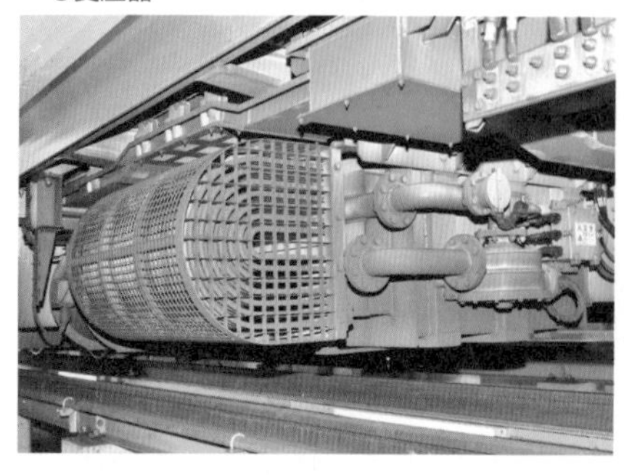

▼フィルターリアクトル（電流の平滑が目的）

▼直流回路の開閉と保護が目的の高速度遮断器（HB＊、右）。左は断流器

▼直流電圧を可変するための主回路の抵抗器

▼台車に取り付けたモータと駆動装置

▼台車に取り付けたリニアモータ

＊**遮断器（VCB、HB）**　高圧の電圧・電流をオンオフできるスイッチ。VCBはVacuum Circuit Breaker（真空遮断機）の略で、交流の遮断に使用される。一方、HBはHigh Speed Circuit Breakerの略で、電気回路の直流電圧・電流を保護遮断するスイッチ。

2-8 機器(台車・ブレーキ・連結器・扉)

車両には、その車体を支える台車・車輪、車両間をつなぐ連結器、人が乗り降りするドア、車両間の貫通扉や幌などがあります。台車には、車両を止めるためのブレーキ装置が取り付けられています。

台車・ブレーキ・連結器・扉

● **台車**

車体を支え車輪で電車を動かす装置です。電動機、駆動装置、基礎ブレーキ装置などが取り付けられており、台車枠、車輪、車軸、ベアリング、軸ばね、空気ばね、車体と台車を連結する車体支持装置・牽引装置などから構成されています。曲線走行速度の向上を目的にした振り子式台車や曲線通過性能の向上を目的にした操舵機構を持つ台車もあります（2-18参照）。

● **車輪・車軸・ベアリング**

台車の大きな構成部品で、車軸が左右の車輪を繋いでいます。車軸はベアリングで軸箱に固定され、軸箱は軸ばねで台車枠に固定することで車輪・車軸の円滑な回転を助けています。

● **ブレーキ関連装置**

台車には、圧縮空気などを使い、制輪子を車輪に当てて車両を減速・停止させる機械ブレーキが取り付けられています。空気ブレーキは、車体に空気源の空気圧縮機、空気圧力を調整・可変するブレーキ制御装置、空気溜、および台車に付く**ブレーキシリンダ**、**ブレーキディスク**、**ブレーキシュー**などの基礎ブレーキから構成されます。空気ブレーキには安全性改善・応答性向上などによるさまざまな方式があります。空気ブレーキ以外には**油圧ブレーキ**、**渦電流ブレーキ**、**電磁ブレーキ***などがあります。

● **連結器**

並形自動連結器、密着式自動連結器、密着連結器、ネジ式連結器などがあります。また、通常連結開放しない車両間を永久連結する中間連結器（連結棒など）がよく用いられています。また、連結衝撃を緩和するためにゴム**緩**

衝器付連結器や**油圧緩衝器付連結器**など連結器と緩衝器が一体のものもあります。

● 乗降扉・貫通扉

乗客の乗降のための開閉扉が、車両片側に、特急車や優等車には1～2か所、通勤電車には3～4か所取り付けられています。これには引き戸、プラグドア、折り戸などがあります。一部には片側5～6か所取付けられている通勤車両もあります。また、車両間の貫通路には幌が取り付けられています(2-13参照)。

台車構成

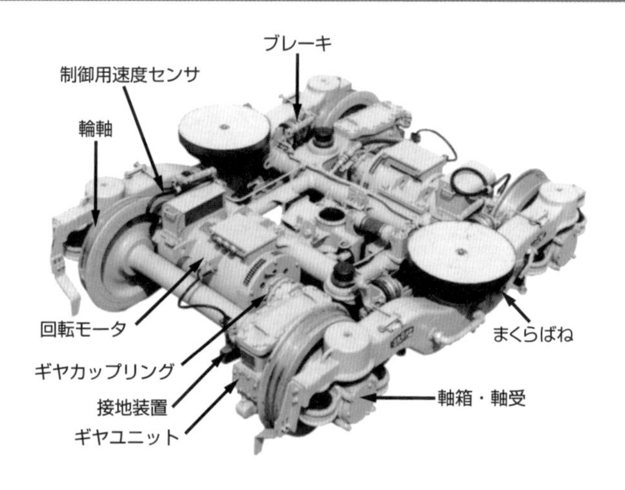

操舵機構

直線

曲線

▼リンク式の動き

(外軌側)

リンク中心

(内軌側)

リンク中心

＊**電磁ブレーキ**　台車に取り付けた電磁コイルに電気を流して磁気を発生させて、対向するレールやディスクとの吸引・反発力を利用したブレーキ。

■リンク式操舵台車の例（車体と台車の変位をリンクを介して車軸を操舵）■

▼仙台市営東西線3000系リニアモータ電車のリンク式操舵台車（地下鉄の急曲線通過性能向上）

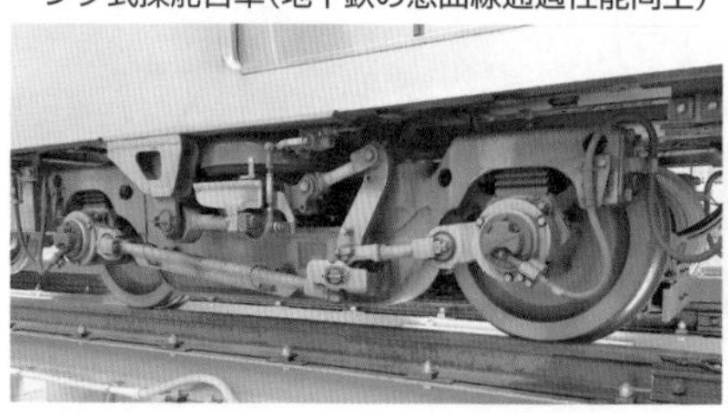

▼東京メトロ日比谷線13000系電車のリンク式操舵台車（地下鉄の急曲線通過性能向上）

▼JR北海道の283系特急気動車の振り子機構付きリンク式操舵台車（都市間の速度向上）

▼リニアモータ電車のリンク式操舵台車と自己操舵台車

（リンク式操舵台車）　（自己操舵台車）

空気ブレーキ装置の基本構成

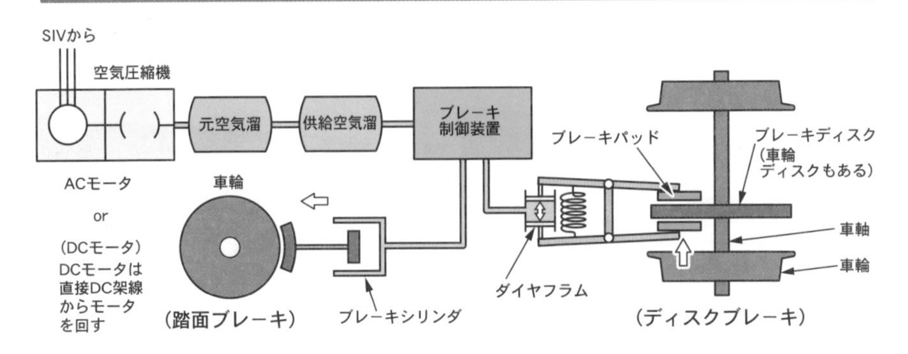

さまざまな機器

▼ブレーキ制御装置の例

▼空気圧縮機（コンプレッサ）の例

▼自動連結器の例

▼密着連結器の例

▼機械式連結器（上）と電気連結器（下）

▼中間連結器（永久連結器）の例

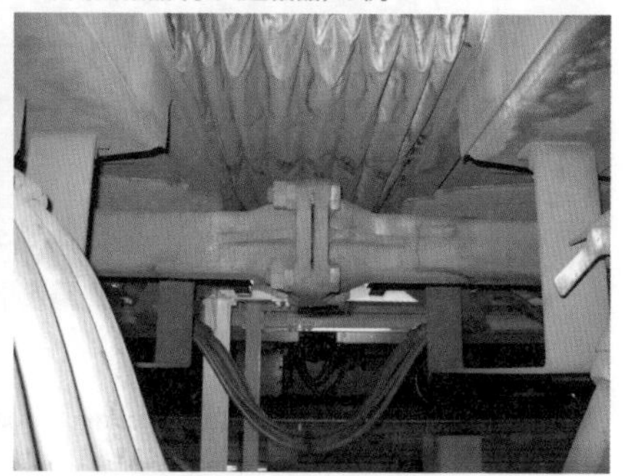

▼貫通路・貫通扉の例

▼乗降扉の例

▼非常避難路の例

▼非常避難路の例

2-9 機器(乗客サービス機器ほか)

乗客サービスは、快適な環境と適切な情報を提供する電源装置に支えられています。快適な環境を保つものとしては、座席・空調装置・ヒーター・換気扇・扇風機、照明装置、吊革や握り棒などがあります。適切な情報は、液晶表示器や放送装置が提供します。電源装置は、静止型インバータなどの補助電源とバッテリーです。

乗客サービス機器、補助電源機器

● 腰掛(座席)

特急車両にはリクライニングシートやクロスシートが、通勤車両にはロングシートが主に使用されています。近郊電車にはクロスシートとロングシートを混用するものもあります。

● 暖房装置

冬季の防寒対策として、室内温度を保温する電熱器(ヒーター)を用いています。通常、暖房装置は腰掛下に取り付けられています(2-12参照)。

● 空調装置

夏季の室内温湿度環境改善のための冷房装置です。通常、屋根上または床下に取り付けて室内に冷風を供給します(2-12参照)。

● 換気装置

室内に新鮮な空気を送り込んだり、室内の汚れた空気を車外に排気したりする装置です。ファンなどで強制的に吸気・排気を行なう強制換気と、走行自然風で吸気・排気を行なう自然換気があります。この換気装置を空調装置に組み込み、新鮮な外気を室内の空気に加えて冷風を室内に送風する方式が多くなりました(2-12参照)。

● 車内案内装置

室内のドア上に、LCD*やLED*などで行先・停車駅などを乗客サービスとして表示する装置です。

---

*LCD　Liquid Crystal Displayの略で、液晶表示装置のこと。
*LED　Light Emitting Diodeの略で、電気を流すと発光する半導体のこと。

● その他の機器

　次駅・到着駅・緊急案内を放送する放送装置、交流点灯および直流点灯蛍光灯やLEDを使用した室内照明装置、**非常通報装置**、吊革、荷物棚などがあります。客室内の安全のため、**防犯カメラ**の設置も増えています。

● 補助電源装置

　電車には駆動用電気のほか、空調装置、照明装置や換気装置などは低圧の交流電気が、また制御装置、モニタ装置や放送装置などは低圧の直流電気が必要です。補助電源装置は、この低圧の電気を高圧電気から変換する装置です。

● 蓄電池（バッテリー）

　充電して繰り返し使用する**電池（二次電池）**で、**鉛蓄電池、アルカリ蓄電池**があります。電車を動かすための装置には低圧の直流電気が必要であり、架空線が停止しても緊急に動かす必要のある機器用の電気も不可欠です。そのためにも蓄電池を載せています。

▼クロスシート

▼リクライニングシート

▼ロングシート

▼車いすスペース（バリアフリー対応）

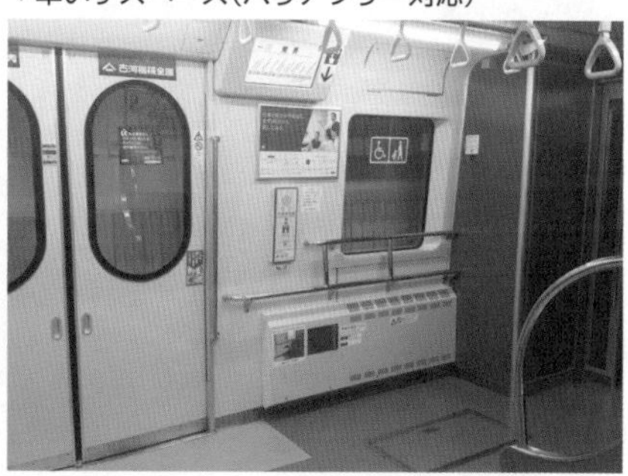

▼暖房装置

▼屋根上空調装置（集中方式の例）

▼床下空調装置

▼荷物棚・吊革

▼側窓

▼案内表示器

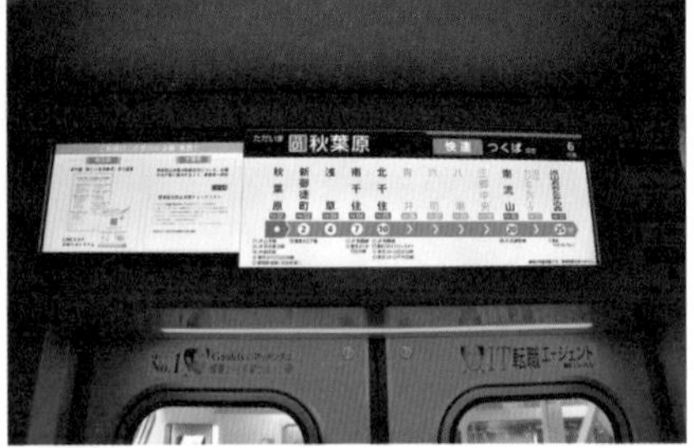

▼室内照明装置

▼ホームと床面間隔と平面性（バリアフリー対応）

▼車両間電気コネクタ

▼運転台（マスコン、メータ、モニタ、スイッチ類）

補助電源装置の構成

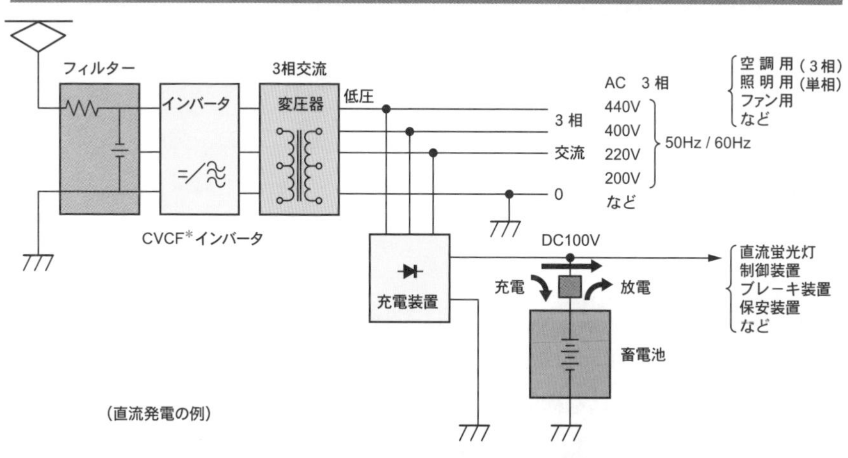

▼SIV*装置（CVCFインバータ）

▼蓄電池と蓄電池箱

＊**CVCF**　Constant Voltage Constant Frequency（一定電圧一定周波数）の略。
＊**SIV**　Static Inverter（静止形インバータ）の略。

2-10 車体材料・構体構造

軽く・錆びない・燃え難い、そして長持ちで静か、滑らかな構造の車体が理想です。最近の車体は軽くて錆びないアルミニウムやステンレスで構成され、室内の床、壁、座席は燃え難い材料を選択し、なおかつ、長持ちで静かな車内環境になるようにしています。

車体材料と構体構造

車体材料と構体構造は、省エネルギー、長寿命および静かさを目的に、軽量化、防錆材および防音構造に取り組んでいます。また、内装は燃えないあるいは燃えにくい材料を使っているのも特徴です。

従来、車体を構成する材料は、鋼製車体が主流でした。強度と重量が必要な機関車は鋼製車体です。しかし電車は省エネルギー・軽量化などが求められ、近年、軽量ステンレスやアルミニウムで構成されるようになりました。

ステンレス鋼製車体

ステンレス鋼製車体は、鋼製車両の腐食性改善と無塗装化を目的に、ステンレス鋼で車両構体を構成しています。溶接は**スポット溶接**＊が主体です。現在では、さらなる軽量化を目的にステンレス鋼の材質と板厚および鋼体強度を強化する構体構造を工夫した**軽量ステンレス車両**が主流となりました。

アルミニウム合金製車体

アルミニウム合金製車体は、車両のさらなる省エネルギーと軽量化が可能です。加工性･溶接性に優れ、新幹線のみならず通勤車両でも使用されています。営団（現・東京メトロ）の千代田線6000系チョッパ車で省エネルギー・軽量化を目的に本格採用されました。その後、高速走行で、省エネルギー・軽量化を目的に200系・300系やアルミニウムハニカム構体の500系などの新幹線にも採用されました。

＊スポット溶接　電極で2枚のステンレス鋼をはさみ、電流を流してはさんだ部分をスポット的に溶接する方法。

最近では、高強度・低騒音が可能な**アルミニウムダブルスキン構造***で、**摩擦攪拌接合***により接合表面が滑らかで綺麗な無塗装車両の製作が可能となり、**リサイクル性**も良いので、新幹線のみならず通勤電車でも採用が多くなっています。

ステンレス構体

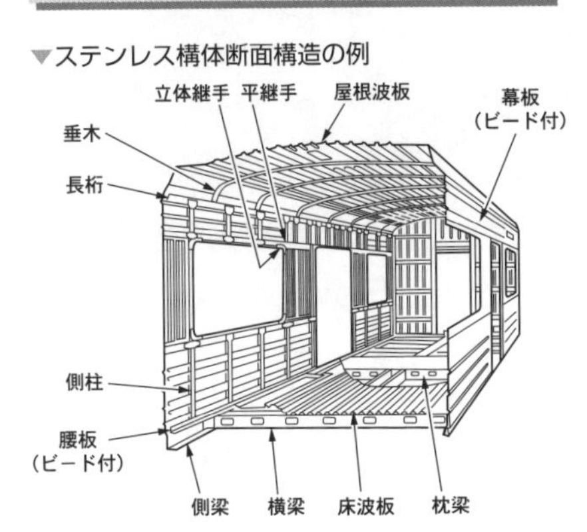

▼ステンレス構体断面構造の例

アルミニウム構体

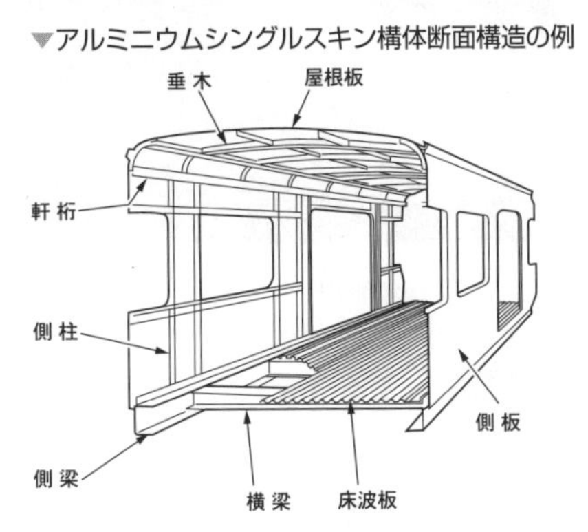

▼アルミニウムシングルスキン構体断面構造の例

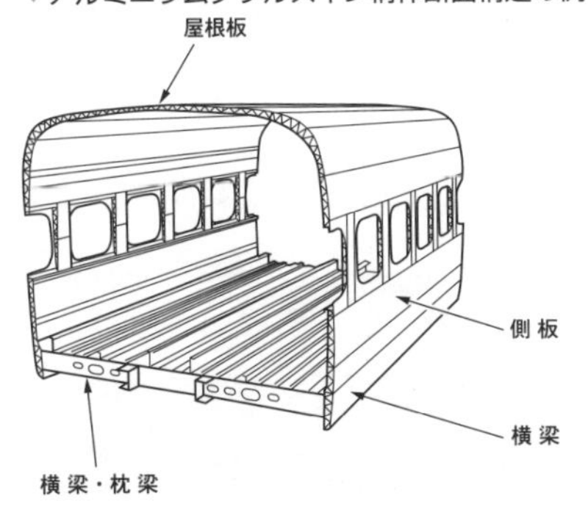

▼アルミニウムダブルスキン構体断面構造の例

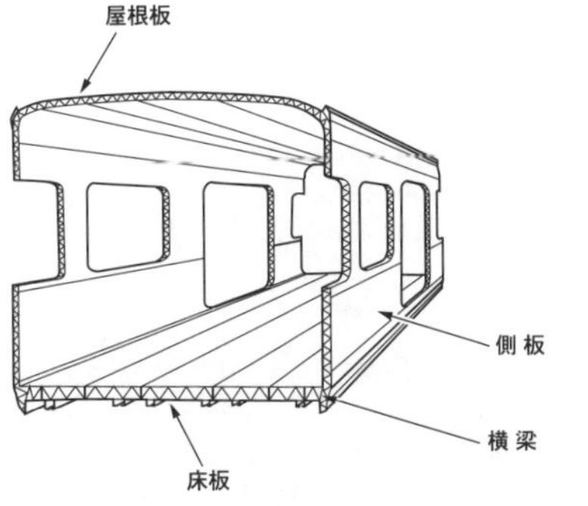

▼アルミニウムダブルスキン構体断面構造の例

難燃・不燃性の車体材料

内装材は床・天井を含めて防火対策が必要です。特に地下鉄車両では、極難燃性や不燃性の材料が使われています。材料は燃焼試験で**難燃性**・**極難燃性**・**不燃性**などの耐火・防火性を評価しており、その評価結果で車両内装部品の使用可否を選定しています。

＊**アルミニウムダブルスキン構造**　アルミニウム製の大型引抜型材を使用した二重構造の構体構造で、構体構造が大幅に簡単化された。構体の組立の簡単化と共に、防音・断熱効果もある。

＊**摩擦攪拌接合**　高速で回転する攪拌棒で2枚のアルミニウムの接合部を攪拌することにより、アルミニウムの溶融温度以下で接合する方法。

さまざまな車両例

▼アルミニウムダブルスキン構体車両例

▼アルミニウムダブルスキン構体車両例

▼ステンレス構体車両例

▼アルミニウムダブルスキン構体車両例

▼ステンレス構体車両例

▼アルミニウムダブルスキン構体車両例

▼ステンレス構体車両例

▼ステンレス構体車両例

2-11 制御方式

電車は省エネルギーの先駆者です。現在では省エネルギーに優れた三相交流モータとインバータ制御装置の組み合わせが主流です。直流モータでも早くから界磁チョッパ装置、電機子チョッパ装置、サイリスタ位相制御装置などの省エネルギー装置が働いています。

回転力と速度を制御

制御装置は、電車の加速・減速制御を行なうため、電動機の回転力と速度を制御するものです。今まで速度制御には直流電動機が適していました。直流電動機は、電圧で速度を制御し、電流で加速・減速力の制御を行なっていました。その制御方式には、種々のものがあり、省エネルギーの目的で、チョッパ制御が導入されました。さらに、省エネルギー化・保守性向上・運転信頼性向上など多くの特長を持つ、交流誘導電動機制御のVVVFインバータ方式が実現されました。最近では、**永久磁石を用いた同期電動機**の採用や、**SiC素子**を用いたインバータ制御装置、効率の向上した**密閉式誘導電動機**などにより、省エネ化や省保守化がさらに進んでいます。

● 抵抗制御

抵抗器の短絡で抵抗値を可変し、直流電動機の電機子電圧を可変して速度制御する方式です。さらに界磁制御*により高速特性を向上できます。

● 界磁チョッパ制御

直流複巻電動機を使用、その界磁巻線をチョッパ制御することで、減速時に回生ブレーキを可能にした制御方式です。

● 電機子チョッパ制御

直流直巻電動機をチョッパ制御で電圧・電流制御して、加速時の抵抗損失をなくし、減速時に低速までの回生ブレーキを可能にした制御方式です。

● 分巻チョッパ制御

直流分巻電動機の電機子と分巻界磁の両方を別々にチョッパ制御し、4象限チョッパ方式*を実現しました。もちろん、回生ブレーキが可能です。

＊**界磁制御**　抵抗ゼロの状態からさらに加速するため、電動機の界磁巻線を短絡し電流値を上げる制御方法。

● **インバータ制御**

交流誘導電動機に加えて、**永久磁石同期電動機**（**PMSM**）をVVVF（可変電圧・可変周波数）インバータで制御する方式です。現在の新車はほとんどすべてがこの制御方式です。インバータ部には**GTOサイリスタ素子**（当初）や**IGBT素子**（現在）が主流ですが、Si素子からSiC（シリコンカーバイト）素子*に変わりつつあります。**鉄輪式リニアモータ駆動方式**も同じインバータ制御です。

● **サイリスタ位相制御***

交流の架線から集電する電車の制御方式で、交流の位相をサイリスタでオンオフ制御して出力電圧を可変し、直流電動機を速度制御します。

● **コンバータ・インバータ制御**

最近の交流の架線から集電する電車の速度制御方式で、変圧器の交流出力をコンバータで定電圧制御し、その直流出力をインバータでVVVF制御する方式が増えています。新幹線や交流電車で使用しています。素子はIGBT・SiCです。

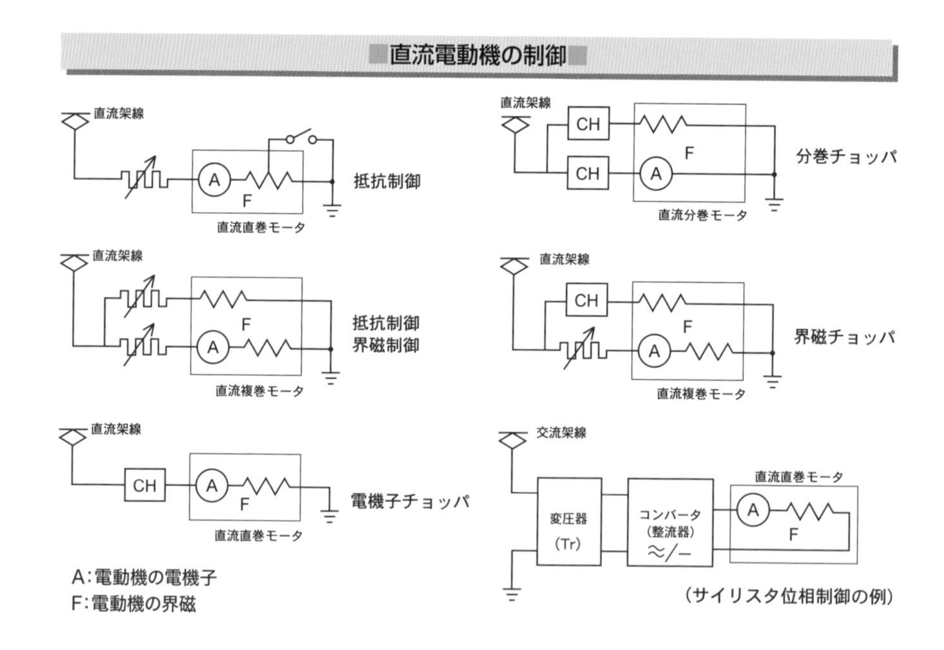

＊**4象限チョッパ方式**　前進加速、前進減速、後進加速、後進減速が出来るチョッパ装置で、この4つの機能が切換なしにできるので4象限という。

＊**SiC（シリコンカーバイト）素子**　従来のSi素子に代わり、高耐圧・高周波数動作が可能なMOSFETスイッチング素子。

＊**サイリスタ位相制御**　サイリスタのオンオフで交流半波の位相を制御して、交流の出力電圧を可変する方式。

■交流電動機の制御■

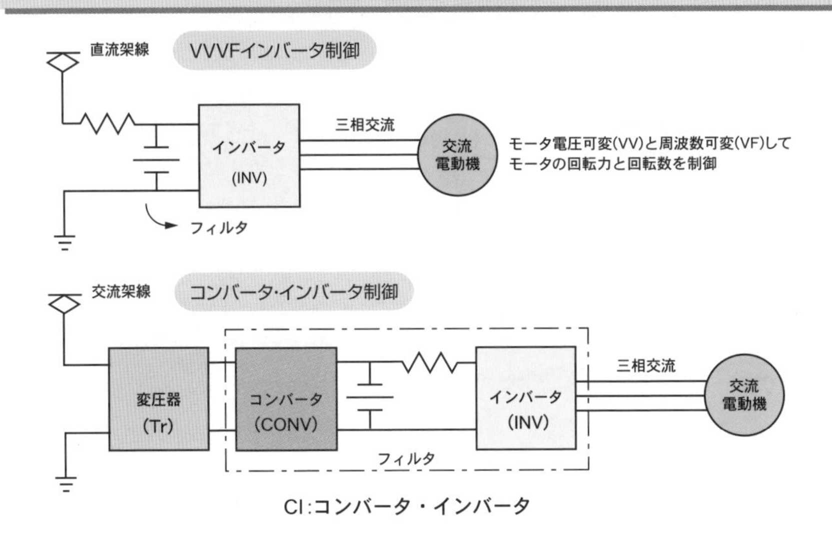

■インバータ■

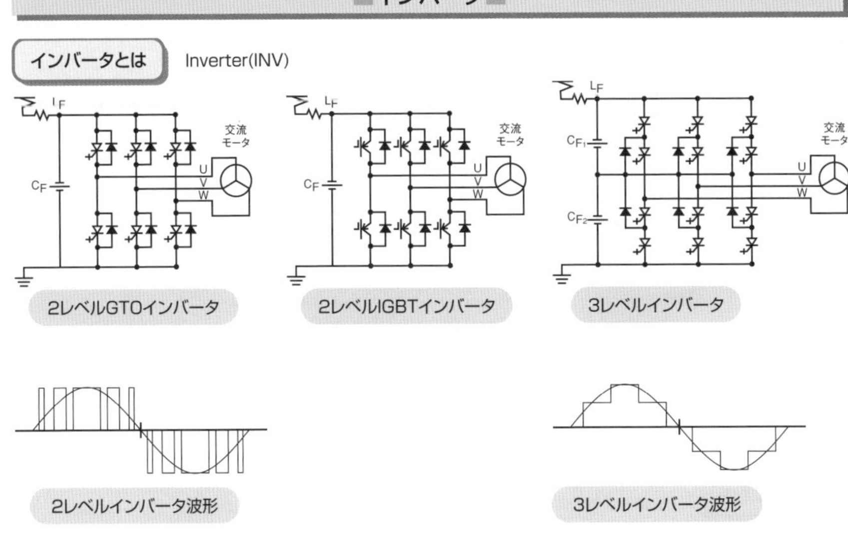

サイリスタ

サイリスタとは Thyristor(Th)

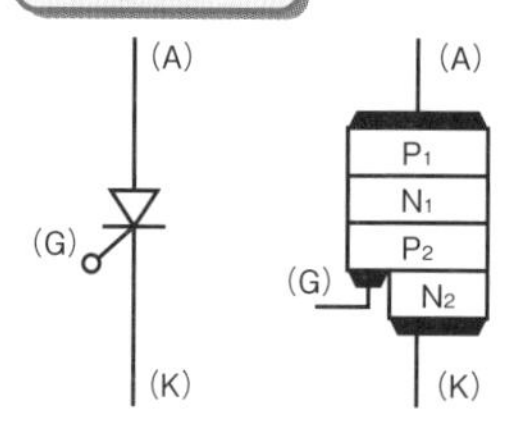

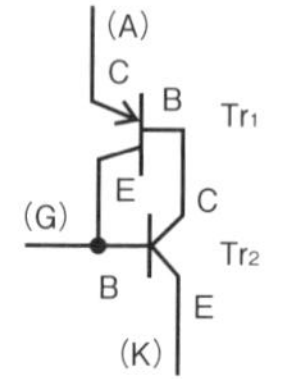

A:アノード
K:カソード
E:エミッタ
C:コレクタ
B:ベース
G:ゲート

ゲート(G)とカリード(K)間に信号電流を流すとTr_2がONしてTr_1のベースに信号電流が流れ、サイリスタはONする。サイリスタをOFFするためには、チョッパ回路によりサイリスタ電流を0としてOFFする。

GTO

GTOとは Gate Turn Off Thyristor(GTO)
(ゲートターンオフサイリスタ)

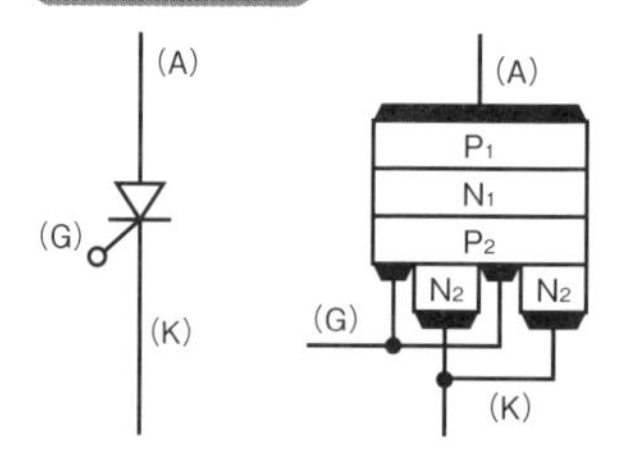

ゲート(G)とカリード(K)を数百個程度に微細化し、G-K間に〇信号を流すとGTOはONし、〇信号を流すとGTOはOFFする。

IGBT

IGBTとは Insulated Gate Bipolar Transistor(IGBT)
(絶縁ゲート型バイポーラ·トランジスタ)

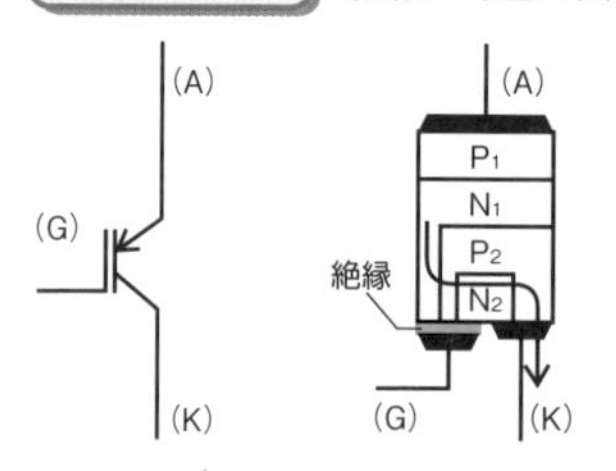

IGBTはP型·n型の接合で構成されてバイポーラ動作をする半導体。ゲート構造をMOS-FETとしてG-K間ゲート電圧によりN_2→N_1に電子(e)が移動して$P_1N_1P_2$のトランジスタのN_1にベース電流が流れ、IGBTがONする。
〔N_1に蓄積電化層が形成(バイポーラ動作)され、スイッチング損失大〕

SiC-MOSFET

MOSFETとは Metal-Oxide-Semiconductor Field-Effect Transistor(MOSFET)
(金属酸化膜-半導体 電界効果トランジスタ)

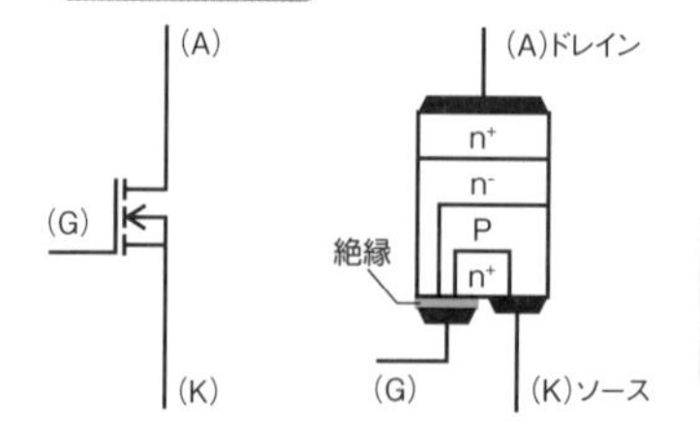

MOSFETはn型(またはP型)半導体が単一で使われるユニポーラ動作の半導体。SiC(シリコンカーバイド)を使用してn-層が1/10に薄くなり、高耐圧·低損失·高速動作が可能。

2-12 冷暖房装置

オールシーズン、車内環境の快適性を追求するのが空調装置です。空調装置は、屋根上集中型と分散型、および床下型に大きく分類されます。圧縮機は往復動レシプロ型からロータリー型、スクロール型に移行し、現在はスクロール型が主流です。これらはマイコンにより制御されます。

電車の室内温度を調節する

冷暖房装置は、単なる冷房・暖房装置から、オールシーズンで室内環境を最適に保つための総合システムに変わりつつあります。

そのため最近では、室内環境の空気調和を制御する意味で空調装置と表現しています。

空調装置の分類

空調装置は車両搭載台数により、1台搭載方式を集中方式、2台搭載方式をセミ集中方式、3台以上を分散方式と分類しています。搭載場所により、屋根上搭載、床下搭載、および床下に室外機を搭載して室内機を屋根上もしくは室内に搭載する方式があります。空調容量は20m通勤車両の場合、3万8000～4万2000kCal/hから、最近では5万kCal/h必要です。体感温度は車内温度と冷風量によります。窓の開閉数が少ない場合、空調装置は換気装置も兼ねることがあり、新鮮な外気を導入し、室内空気に加えて冷風として室内に戻す方式もあります。なお、**冷凍サイクル***には**スクロール式コンプレッサ***が使われています。

暖房装置は一種の電熱器

冬季の室内暖気を供給する暖房装置は、通勤電車では通常腰掛下に取り付けられています。一種の電熱器であり、自然対流形の発熱方式です。1台450W～750Wで、直流1500V給電方式では、この暖房装置を直列接続

＊冷凍サイクル　空調装置の基本で、冷媒の温度・圧力を高温・高圧（ガス）→中温・高圧→低温・低圧→中温・低圧の順に循環させ室内の熱を室外に運ぶ。

＊スクロール式コンプレッサ　コンプレッサには、往復動式、ロータリー式、スクロール式などがあり、スクロール式は渦巻き構造を組み合せた圧縮部を持つコンプレッサ。

します。また、補助電源装置出力AC440V ～ 200Vの低圧から供給する方式もあります。最近では補助電源装置からの低圧給電方式が主流です。

■冷凍サイクルのしくみ■

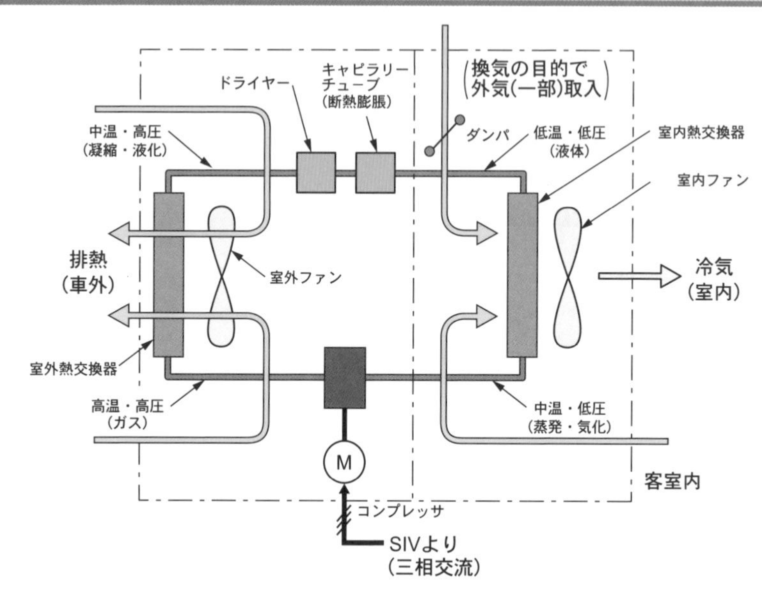

冷媒が液体から気体に気化するときに熱を奪う機能

▼屋根上搭載型集中方式空調装置の例

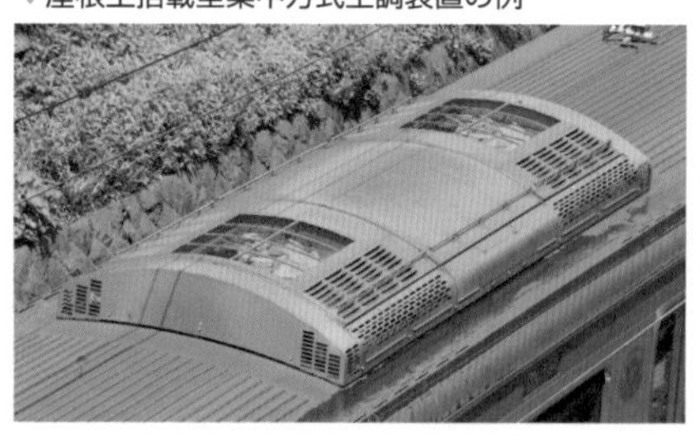

▼床下搭載型空調装置の例

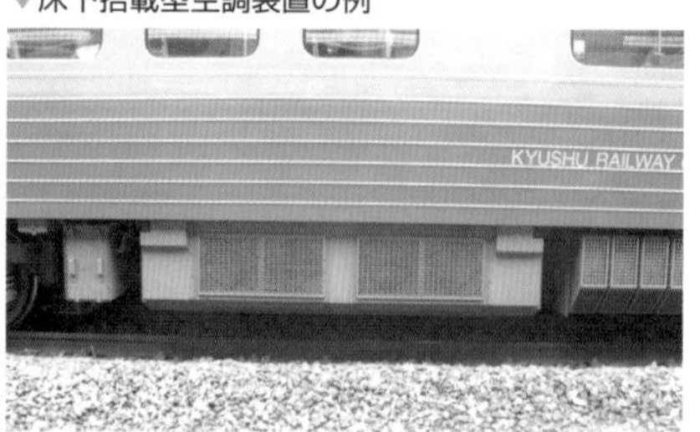

▼屋根上搭載型分散方式空調装置の例

▼暖房装置の例（腰掛下に取付）

2-13 乗降扉(側扉)・貫通扉

ラッシュ時間でもスムーズに開閉し、車外の騒音をシャットアウトする乗降扉には、側引き戸式、プラグイン式扉、折り戸式などがあります。貫通扉は車内騒音低減や防寒の目的で設置されています。セキュリティの観点から、貫通扉をガラス化した車両もあります。

乗降扉は通勤時間の電車の顔

乗降扉には、**側引き戸式**(戸袋式、車外式)、**プラグイン扉式**、**折り戸式***などがあります。扉の配置は、特急電車や優等車両が片側に1 ～ 2か所、通勤電車が3 ～ 4か所設備されています。乗降時間を短くするため、片側に5 ～ 6か所設備した車両が編成の一部に組み込まれた通勤電車もあります。

特急電車や優等車両は高速走行するので、密閉度の高い扉を採用しています。新幹線の側引き戸は扉を閉めた時に扉に圧力をかけて室内の気密度を確保しています。

通勤電車では両開きの側引き戸式が主流です。側引き戸の車体上部や下部に扉開閉機構があり、その駆動方式は、空気式、電気式(回転モータ式･リニアモータ式)があり、また駆動機構は、**ベルト駆動式**、**ネジ駆動式**などがあります。

最近では、電気式が多くなりました。海外に多いプラグイン扉方式は、電気式開閉機構を持ち、側引き戸方式が直線運動での開閉であるのに対して、側扉の両側の軸の回転で扉を開閉する方式です。日本でも一部の車両や運転台のある車両の非常避難用貫通扉*などをプラグイン扉式にする例が多くなりました。

貫通扉

車両間を渡る通路を貫通路、その扉を貫通扉といいます。優等列車には、室内を静粛環境にする目的で、貫通扉に加えて客室扉があります。通勤電車にもこの貫通扉がありますが、1両ごとに設備する場合から数両ごとに設備する場合までさまざまです。車内防音対策と防犯見通し改善対策のため、各車両の貫通路にガラス扉を使用した例もあります。

側引き戸式構造（電気式の例）

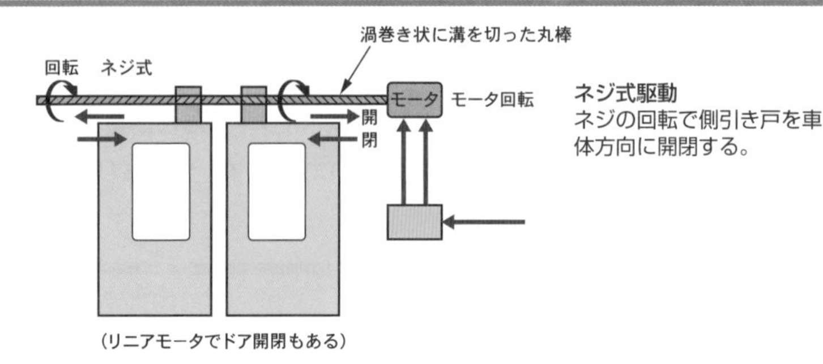

ネジ式駆動
ネジの回転で側引き戸を車体方向に開閉する。

側引き戸式構造（空気式の例）

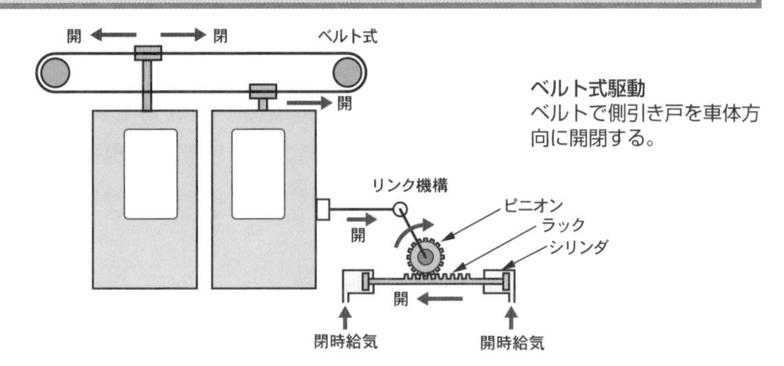

ベルト式駆動
ベルトで側引き戸を車体方向に開閉する。

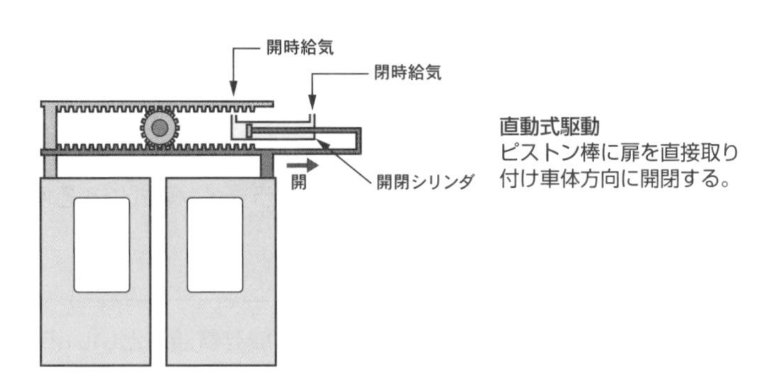

直動式駆動
ピストン棒に扉を直接取り付け車体方向に開閉する。

＊**折り戸式**　二枚の扉を内側に折り曲げて、開閉する方式です。
＊**非常避難用貫通扉**　運転席部の前面に設置され、非常時に開き乗客を避難させるための扉。線路に避難するために、避難梯子が併設されている。

プラグイン扉式の構造

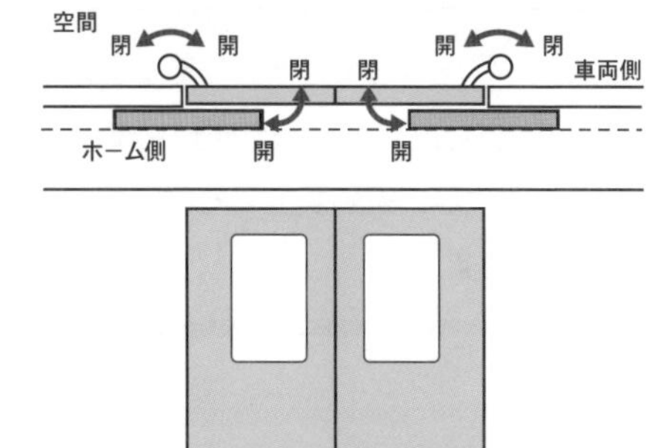

車体の扉の両側の輪を中心にして車体の外側に開閉する方法。

さまざまな扉

▼乗降扉（側引き戸）の例

▼乗降扉（プラグイン扉）の例

▼乗降扉（折り扉）の例

▼貫通路（見通しの良いガラス扉）

▼貫通路の例

▼貫通路（開放）の例

2-14 駆動装置（歯車装置）

モータを小さく、でも大きなパワーが出せるのは駆動装置のおかげです。駆動装置は、「回転数×回転力」を保ちながらモータの回転力を車輪に伝えるので、回転数を高くしてモータを小型化し、駆動装置でその回転数を下げて回転力を大きくできることがポイントです。

回転力を確実に伝える装置

モータの回転力は継手→小歯車→大歯車の連携で車輪に伝えられます。このモータと車輪の間で回転力を確実に伝える小歯車と大歯車を駆動装置といいます。

● 駆動装置

駆動装置は、電動機の回転数を減速してその回転力を車軸・車輪に伝える減速歯車装置です。電動機を車軸に吊り掛ける**吊り掛け式**と、台車枠に取り付ける台車装荷式に区分され、台車に装荷する方法としてはリンクで接続するリンク式と自在継手で接続する**カルダン式**があります。近年、電車に使用されている駆動装置はすべて**台車装荷式**であり、**平行カルダン式駆動装置**（**中実軸式、中空軸式**）と**直角カルダン式駆動装置**に大別されます。電動機の回転力は、**可とう式自在継手**を介して減速歯車の小歯車に伝わり、大歯車から車軸・車輪へと伝えられます。

● 減速歯車装置

減速歯車装置は、電動機の回転数を減速して車輪に伝えるため、小歯車と大歯車から構成され、歯車箱に納められています。歯車比とは、この大歯車と小歯車の歯数の比率です。

● 継手

継手は、**可とうカルダン式（自在）継手**が多く使用されています。**平板形たわみ（TD*）継手**、**歯車形たわみ（WN*）継手**などが電車に使用されています。

＊**WN**　Westing house Natal
＊**TD**　Twin Disc

● カルダン式とは

車両の高速化に伴い、台車のばね下重量を低減するために電動機は台車枠に取り付けられています。一方で減速歯車装置は車輪に直結され、台車枠とはゴムで連結されているので、荷重変動などで電動機軸と歯車軸の芯がずれてしまいます。この芯ずれ（変位）が出ても自在継手（Cardan joint）を介して電動機の回転力を歯車に伝える方式をカルダン式といいます。

駆動装置の分類

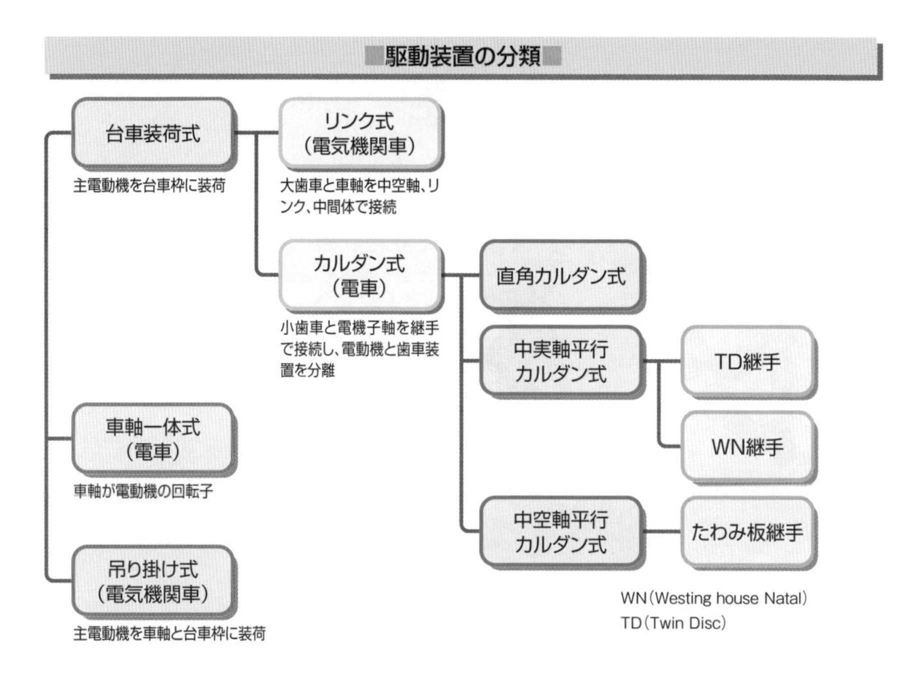

駆動装置の構造

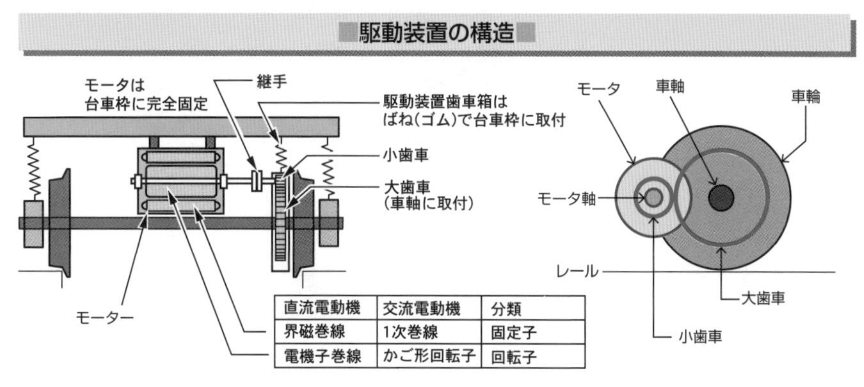

直流電動機	交流電動機	分類
界磁巻線	1次巻線	固定子
電機子巻線	かご形回転子	回転子

TD継手

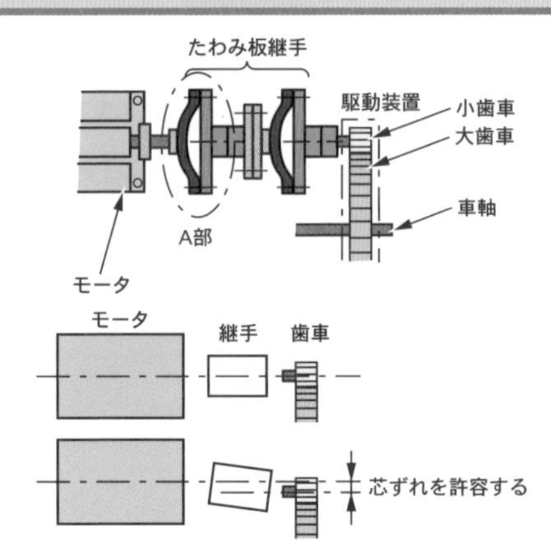

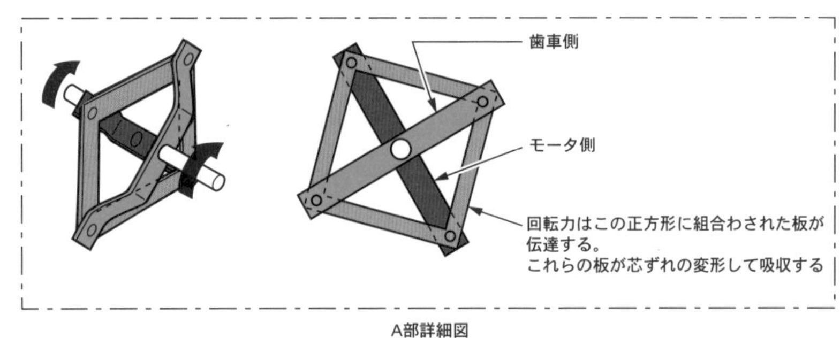

A部詳細図

WN継手

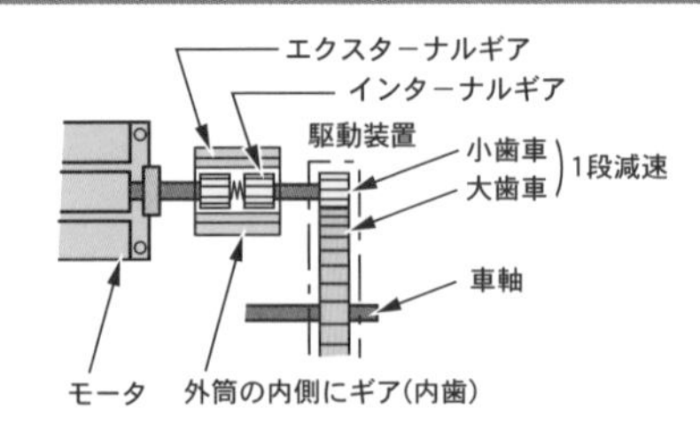

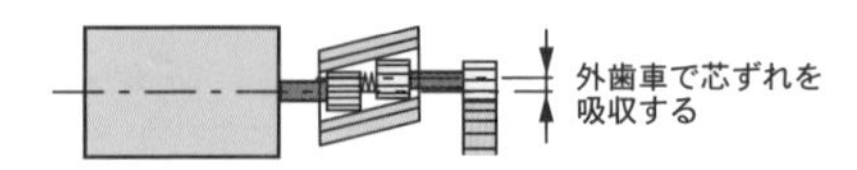

2-15 車両情報制御装置

車両情報制御装置（モニタリング装置）は車両のチェックマンです。走りながら車両の体調をチェックしています。運転指令機能、機器状態監視機能、自動出庫検査機能、異常時対応サポート機能、故障情報・運転情報記録機能などの車両状態情報を集め、制御する機能を持っています。

車両の全体を監視

車両全体の機能を監視、故障情報を運転台に表示して故障の早期回復・故障機器の切り離し機能などを持つモニタリング装置から機能を拡大し、近年は乗務員支援機能、検査機能、サービス機能、制御指令機能などの車両運行に必要な車両総合情報制御機能を持つ装置へと発展しました。

■車両情報制御装置の構成■

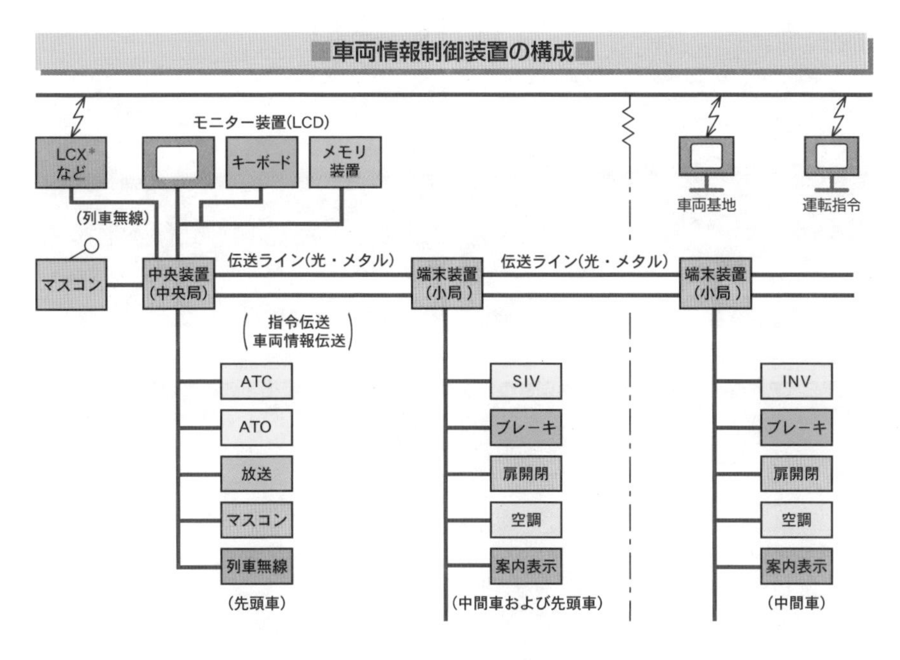

＊**LCX**　漏洩同軸ケーブル：Leakage Coaxial Cableの略称で、車両と地上間の空間波情報伝送に使用する。

4つの機能で車両を支える

車両情報制御装置は、主に4つの機能があります。乗務員支援機能は、乗務員に運転を支援する情報を提示して電車の安全かつ効率的な運行を実現する機能です。検査機能は、車両の部品の故障を最小化して、営業運転投入率を向上し、保守業務の効率化を実現する機能です。サービス機能は、快適な移動空間の実現のため、室内温度環境を保つ空調装置などを調節・監視する機能です。制御指令機能は、加減速指令などの制御指令機能です。あわせて車両情報制御の通信線の多重伝送*により、信頼性向上と加減速指令線などの削減による指令線の簡素化を実現しています。異常時の復旧対応のため、車両の状態情報を運転指令や車両基地に伝送し、地上と車上間の遠隔制御を行うこともできます。

▼運転台モニターの画面例①

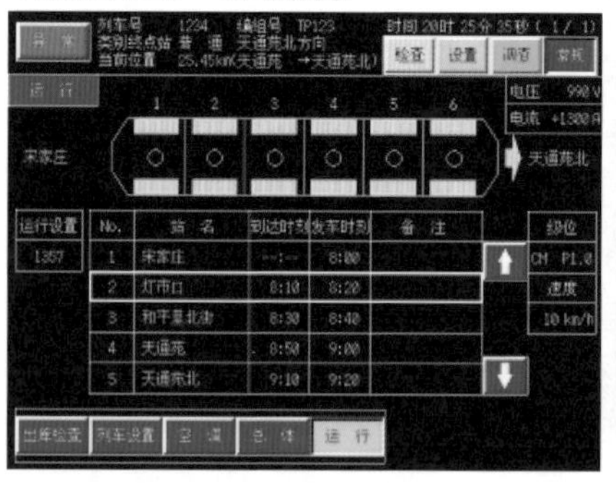

▼運転台モニターの画面例②

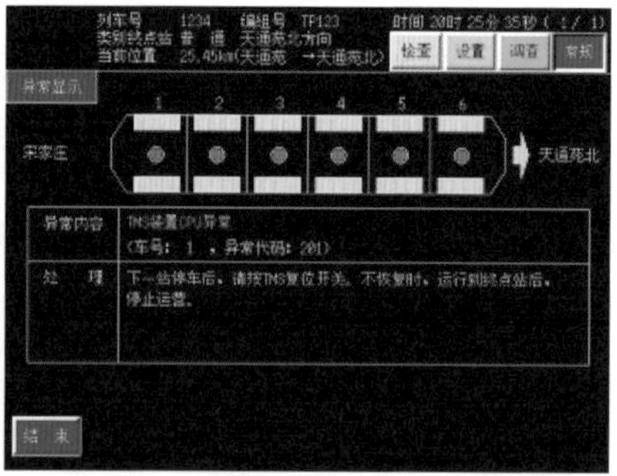

▼運転台モニターの画面例③

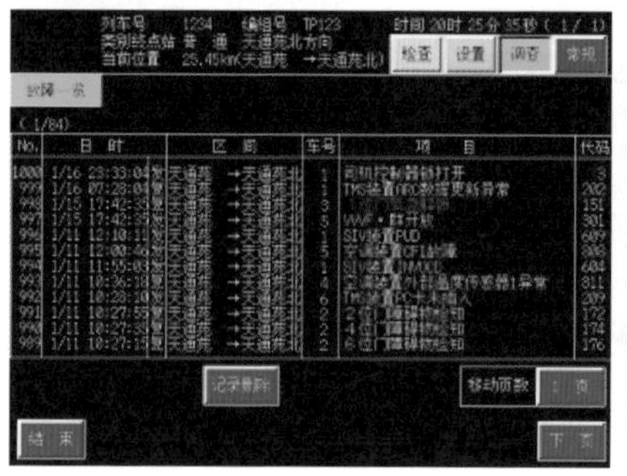

▼運転台モニターの画面例④

＊**多重伝送** 1本の伝送線を重複して、時分割したり、周波数を変えたりして、多くの信号を同時に伝送する方法。

2-16 リニアメトロ

リニアメトロは、鉄車輪で車体を支え、鉄車輪の特長を生かしつつ、リニアモータの特性を活かした高加減速性能で走ります。リニアモータは扁平モータで駆動装置もなく床高さを低くできることから小断面地下鉄車両が可能になりました。また、非粘着駆動なので急曲線・急勾配走行が可能です。

リニアモータ駆動の都市交通システム

リニアメトロは、地下鉄建設費の削減による地下鉄建設の促進を目的に開発されたリニアモータ駆動の小断面地下鉄で、都市交通システムの1つです。従来の鉄道と同じく、車体の支持・案内に鉄輪と鉄レールを使用していますが、電車の加速・減速にはリニアモータ駆動方式を利用しています。台車にリニアモータの1次側を装荷し、リニアモータの2次側(リアクションプレート*)を地上の軌道・レール間に敷設し、その相互に働く電磁力により直線推進力を発生します。

リニアモータ駆動方式は、小断面車両による急勾配・急曲線走行が可能になるため、路線設計の自由度が向上し、地下鉄計画の策定と建設が促進されます。

この方式を使用した地下鉄は、大阪メトロ長堀鶴見緑地線と今里筋線、東京都営大江戸線、神戸市営海岸線、福岡市営七隈線、横浜市営グリーンライン、仙台市営東西線が営業し、福岡市営七隈線が延伸建設中です。

日本におけるリニアメトロの導入都市

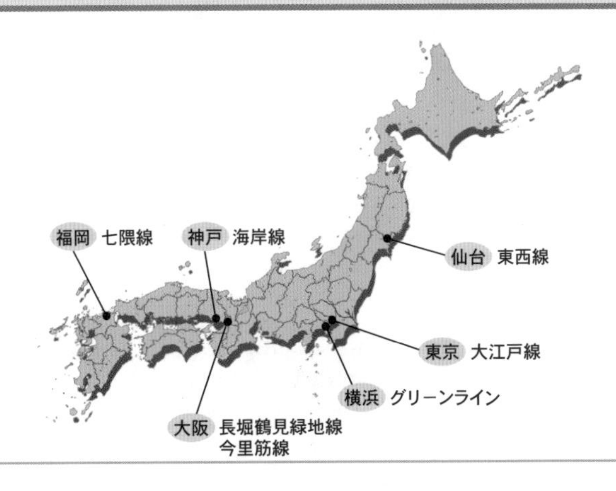

■リニアメトロの利点■

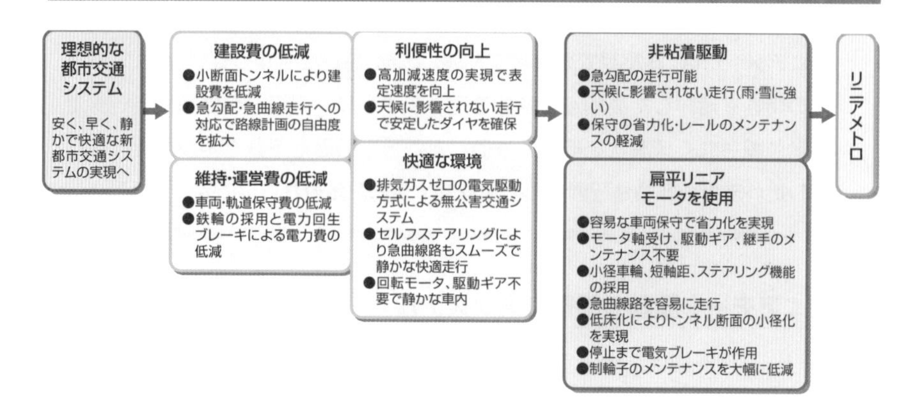

■回転モータからリニアモータへの展開■

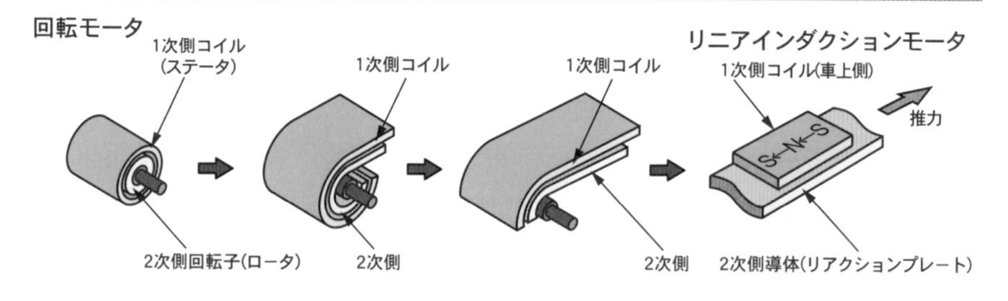

■リニアメトロ駆動システム■

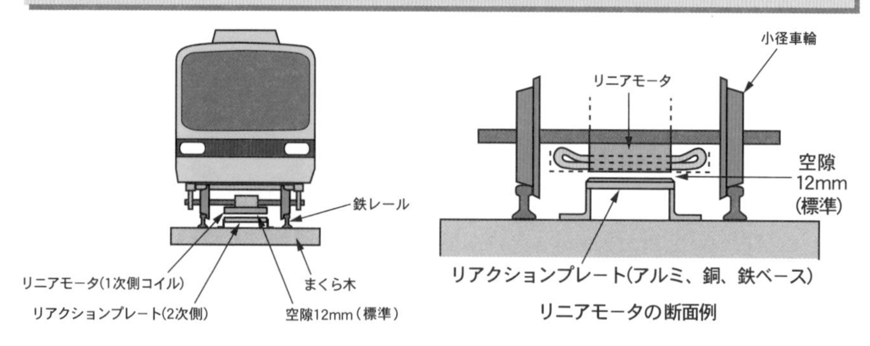

＊リアクションプレート　リニアモータにおける2次側回転子（ロータ）に相当する平板。車両側に取り付けられた1次側の電機子が発生する磁界で、このリアクションプレートに渦電流が発生する。この渦電流で2次側に磁界が発生してこの磁界と１次側の磁界との相互作用で推力が発生する。

■非粘着駆動方式と粘着駆動方式（従来方式）の比較■

非粘着駆動方式（リニアモータ電車）

リニアモータの磁石の吸引力・反発力で推進

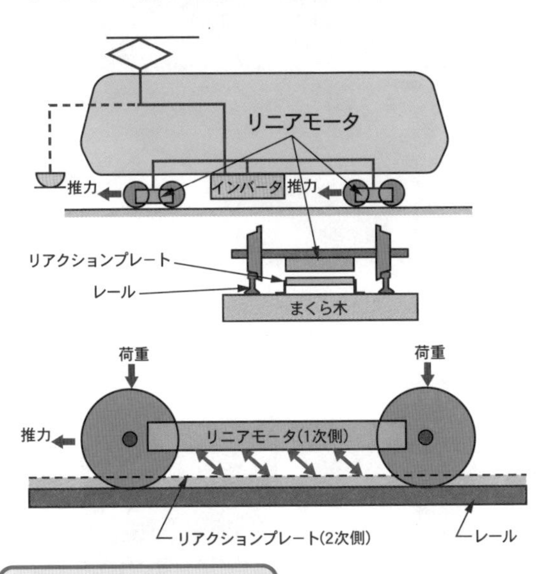

粘着駆動方式（従来の電車）

車輪の回転力によりレールとの摩擦で推進

車輪を電動機で回転させて推進するため、回転力が大きいと空転が生じる。

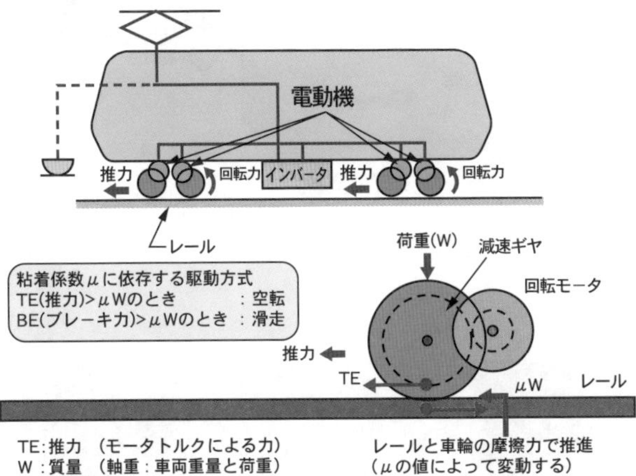

リニアモータと台車の関係

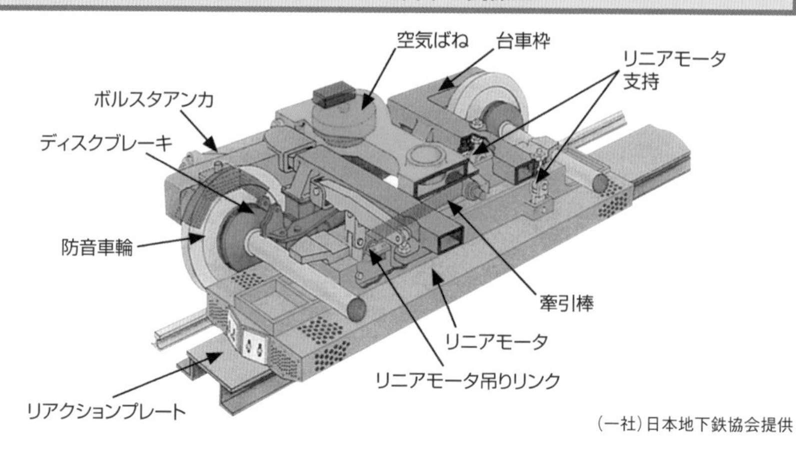

（一社）日本地下鉄協会提供

リニアメトロの試験車と営業車両（6都市7路線）

神戸市海岸線
5000系（2001年7月）

（一社）日本地下鉄協会
LM2試験車（1987年）

（一社）日本鉄道技術協会
LM1実験車（1983年）

仙台市東西線
2000系（2015年12月）

福岡市七隈線
3000系（2005年2月）

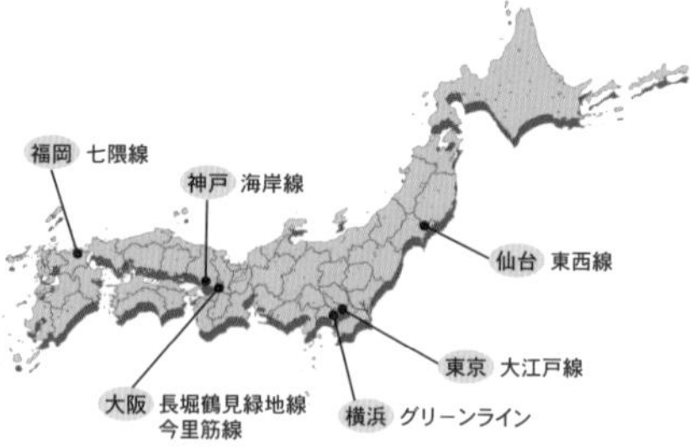

東京都大江戸線
12-000系（1991年12月）

大阪市70系試作車
（1988年）

東京都12-000型試作車
（1990年）

大阪市長堀鶴見緑地線
70系（1990年3月）

大阪市今里筋線
80系（2006年12月）

横浜市グリーンライン
10000系（2008年3月）

（一社）日本地下鉄協会提供

2-17 車体傾斜式車両

車体傾斜式車両は、曲線で車体を自動的に傾け、乗り心地を変えずに速く走ります。日本では、地形上、山が多く、曲線が多用されているために、都市間の速度向上と速達性の改善のため、各地で車体傾斜式車両が活躍しています。

高速化を実現

車両の高速化を実現する方法として車体傾斜式車両があります。曲線を高速で通過する場合、乗客が遠心力で曲線の外側に振られないように、車体を曲線の内側に傾斜する必要があります。曲線通過速度を向上する場合、乗り心地と安全性を守るために、軌道側の曲線半径と**カント量**＊で速度制限を受けます。そのため、さらに通過速度を向上するには、この乗り心地を改善し、安全性を守る必要があるために車体傾斜させる振り子式車両が開発されました。車体傾斜式車両には、**振り子式**と**空気ばね傾斜式**があります。

日本における車体傾斜式車両の運行

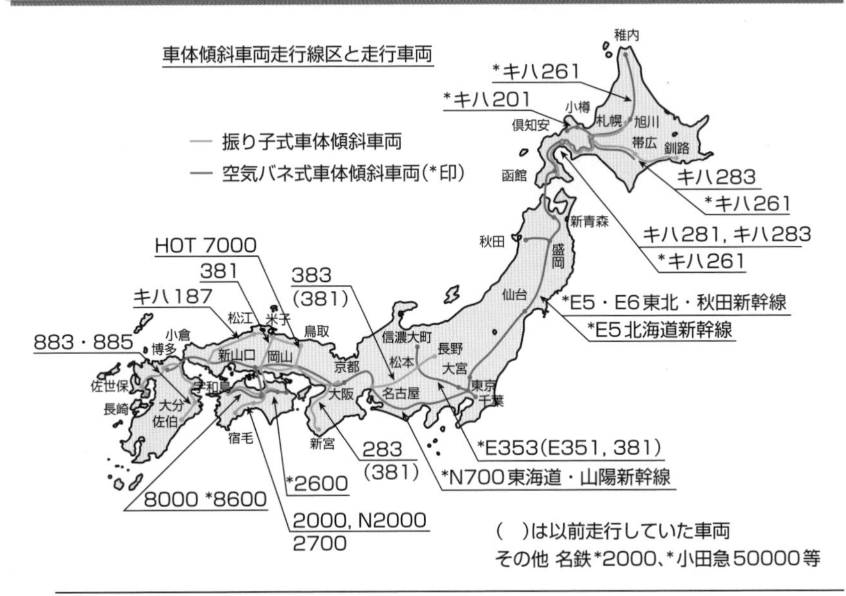

＊**カント量**　車両が曲線を通過する場合、レールに傾きをつけると速度を上げて曲がることができる。このレールの傾きカントといい、その度合いをカント量という。

振り子式と空気ばね式車体傾斜方式

車体傾斜方式車両には、振り子式と空気ばね式に大きく分類されます。

振り子式は、回転中心を重心点より上にとり、超過遠心力を利用して車体を曲線の内側に傾斜させる方式です。

空気ばね式は、超過遠心力を打ち消すために、空気ばね、油圧または空気シリンダなどの外力で強制的に車体を曲線の内側に傾斜させる方式です。

超過遠心力とは、**カント不足分**に相当する余分な力をいいます。

乗り心地向上のために、曲線地点を検知して車体を傾斜制御します。また、曲線通過時に車体傾斜しても、軌道、架線とパンタグラフの位置関係を変えずに集電する機構（ワイヤー式や台車直結式）を持った振り子式車両もあります。

■従来方式と車体傾斜方式の比較■

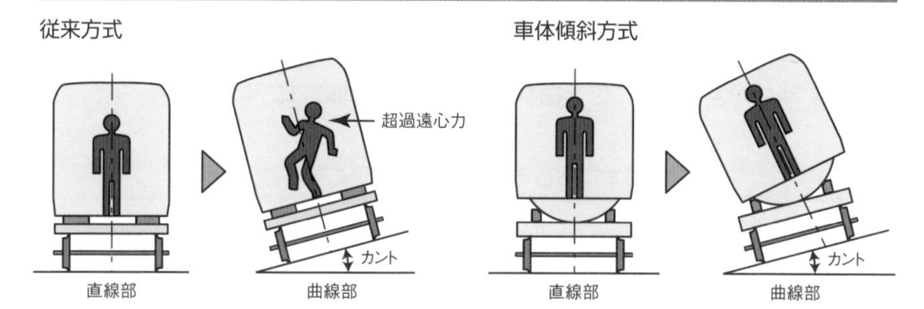

■制御付き自然振り子式車両（コロ式）と空気ばね式車両の機構■

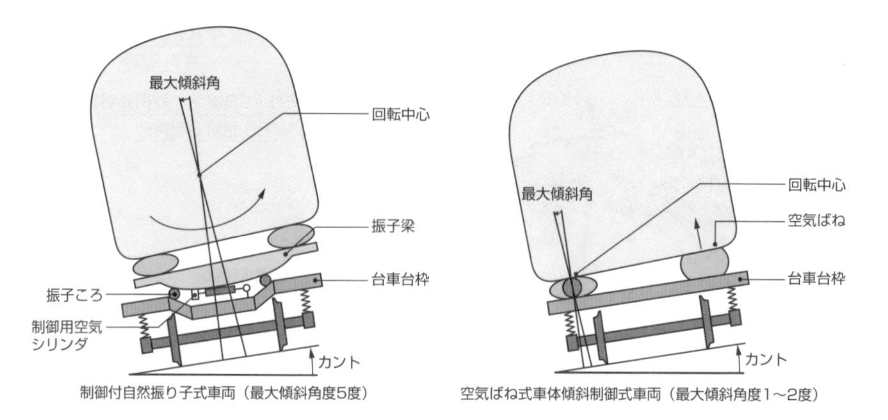

制御付自然振り子式車両（最大傾斜角度5度）

空気ばね式車体傾斜制御式車両（最大傾斜角度1～2度）

振り子式車両による高速化

在来線振り子式車両の運転速度(例)

曲線半径 (m)	基準速度 (km/h)	振り子式車両速度 (km/h)
250	60	80(+20)
300	65	85(+20)
400	75	100(+25)
600	90	120(+30)
800	100	130(+30)
1000	105	140(+35)

高速化の技術要件と車両側の施策

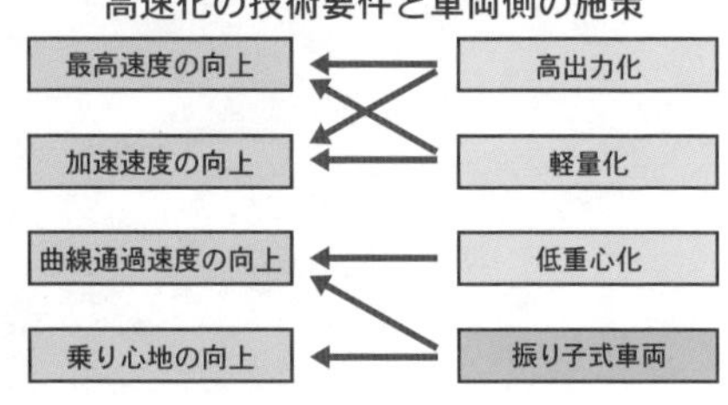

振り子式車両

▼JR四国の2000系振り子式気動車

▼JR四国予讃線を走る8000系直流振り子式電車

▼JR九州で活躍する885系交流振り子式電車

▼JR西日本紀勢本線用283系直流振り子式電車

▼JR四国で活躍するN2000系振り子式気動車

▼JR東日本中央本線用E351系直流振り子式電車*

***E351系**　現在は、E353系に交代している。

▼JR東海中央本線383系直流振り子式電車

▼JR北海道函館本線キハ281系振り子式気動車

▼JR北海道キハ283系振り子式気動車

▼JR西日本伯備線381系直流振り子式電車

▼JR九州で活躍する883系交流振り子式電車

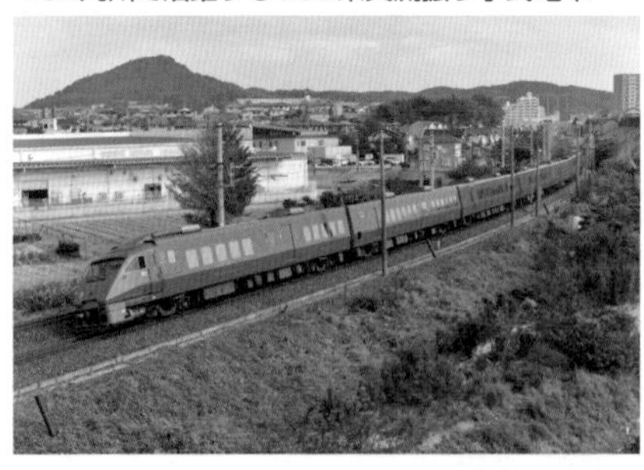

▼JR四国で活躍する2700系振り子式気動車

▼JR西日本のキハ187系振り子式気動車

▼智頭急行のHOT7000系振り子式気動車

空気ばね式車両

▼JR東日本中央本線E353系空気ばね式電車

▼JR東海N700系空気ばね式新幹線電車

▼JR東日本E5系空気ばね式新幹線電車

▼JR四国予讃線で活躍する8600系空気ばね式電車

▼JR北海道で活躍する261系空気ばね式気動車

▼JR北海道函館本線の201系空気ばね式気動車

▼JR東日本E6系空気ばね式新幹線電車

▼JR東海N700S空気ばね式新幹線電車

2-18 台車

台車は縁の下の力持ちであり、車体を支えて電車を走らす「かなめ」です。乗客の乗り心地を改善するために、高速走行での上下・左右の安定性を向上させるボルスタレス台車、曲線通過性能を向上させる操舵台車や振り子式台車、車体傾斜などの工夫がされています。

安全、安定走行を実現

台車とは、車体、乗客などの荷重を支持し、加速力や減速ブレーキ力などの前後力を車体に伝えるとともに、レールにガイドされて安全・安定に走行するための装置です。乗客に対する乗り心地を確保することも大切です。

台車の分類

台車は、輪軸、軸箱支持装置、台車枠、車体支持装置、駆動装置、基礎ブレーキ装置などで構成されています。これに電動機、継手、第三軌条シューなどが取り付けられます。

台車は、モータと駆動装置のある電動台車と付随台車に区分されます。2軸台車を1車両に2台車とすることが一般的です。2車両間をつなぐ連接台車、高速曲線走行を実現する車体傾斜機能のある振り子式台車、急曲線走行を実現する操舵機能のあるリニアモータ駆動式地下鉄台車、モノレールやAGTに使用されている特殊台車などがあります。

軸箱支持装置は、台車枠に対して輪軸を適切な位置に適切な剛性で保ち、上下方向の荷重を軸ばねで支持、線路の状況に追従して、車両が安全に高速走行できる機能を持つ装置です。**ペデスタル(軸箱守)式、円錐積層ゴム式、アルストム式、積層ゴム式、モノリンク式、支持板式、円筒守式、軸はり式**などがあります。

車両は前後・左右・上下方向にさまざまな力が加わります。車体支持装置は、軌道からの振動を柔らげて乗り心地を向上したり、車体からの荷重を支え、駆動力や制動力の前後力を車体に伝えたり、曲線走行時に台車が回転できるようにするための機能を有する装置です。

この車体支持装置には、**ゆれまくら装置**、**まくらばり(ボルスタ)装置(インダイレクトマウント方式、ダイレクトマウント方式)**、**ボルスタレス装置**などがあります。

台車の構成例

▼ゆれまくら式台車

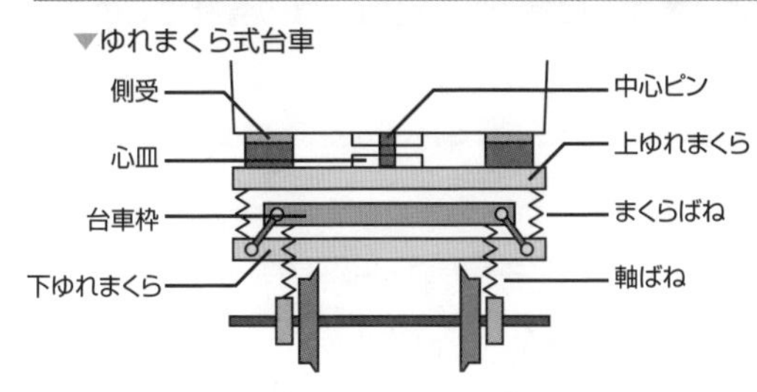

▼ボルスタ付き台車(インダイレクトマウント)

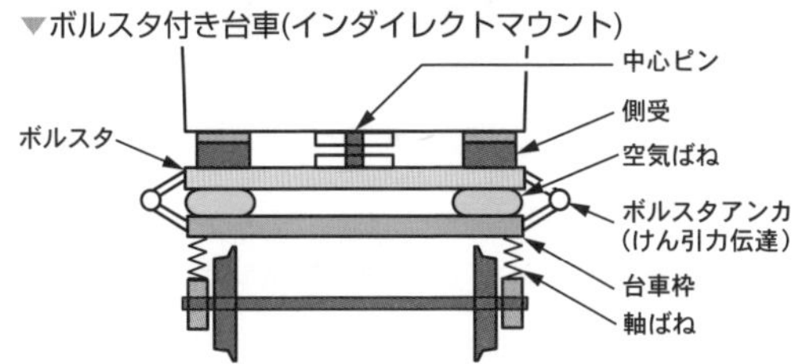

空気ばねを台車枠とボルスタの間にはさむ構成

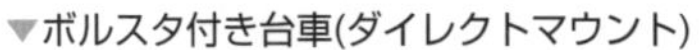

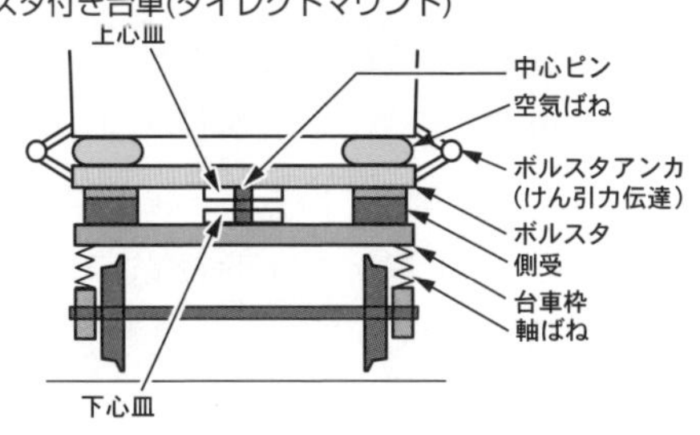

車体とボルスタの間に空気ばねをはさむ構成

▼ボルスタレス台車

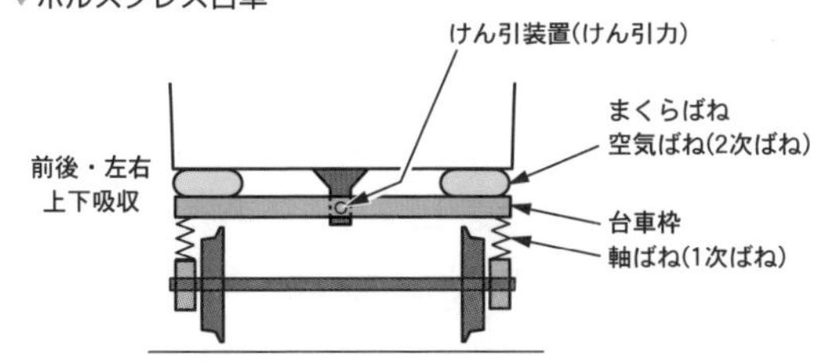

2-19 車両の形式と称号

車両の形式と称号は、その車両が所属する(車籍を有する)鉄道事業者が定める様式に基づいて、定めています。たとえばJR各鉄道会社は、旧国鉄が定めた規則をもとに発展的に定めています。民鉄でも、それぞれの会社ごとの規定で定めています。

JR（旧国鉄）車両の名前の決め方

車両の形式と称号は、車両の維持・保守管理を主な目的に、1両ごとに固有の記号・番号で表示しています。記号・番号は、車両の機能・用途などに合わせた表示内容で指定し、電車などの旅客車は、多くの場合車両の両側面の下部と車内の妻面の上部の合計4か所に、また機関車は車両の前後面と両側面の合計4か所に表記しています。

記号・番号による車両の形式と称号の付け方は、鉄道事業者により異なりますが､JR（旧国鉄）の決め方の例を参考に紹介します。JR（旧国鉄）では、車種（運転台の有無・モータやディーゼルエンジンなどの動力装置の有無)、動力源、電気方式、動力軸数、最高速度、積載重量などの機能分類、特急･急行･普通などの列車種別、移動区間列車種別、サービス等級種別、郵便・荷物・貨物種別などの用途分類などによって、記号・番号が異なり、それらに照らし合わせて車両の形式と称号が決められています。JRも最近では新形式車両が増えたので、新しい番号表記が追加されています。

民鉄車両の名前の決め方

JR以外の民鉄・公営地下鉄の車両の形式と称号の付け方は、通し番号で管理する方法が主体です。10形、20形などの2桁の車両番号表記から始まり、100形、200形、300形などの3桁番号表記になり、新形式を追加するごとに、番号表記が増加して、現状は1000形、2000形、3000形などの4桁表記に加えて10000形、20000形、30000形などの5桁表記にもなっています。なお「形」と「系」に厳密な使い分けはありませんが、各社で慣習的にどちらを使うかが決まっているようです。

電車：車種（運転台の有無、モータの有無）、用途、電気方式などによる分類

▼車種による分類

記号	車種（機能）	記事（一例）
ク	制御車（運転台あり・モータなし）	クハ112、クロE261、クロ151、クハE235
クモ	制御電動車（運転台あり・モータあり）	クモハ105、クモハ211、クモハ223
モ	電動車（モータあり）	モハ151、モロ151、サロ581、モハE235、モロE261
サ	付随車（運転台なし・モータなし）	サハ151、サロ151、サロ581、サシE261

▼用途による分類

記号	用途	記事（一例）
イ	1等車（現在なし）	クイシニ
ロ	2等車（グリーン車）	クロ151、モロ150、モロE261、クロE260
ハ	3等車（普通車）	モハ150、モハ150、モハE353
シ	食堂車	サシ151、サハシ151、サシE261
ネ	寝台車	クハネ583、サハネ583、モハネ285
ニ	荷物車	クモユニ74、クモニ83
ユ	郵便車	クモユニ83、クモユ141
ヤ	試験車・試作車	クモヤ93、クモヤ494・495、クモヤE491

▼電気方式（100番台）による分類（電車形式を系列で表示）

記号	電気方式	機能	記事（一例）
100～	直流電車	―	103、111、121、151、181、189
200～		回生車	203、205、223、E235、E251、285
300～		その他	303、E351、E353、371、373、383
400～	交流直流両用電車	―	401、415、451、471、485、489
500～		回生車	521、E531
600～		その他	651、E653、E655、E657、681、683
700～	交流電車	―	701、711、E721、781、783、E789
800～		回生車	811、813、817、883、885

（注）回生車は、添加励磁車、インバータ車、チョッパ車等をいう。
（注）JR東日本は、系列番号の前に「E」を付けて区別。
（注）一例は、車種・用途による記号および系列表記を省略。
（注）例外として301、371は他社乗入れ、581、583は寝台電車などである。

▼移動用途(10番台)による分類(電車形式を系列で表示)

番号（10）	移動用途	記事（一例）
00	通勤形	101、201、301、401、E501、701
10	近郊形	211、E231、411、E531、731、817、E721
50	急行形(特急形)	451、475、(E351、651、E653)
80	特急形	183、383、485、583、683、789、885
90	試験車・試作車	494、495、791、591、E991、E491

(注)JR東日本では系式番号の前に「E」をつけている。
(注)一例は車種・用途による記号および系列表記を省略。

機関車：動力源、動力軸数、電気方式、最高速度などによる分類

▼機関車の動力源による分類

記号	電気方式機能	記事（一例）
A	蓄電池機関車	AB10
E	電気機関車	ED75、EF58、、ED500、EF200、EH500
D	内燃機関車	DD13、DD51、DE10、DF50、DF200、DD200
H	ハイブリッド機関車	HD300
—	蒸気機関車	C11、C56、C57、D51、D62、E10

(注)電気機関車のEはElectric、内燃機関車のDはDieselの略、ハイブリッドのHはHybridの略

▼機関車の動力軸数による分類

記号	動力軸数（機能）	記事（一例）
B	2軸	EB10、B20
C	3軸	EC40、C11、C12、C56、C57、C62
D	4軸(BB)	ED75、ED78、DD51、D51、D62
E	5軸	DE10、DE15、E10
F	6軸(BBB)(CC)	EF58、EF64、EF65、EF66、EF200、EF510
H	8軸(BB)＋(BB)	EH10、EH200、EH500、EH800

(注)軸数をアルファベット順に数える(1軸、2軸、3軸…… → A、B、C……)

▼電気機関車の電気方式・最高速度による分類

番号	電気方式（機能）	最高速度（機能）	記事（一例）
10～29	直流電気機関車	85km/h未満	ED15、ED16、EF15、EH10
30～49	交流直流両用電気機関車	同上	ED30、ED46、EF30
	直流電気機関車	同上	EC40、ED40、ED41、ED42
	交流電気機関車	同上	ED44、ED45
50～69	直流電気機関車	85km/h以上	EF58、EF65、EF66、EF67
70～79	交流電気機関車	同上	ED75、ED76、ED79、EF71
80～89	交流直流両用電気機関車	同上	EF80、EF81

▼新形式電気機関車

記号	電気方式	主電動機	記事（一例）
100～	直流	直流電動機	
200～		交流電動機	EF200、EF210、EH200
300～		その他	
400～	交直流	直流電動機	
500～		交流電動機	ED500、EF510、EH500
600～		その他	
700～	交流	直流電動機	
800～		交流電動機	EH800
900～		その他	

▼内燃機関車の最高速度による分類

番号	最高速度（機能）	記事（一例）
10～49	85km/h未満	DD13、DE10、DE15
50～99	85km/h以上	DD50、DD51、DD54、DF50

（注）内燃機関車には電気式、液体式と機械式がある。DF50、DF200は電気式。

▼新形式内燃機関車

記号	動力	主電動機	記事（一例）
100～199	電気式	直流電動機	ー
200～299		交流電動機	DD200、DF200
300～399		その他	ー
500～799	液体式		ー

▼ハイブリッド機関車(動力源の使い方でシリーズ方式とパラレル方式がある)

記号	方式	主電動機	記事(一例)
100～199	シリーズ方式	直流電動機	―
200～299		誘導電動機	―
300～399		同期電動機	HD300
400～499		その他	―

▼蒸気機関車の最高速度による分類

番号	最高速度(機能)	記事(一例)
10～49	85km/h未満	B10、C11、C12、E10
50～	85km/h以上	C51、C56、C57、C61、C62、D51、D62

(注)一般的に旅客用機関車(幹線用・亜幹線用)・貨物用機関車・業務用機関車(入換・除雪用)、テンダー機関車・タンク機関車などの分類もある。

内燃車:車種、用途、容量、運転台などによる分類

▼車種による分類

記号	車種(機能)	記事(一例)
キ	機関付き制御車(運転台あり・機関あり)	キハ35、キハ58、キハ82、キハ85
キ	機関付き(運転台なし・機関あり)	キロ28、キハ80、キシ80、キシ280
キク	機関なし制御車(運転台あり・機関なし)	キクハ32、キクハ35
キサ	機関なし中間付随車(運転台なし・機関なし)	キサロ90、キサハ144、キサイネ86

▼用途による分類

記号	用途	記事(一例)
イ	1等車	キイテ87
ロ	2等車(グリーン車)	キロ28、キロ80、キロ232
ハ	3等車(普通車)	キハ28、キハ58、キハ80、キハ283
シ	食堂車	キシ80、キサシ180、キシ86
ネ	寝台車	キサイネ86
ラ	ラウンジ車	キラ86
ニ	荷物車	キニ15、キハユニ26
ユ	郵便車	キユニ18、キユ25
ヤ	試験車	キヤ141、キヤE193、キヤE195

▼変速器と出力(10番台)による分類(旧形式：2桁表示)

番号（10）	変速器と出力	記事（一例）
01～09	機械式(歯車)	キハ07
10～49	液体式、小馬力、1台	キハ20、キハ35、キハ40、キハ45
50～59	液体式、小馬力、2台	キハ53、キハ54、キハ58
60～79	液体式、大馬力	キハ65、キハ66、キハ67、キハ71
80～89	液体式、大馬力(特急形)	キハ80、キハ85、キハ183、キハ185
90～99	試作車・試験車	キハ91、キヤE991、キヤE193

▼JR化前後からの内燃車両の形式(一例)　(＊車体傾斜車両)

動力源	JR東日本		JR東海	JR西日本	JR北海道	JR九州	JR四国
液体式気動車 (通勤・特急)	(100～)	キハ110 キハE120 キハE130	キハ85	キハ120 キハ187＊ キハ189	キハ130、キハ150 キハ141、キハ143 キハ261＊、キハ281＊ キハ201＊、キハ283＊ キハ400	キハ140 キハ200	キハ2000＊ キハ2600＊ キハ2700＊
ハイブリッド気動車 (通勤)	(200～)	キハE200(小海) HB-E210(仙石)	－	－	－	YC1	－
ハイブリッド気動車 (快速・特急)	(300～)	HB-E300 (長野･松本･秋田･青森)	HC85	キハ87 (TWILIGHT EXPRESS 瑞風)	－	－	－
電気式気動車	(400～)	GV-E400(新潟･酒田)	－	－	H-100(DECOMO)	－	－
バイモード	バイモード　E001 EDC(交流直流電車＋電気式気動車) (TRAIN SUITE 四季島)		－	－	－	－	－

▼移動用途(10番台)による分類(新形式：3桁表示)

番号（10）	移動用途	記事（一例）
00～49	通勤・一般形	キハ10、キハ17、キハ20、キハ31、キハ35
50～79	急行形(特急形)	キハ55、キハ58、キハ66、キハ72、(キハ261)
80～89	特急形	キハ80、キハ183、キハ281、キハ283
90～99	試作車・試験車	キハ91、キハ391、キヤE991

▼運転台数(0番台)による分類

番号（0）	運転台数（機能）	記事（一例）
0～4	両運転台	キハ22、キハ52、キハ54
5～9	片運転台	キハ28、キハ56、キハ58、キハ66

客車:積載重量、用途などにより分類

▼積載重量による分類

記号	積載重量（機能）	記事（一例）
コ	22.5トン未満	コハ6500(旧)
ホ	22.5トン以上　27.5トン未満	ホハ12000(旧)、ホロハ5780(旧)
ナ	27.5トン以上　32.5トン未満	ナハ10、ナロネ20、ナハネ20、ナシ20
オ	32.5トン以上　37.5トン未満	オハ35、オハ50、オハ61、オハネ25
ス	37.5トン以上　42.5トン未満	スシ28、スハ32、スハ44、スロネ30
マ	42.5トン以上　47.5トン未満	マニ20、マロネ40、マシ35、マヤ34
カ	47.5トン以上	カニ38、カニ21、カニ22、カニ24、カハフE26

▼用途による分類

記号	用途	記事（一例）
イ	1等車(現在なし)	マイネ38、マイネ41、スイテ39、マイネ77
ロ	2等車(グリーン車)	スロ34、スロ54、オロネ10、スロネE26
ハ	3等車(普通車)	ナハ10、オハ35、スハ42
シ	食堂車	オシ16、マシ35、ナシ20、オシ24、マシE26
ネ	寝台車	ナハネ10、ナハネ20、オハネ25、ナロネ25
ニ	荷物車	カニ37、カニ24、マニ60、スユニ60
ユ	郵便車	マユ31、オユ10、スユ42、オハユニ61
テ	展望車	マイテ48、スイテ49
フ	車掌車(車掌室付き)	ナハフ10、オハフ50、ナハネフ25
ヤ	試験車	マヤ34、マヤ35、マヤ10、オヤ31

▼貨物電車　(例：Mc250-1)

構造	Mc：制御電動車、M：電動車、T：付随車
動力源(100桁)	1～3 直流、4～6 交直流 7～9 交流他 (1、4、7：直流電動機　2、5、8：交流電動機)
速度(10桁)	00～49：110km/h未満、50～99：110km/h以上

貨車:用途、積載重量などにより分類

▼貨車の用途・構造による分類

記号	用途・構造（機能）		記事（一例）
ワ	有蓋車	有蓋車	ワム80000、ワキ8000、ワキ10000
ツ		通風車	ツム1000
テ		鉄製有蓋車	テム300、テラ1
レ		冷蔵車	レム5000、レム9000、レサ5000、レムフ10000
カ、ウ		家畜車	カ1500、カ3000、ウ500
ト	無蓋車	無蓋車	トラ55000、トラ70000、トキ1000、トキ25000
チ		長物車	チ1000、チキ1500、チキ5000、チキ7000
シ		大物車	シキ550、シキ700、シキ800、シキ1000
ク		車運車	ク5000
コ	コンテナ車	コンテナ車	コキ107、コキ200、コキ5500、コキ10000
ホ	ホッパ車	ホッパ車	ホキ800、ホキ2200、ホキ2500、ホキ2800
セ		石炭車	セラ1、セキ1000、セキ3000、セキ6000
タ	タンク車	タンク車	タキ3000、タキ35000、タキ43000
ヨ	業務用車	車掌車	ヨ2000、ヨ3500、ヨ6000
キ		雪かき車	キ100、キ550、キ620、キ700
ソ		操重車	ソ20、ソ80、ソ160、ソ300
ヤ		電気工事車	ヤ450
ヒ		控車	ヒ600

▼積載重量による分類

記号	積載重量（機能）	記事（一例）
—	13トン以下、表記重量なし	ト、ワ、チ、レ、カ、ツ
ム	14トン以上16トン以下	ム、レム、ツム、トム
ラ	17トン以上19トン以下	ラトラ、ワラ
サ	20トン以上24トン以下	サレサ、チサ
キ	25トン以上	キタキ、ワキ、チキ、トキ、シキ、ホキ

▼コンテナ形式：構造・内容量・仕様ー製作順(例：V19A-1)

構造	R：冷蔵、V：通風、T：タンク、M：無蓋(土砂・鋼材等)、H：ホッパ、F：冷凍、W：静脈物流用、なし：有蓋
内容量	19、20、30、48、49(m^3)、無蓋(m^2)

2-20 気動車

気動車は、走行するためのディーゼルエンジンなどの内燃機関を搭載し、主に旅客を輸送することができる鉄道車両です。現在では、もっぱらディーゼルエンジンが動力として用いられているため、ディーゼルカーと呼ばれることもあります。最近では、省エネ化や省保守化を目的にバッテリーを組み合わせたハイブリッド気動車や電気式気動車も生まれました。

動力の違いによる分類

現代では気動車の動力はすべてディーゼルエンジンですが、過去にはそれ以外の動力も用いられてきました。

● 蒸気機関

1900年代初頭、地方の民鉄を中心に蒸気動車が登場しました。客車の一端に蒸気機関車のようなボイラーを備えた構造になっていました。ガソリンカーの登場により姿を消しました。

● ガソリンエンジン

1930年頃から船舶用ガソリンエンジンを改良したエンジンを使用したガソリンカーが、主としてローカル鉄道を中心に使用されました。これらは、第二次世界大戦中の石油不足によりほとんどが稼動できなくなり、戦後はディーゼルエンジンに取って替わられました。

● ディーゼルエンジン

1940年代に国産のディーゼルエンジンの技術が確立されたことを受けて、以後、日本全国の非電化区間用にディーゼル動車が普及し、蒸気機関車を淘汰していきました。1980年代後半からは、燃費と出力の向上を図った直噴エンジンが主流となっています。

● ガスタービンエンジン

非電化区間の高速化を目指し、1970年代にジェットエンジンのような構造を持つガスタービンエンジンを用いた車両が試作されました。試験の結果、騒音と燃費の問題が解決できないまま、折からのオイルショックのため、結局実用化されることはありませんでした。

動力伝達方式の違いによる分類

気動車は、エンジンの力を車輪に伝達するまでの方式の違いにより、大きく3種類に分類することができます。

● **機械式気動車**

ディーゼルエンジンから摩擦クラッチと変速機(ギアボックス)を介し、推進軸を経て動輪に伝達する方式です。自動車のMT車に相当します。非常に構造が簡単で、初期のガソリン動車やディーゼル動車はこのタイプです。連結運転に対応できないので、液体式気動車の普及に伴って姿を消しました。

● **電気式気動車**

車両の床下に設置したディーゼルエンジンで発電機を回し、発生させた電気を台車に取り付けた主電動機に供給して走行する方式です。搭載する機器が多く、軸重制限の厳しい日本では普及が進まず、**鉄道車両用液体変速機(トルクコンバータ)**の開発によってすぐに液体式気動車に取って代わられました。しかし、床下機器の小型・軽量化が進み、2007年からJR東日本で導入されたハイブリッド気動車が生まれました。走行に主電動機のみを用いており、電気式気動車に分類されます。この流れを受けて、保守管理が容易な電気式気動車が、増えています（2-25参照）。

● **液体式気動車**

現在最も一般的な気動車で、ディーゼルエンジンの回転を液体変速機(トルクコンバータ)を介して減速し、推進軸を経て動輪に伝達する方式です。液体変速機は、構造上、どうしてもエネルギーロスが生じるため、変速段は発進加速時のみに用い、高速域に達するとエンジンからの入力と推進軸への出力を直結させて走行します。

▼南部縦貫鉄道は機械式

▼小海線のハイブリッド気動車

高井薫平提供

▼水郡線の液体式高性能気動車

2-21 客車と貨車

客車と貨車は動力を持たず、機関車によって牽引される車両です。主に旅客を輸送するものを客車、貨物を輸送するためのものを貨車といいます。現在使われている客車は団体寝台客車と団体・臨時用客車など、貨車はコンテナ車、石油輸送のタンク車などが主流です。

日本の客車と貨車の特徴

客車列車は終点の駅での機関車の付け替えが必要で、要員も多く必要なことから、電車や気動車によって置き換えられ、現在では観光用に団体寝台列車や団体臨時列車としてわずかに残っているだけです。

また、貨車はかつてさまざまなタイプの車両が存在しましたが、現在ではコンテナ輸送へと集約が進み、それ以外はタンク車などの専用貨車が主体となっています。

客車の種類

● **普通車・グリーン車**

団体・臨時列車に使用される座席車です。グリーン車は、臨時列車や団体和式客車などがあります。過去、長距離の普通客車もありました。

● **寝台車**

団体・臨時列車として、長距離の観光列車に使用される、個室式のベッドを備えた車両です。過去、長距離は主に寝台車でした。

● **食堂車**

長距離の団体・臨時列車に連結され、レストランを備えた列車です。

▼団体グリーン用客車の例

▼団体寝台車の例

▼食堂車の例

貨車の種類

● **コンテナ車**

現在の鉄道貨物輸送の中心となっている貨車です。1種コンテナ(長さ12フィート)×5個、2種コンテナ(20フィート)×3個、3種コンテナ(30フィート)×2個が積めるタイプが一般的です。ISOコンテナ(40フィートまたは20フィートの海上コンテナ)を積載できるタイプもあります。

● **有がい車**

かつて、車扱い輸送が盛んであった時代に中心的な役割を果たしていた、屋根のある貨車です。製紙輸送などの専用貨車などにも使用されていましたが、現在はコンテナ車へ置き換えられました。

● **無がい車**

石炭・鉱石や砂利など、雨に濡れてもかまわない物資を輸送するための貨車です。

● **タンク車**

石油類などの液体を輸送するための貨車です。

● **大物車**

大型変圧器など、車両限界からはみ出すような大きな積荷を輸送するための貨車です。

● **専用貨物列車**

石油類などの液体輸送、レールなどの長物輸送、セメント工場への石灰石輸送、火力発電所とセメント工場間の石灰と石炭灰の資源循環輸送、軌道バラスト輸送などがあります。また、トヨタの自動車部品、製紙工場と都心の紙生産工場間のパルプ輸送、運送会社の専用コンテナ列車や東京－大阪間を高速で結ぶ貨物電車など、多様です。

高度成長期のエネルギー源の石炭輸送は、海外からの供給に代わり、役目を終えています。

貨物のいろいろ(1)

▼有がい車(紙パルプ)

▼無がい車(鉄鋼石他)

▼タンク車

▼ホッパー車(バラスト)

▼ホキ(白):石炭灰

▼ホキ(赤):石灰石

貨物のいろいろ(2)コンテナ車とコンテナ

▼12ft(フィート) 5ケ積

▼20ft(フィート) 3ケ積

▼30ft(フィート) 2ケ積(冷蔵用)

▼船積コンテナ

▼化学物質タンク

▼化学物質タンク

■貨物のいろいろ(3)専用貨物列車の例■

▼専用　トヨタロングパスエクスプレス

▼専用　西濃運輸：カンガルーライナー SS60

▼専用　福山運輸：福山レールエクスプレス

▼高速貨物電車　佐川急便スーパーレールカーゴ

▼専用　東邦亜鉛：亜鉛鉱石

▼専用　廃棄物輸送

▼専用　石油輸送

▼専用　石炭輸送(現在はなし。2019年に役目を終えた)

▼専用　レール輸送(150m 長尺レール)

2-22 電気機関車

電気機関車には、電気方式の違いにより、直流電気機関車、交流電気機関車および交流直流両用電気機関車があります。新型電気機関車はインバータ制御を採用しています。最近では旅客列車は団体寝台列車や団体臨時列車などを牽引し、貨物列車はコンテナ列車やタンク車などを牽引しています。

新型電気機関車の製作

近年製造されている電気機関車は、すべてインバータ方式です。直流1500V区間専用の電気機関車としては6軸のEF200、EF210、8軸のEH200、直流1500V・交流20kV (50Hz・60Hz)両用の交流直流両用電気機関車としては6軸のEF510、8軸のEH500が、また青函トンネル用に交流20kV 50Hz・25kV50Hz両用のEH800が登場しました。これらが、従来の交流直流両用6軸のEF81、交流4軸のED75・ED79、直流6軸のEF64・EF65などの電気機関車から置き換わりつつあります(車両形式は2-19参照)。

VVVF インバータ制御方式が主流

新型電気機関車の制御方式は、電車で使用されている交流誘導電動機を使用したVVVFインバータ制御方式と同様のものです。1000kW/台の交流誘導電動機を1台のインバータで制御する方式や、565kW/台の交流誘導電動機2台を1台のインバータで制御する方式があります。

電気機関車の設備

電気機関車には、電車と同じように、数々の機器が設備されています。

■電気機関車の設備■

駆動用電気機器	パンタグラフ、交流・直流切換機、ヒューズ、アレスタ、遮断機(VCB、HB)、変圧器、整流装置、コンバータ・インバータ装置、フィルタリアクトル、電動機など
補助電源機器	SIV、蓄電池、整流装置など
制動機器	空気圧縮機、空気溜、ブレーキ制御装置など
走り装置	台車、車輪、車軸など
運転機器	運転台各種メータ、指令機器、モニター監視装置、運転保安装置など

直流電気機関車の構成（インバータ方式の例）

（基本構成）

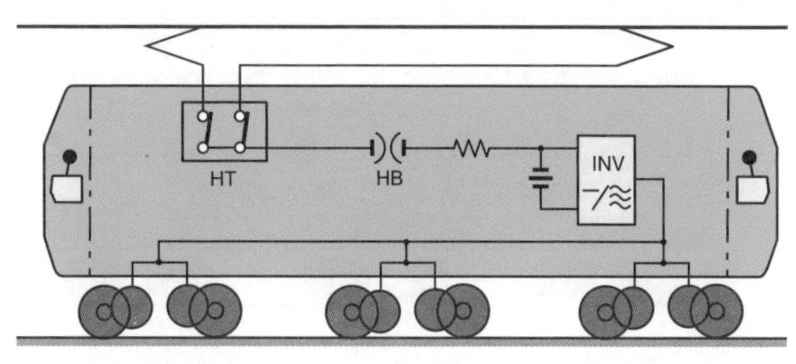

（応用例）

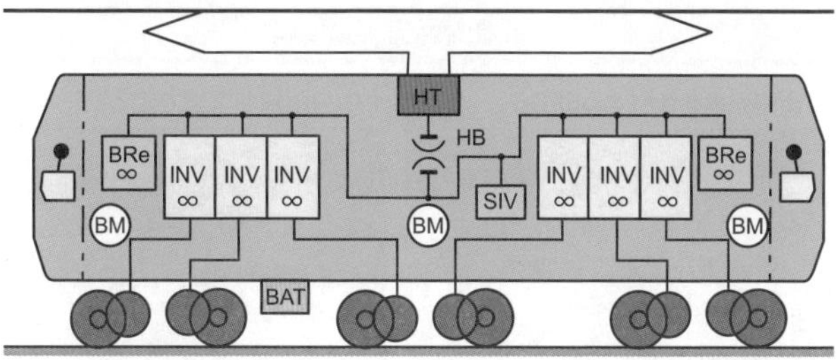

（1モータ・1インバータの例）

直流電気機関車（インバータ方式）

▼東海道本線・山陽本線で活躍したEF200コンテナ列車

▼主要幹線を走るEF210コンテナ列車

▼中央本線の石油輸送で活躍するEH200

▼山陽本線瀬野〜八本松間の補機で活躍するEF210

＊**HT**　High Tension Equipment、高圧機器
＊**BRe**　Brake Resistor、ブレーキ抵抗器
＊**BM**　Blower Motor、冷却用ブロワーモータ

直流電気機関車の構成（従来方式）

（基本構成）

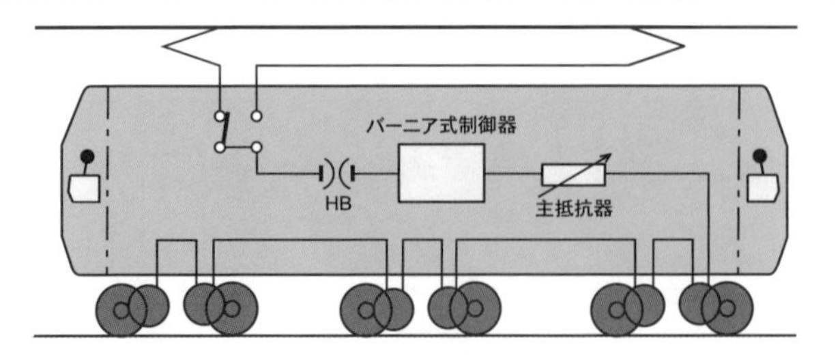

直流電気機関車

▼東海道本線で貨物列車を牽引するEF66

▼中央西線を重連で走るEF64

▼東海道本線で貨物列車をけん引するEF65

▼山陽本線瀬野～八本松間の補機で活躍するEF67

交流電気機関車の構成（インバータ方式）

（基本構成）

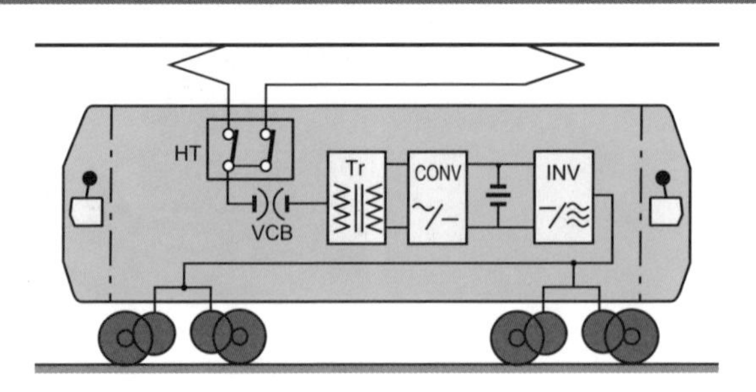

（応用例）

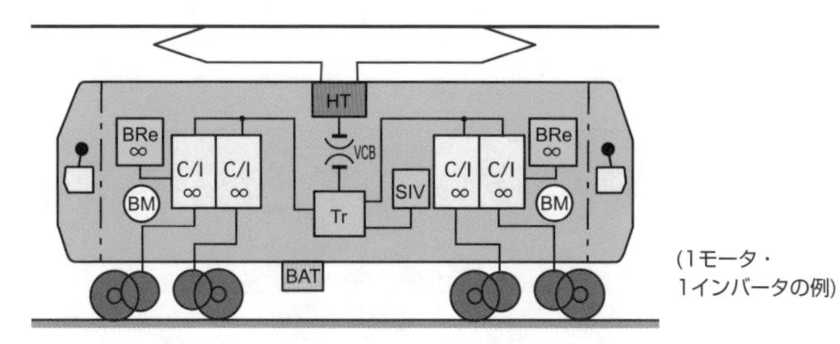

(1モータ・
1インバータの例)

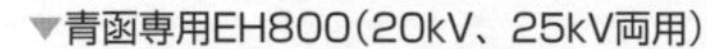

交流電気機関車（インバータ方式）

▼青函専用EH800（20kV、25kV両用）

▼青函専用EH800（20kV、25kV両用）

交流電気機関車の構成（従来方式）

（基本構成）

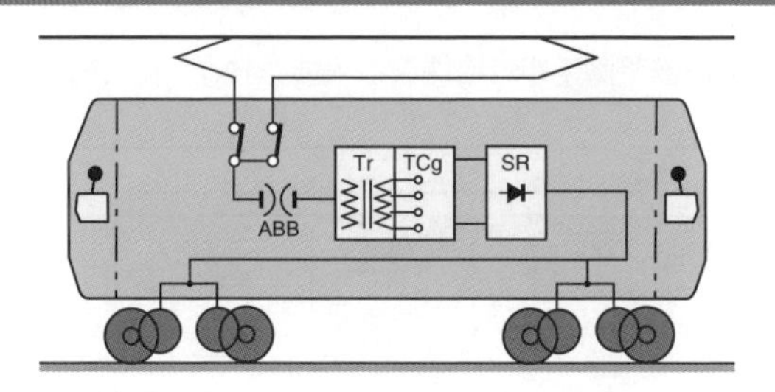

交流電気機関車（従来方式）

▼長崎本線で貨物列車を牽引するED76

▼羽越本線を走るED751レール運搬列車

交流直流両用電気機関車の構成（従来方式）

（基本構成）

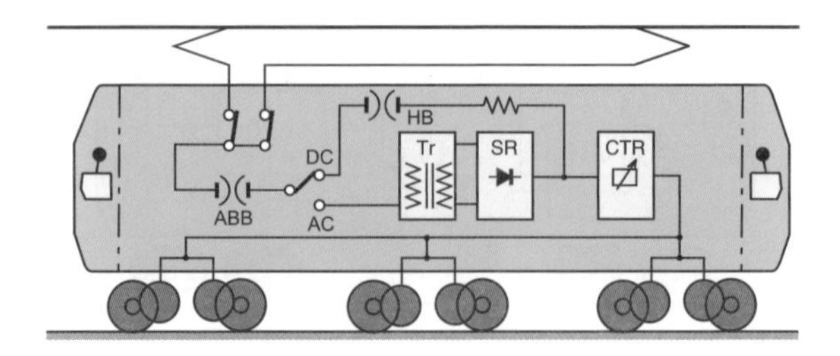

交流直流両用電気機関車（従来方式）

▼羽越本線でカシオペアを牽引するEF81

▼鹿児島本線を走るEF81コンテナ列車

交流直流両用電気機関車の構成（インバータ方式）

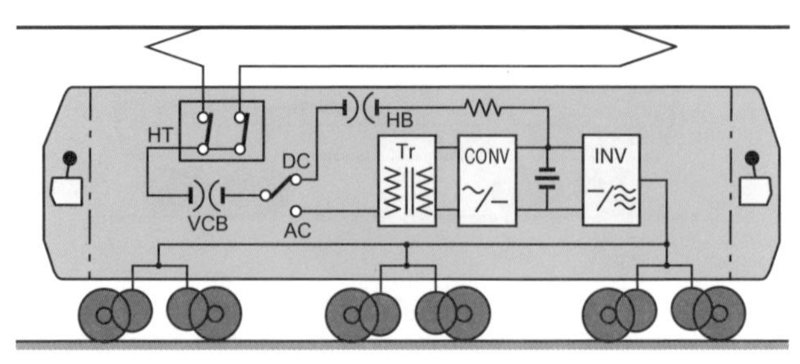

（応用例）

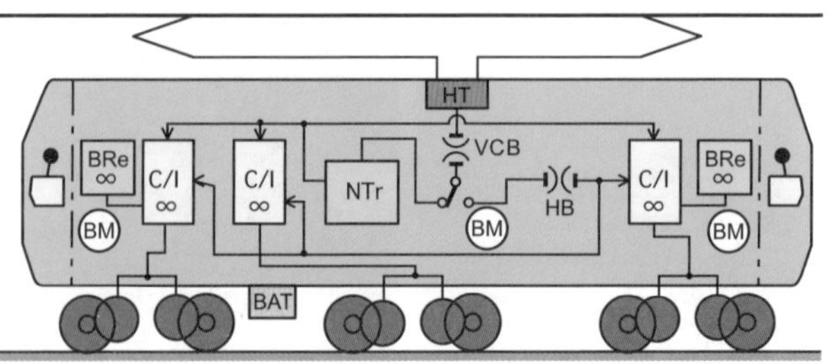

■交流直流両用電気機関車（インバータ方式）■

▼東海道本線を走る試作ED500コンテナ列車

▼東北本線を行くEH500コンテナ列車

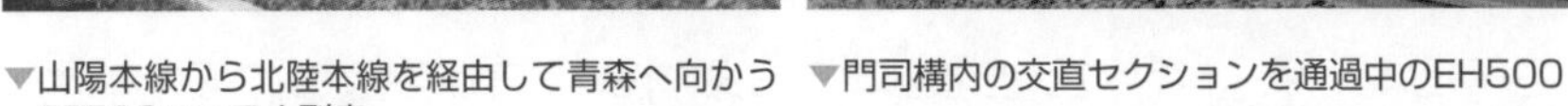

▼山陽本線から北陸本線を経由して青森へ向かうEF510コンテナ列車

▼門司構内の交直セクションを通過中のEH500

▼北斗星を牽引したEF510

▼カシオペアを牽引したEH500

＊**ABB**　Air-Blast Circuit Breaker、空気遮断器
＊**Tr**　Transformer、変圧器
＊**TCg**　Tap Changer、タップ切換器
＊**SR**　Static Rectifier、（静止型）整流器
＊**CTR**　Controller、制御器

2-23 ディーゼル機関車

ディーゼル機関車は、ディーゼルエンジンを動力として客車や貨車を牽引し、車両の入れ換えや除雪作業などにも用いられています。最近では、ディーゼルエンジンに直結した発電機で交流電気を発電し、インバータ制御の交流電動機で駆動する方式の機関車に置き換わりつつあります。

用途の違いによる種類

日本では、本線用の大型機関車でも操作性や保守性を考慮して凸形車体が主流となっていましたが、1990年代以降新製されたJR貨物の機関車は箱形が主流です。除雪用機関車は、入れ換え・小運転用の機関車の両端に除雪機(ラッセル式またはロータリー式)を取り付けた構造になっています。

動力伝達方式の違いによる種類

ディーゼル機関車には、エンジンの力を車輪に伝達するまでの方式の違いにより、大きく3種類に分類することができます。

● **電気式ディーゼル機関車**

ディーゼルエンジンで発電機を回し、発生させた電気を台車に取り付けた電動機に供給して走行する方式です。1950年代頃までは、本線用大型ディーゼル機関車として量産されていました。しかし、搭載する機器が多く、重量がかさむことから軸重制限の厳しい日本では普及が進まず、液体式ディーゼル機関車の量産と電化の進展によって、いったんは姿を消しました。

1990年代に入り、VVVFインバータ制御技術の向上とディーゼルエンジンの大出力化によって再度見直され、現在では非電化区間における貨物列車の主力として活躍しています。軸重制限があまり問題とならない海外の鉄道では、電気式が一般的になっています。

また、バッテリーを搭載した**ハイブリッド入換用機関車**も、この中に含まれます。減速・停止時は、機関車・貨物列車の運動エネルギーを交流電動機で電気エネルギーに変換（回生）して、蓄電池に充電します。

電気式ディーゼル機関車

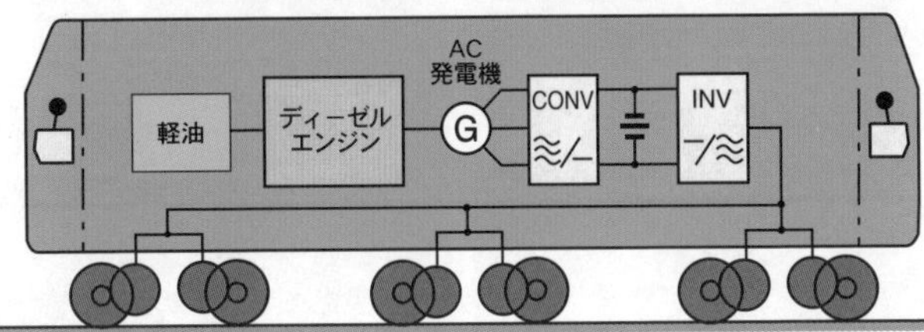
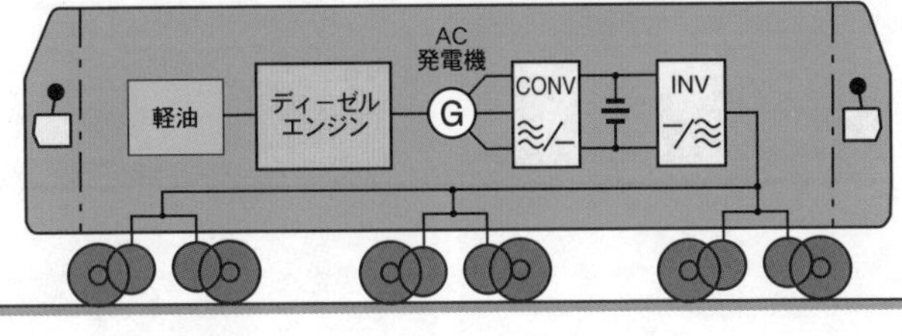

▼本線用高出力ディーゼル機関車DF200

▼全国各地で働いていたDF50

▼函館本線を走るコンテナ列車DF200

▼石巻線を走るコンテナ列車DD200

ハイブリッド機関車

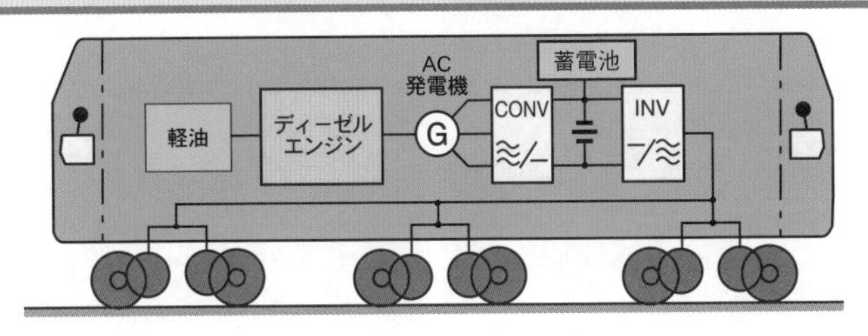

ハイブリッド気動車と同じ仕組みです。

▼入換中のHD300

▼入換中のHD300

● 液体式ディーゼル機関車

ディーゼルエンジンを液体変速機(トルクコンバータ)を介して減速し、推進軸を経て動輪に伝達する方式です。大出力エンジンに対応した液体変速機の開発により、本線用の大型機から入れ換え・保線に使用する中小型機まで、蒸気機関車を置き換えながら幅広く普及してきました。各地の臨海鉄道や製鉄所など工場の構内線路での輸送にも用いられています。

液体式ディーゼル機関車

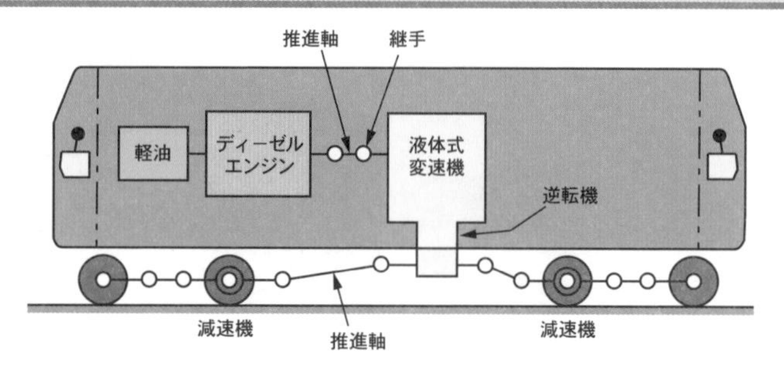

▼本線用液体式ディーゼル機関車DD51

▼地方短区間・入換用ディーゼル機関車DE10

▼入換用ディーゼル機関車DE11

▼地方短区間・入換用ディーゼル機関車DD16

● 機械式ディーゼル機関車

ディーゼルエンジンを**摩擦クラッチ**と**変速機**(**ギアボックス**)を介し、推進軸を経て動輪に伝達する方式です。自動車のMT車に相当します。非常に構造が簡単で、黎明期のディーゼル機関車や地方の軽便鉄道などで使用されていました。大出力エンジンに対応できないこと、2両以上の機関車を連結する場合に総括制御ができないことから、現在では、小規模な入れ換え作業などに用いる小型機関車にわずかに残るだけとなっています。

■機械式ディーゼル機関車■

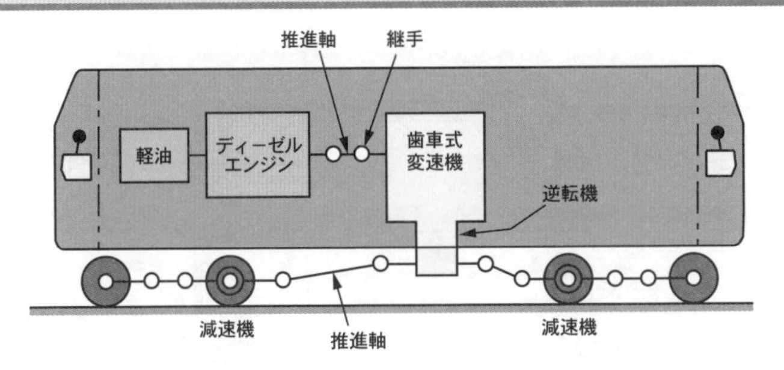

▼工場の入れ換え用機械式ディーゼル機関車

▼名古屋臨海で働く機械式DD13ディーゼル機関車

2-24 蒸気機関車

蒸気機関車は、石炭を燃やして発生させた蒸気の圧力エネルギーを、ピストンを用いて運動エネルギーに変換して走行する車両です。鉄道の創世期から動力車の中心的な役割を担ってきましたが、現在は第一線を退いて、海外では一部で、日本では少数が観光用運転などに用いられています。

蒸気機関車のしくみ

主として石炭を燃料とし(重油を使用する場合もある)、これをボイラーで燃焼させた熱で機関車に積載した水を沸騰させます。発生した高圧の蒸気はシリンダーに送り込まれ、ピストンによって直線運動に変換され、主連棒と連結棒(ロッド)で動輪に伝えて回転運動となり走行します。

■蒸気機関車のしくみ■

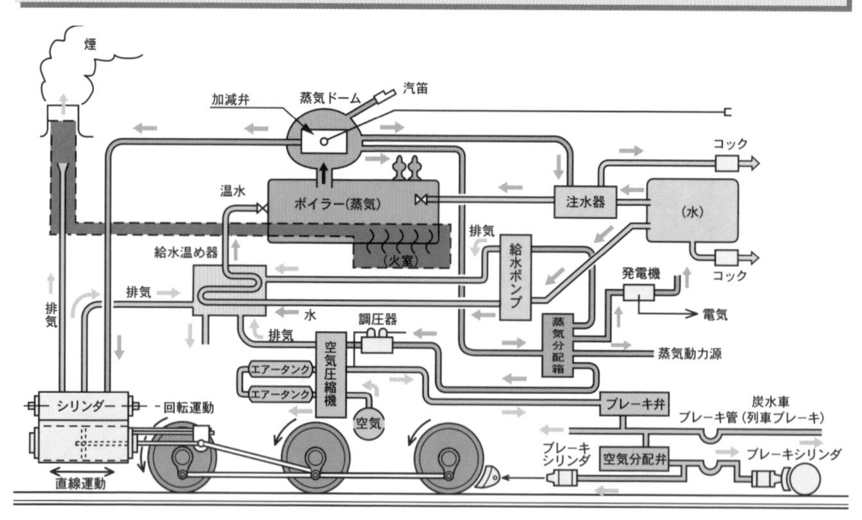

テンダー式とタンク式機関車

石炭と水を積む専用の車両(テンダー)を機関車本体の後部に連結した方式をテンダー式、機関車の運転席背面に石炭を、ボイラーの両側などに水を積んだ方式をタンク式といいます。

■テンダー式機関車■

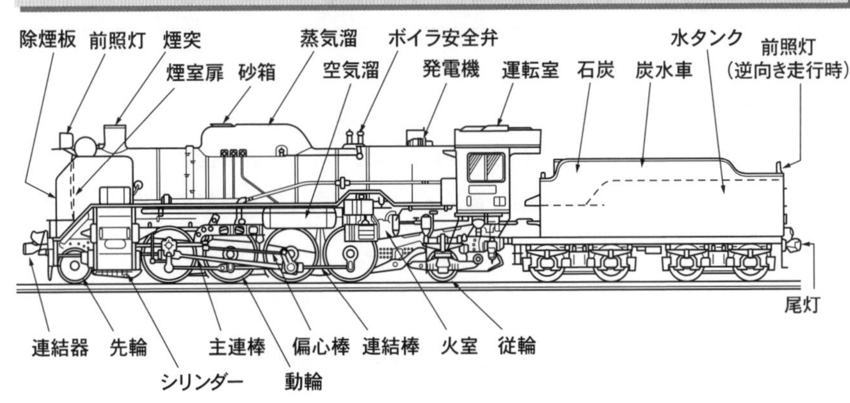

■タンク式機関車■

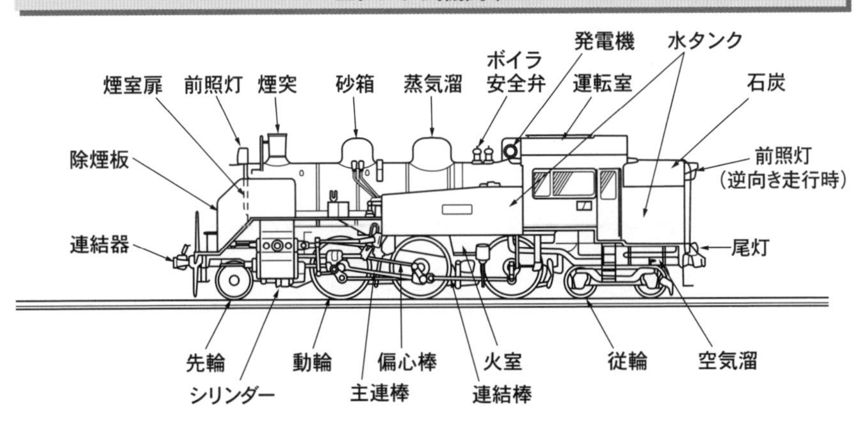

用途による分類

　一般的な蒸気機関車には変速機がなく、したがって設計段階において、どのような用途の機関車とするかという性格づけが決められました。軽い客車を比較的高速で牽引する旅客用機関車は、直径の大きな動輪を3組（C形）備え、重い貨車を牽引することができる貨物用機関車は、直径の小さな動輪を4組（D形）備えています。

2-25 新しい駆動システム

動力システムの革新により、環境負荷低減を図ることを目的に、JR東日本では2007年に世界で初めてハイブリッド車両のキハE200を登場させました。ディーゼルエンジンとバッテリーを組み合わせてモータを回し、回生電力をバッテリーに充電する画期的な省エネルギー車両です。これを契機に、いろいろな新しい車両が誕生しています。

ハイブリッド車両（ディーゼル発電機と蓄電池を併用）

ディーゼル発電機と蓄電池を併用する方式がハイブリッドシステム*です。ディーゼルエンジン、発電機、蓄電池、主変換装置*(コンバータ・インバータ)、交流誘導電動機で構成されています。この主変換装置は、最近の通勤電車に使用されている機器との共通化を図り、保守軽減と電車並みの走行性能を実現しました。

ハイブリッドシステムには、**シリーズハイブリッドシステム**と**パラレルハイブリッドシステム**があります。シリーズハイブリッドシステムは、ブレーキ時の回生エネルギーを有効利用して、現行気動車に比べて20%程度の省エネルギー化を図っています。最新の排ガス対策エンジンで交流発電機を駆動することにより、発電された電力を直接、またはいったん蓄電池に溜めて、その電力を加速時のモータ駆動に利用します。ブレーキ時は、駆動用モータを発電機として利用して、その回生エネルギーを蓄電池に蓄積して次の起動時の動力として再利用します。パラレルハイブリッドシステムは、エンジンの出力を直接車輪に伝達する従来の方式とシリーズハイブリッドシステムを組み合わせた自動車のハイブリッドシステムと同様の方式です。

＊ハイブリッドシステム　異種電源で電動機の電力を供給する複合システム。また、異種電源と異種駆動システムの組合せもハイブリッドシステムに含まれる。

＊変換装置　コンバータ・インバータ（Converter Inverter）。交流をいったん直流に戻し、その直流を交流に変換する装置。この交流で車両のモータを回す。

ハイブリッド車両

▼JR東日本小海線を走るキハE200

▼JR東日本羽越本線を走るHB-E300

▼JR東日本仙石線を走るHB-E210

▼JR九州大村線を走るYC1

笠原広和提供

ハイブリッドシステムの制御の流れ

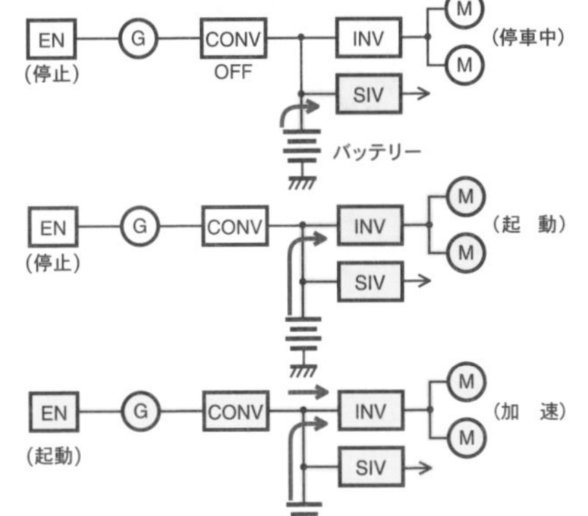

●停止中はエンジンを停止し、バッテリーから車両の電気設備に電気を供給する。

●起動時はバッテリーからモーターと車両の電気設備に電気を供給する。

●加速時はエンジンを起動し、発電機とバッテリーから電気を供給する。

●ブレーキ時は、モーターを発電機にかえて、バッテリーに電気を充電する。

■新しい駆動システム車両(走行線区と走行車両)■

(注) ●ハイブリッド車両(ディーゼル発電機と蓄電池とモータ)
■電気式気動車(ディーゼル発電機とモータ)
★蓄電池電車(蓄電池とモータ)
＊EDC方式(交流・直流両用電車＋電気式気動車)
□電気式ディーゼル機関車(ディーゼル発電機とモータ)

このハイブリッド車両の実用化により、低炭素化・CO_2削減を目的に、蓄電池を主体にした蓄電池電車・電気式気動車が開発・実用化され、各地で活躍しはじめています。入換用機関車にも採用されました。

蓄電池電車

電化区間は電車で走りながら蓄電池を充電し、非電化区間は充電した蓄電池でモータを回して走行する方式です。直流電化区間と非電化区間用、交流電化区間と非電化区間用の2種類があります。

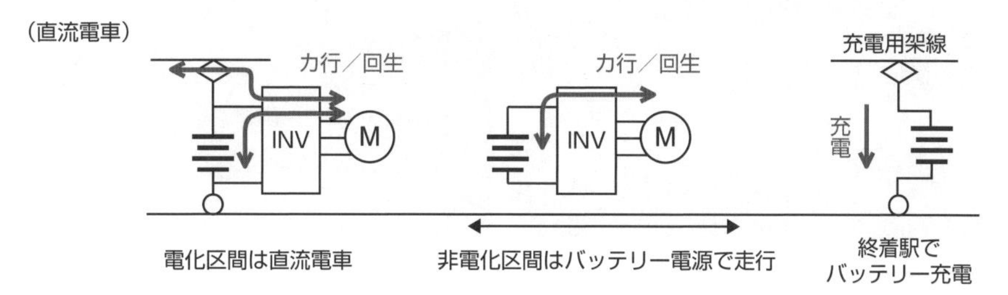

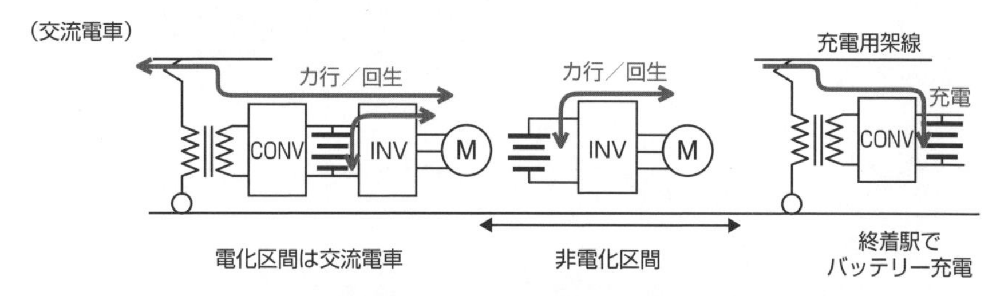

電気式気動車（DEC）

ディーゼルエンジンで発電機を回し、その発電した電気をCONV・INVで主電動機に供給して走ります。電気式ディーゼル機関車DF200、DD200の電車版です。この方式に蓄電池を組み込むと、ハイブリッド車両となります。

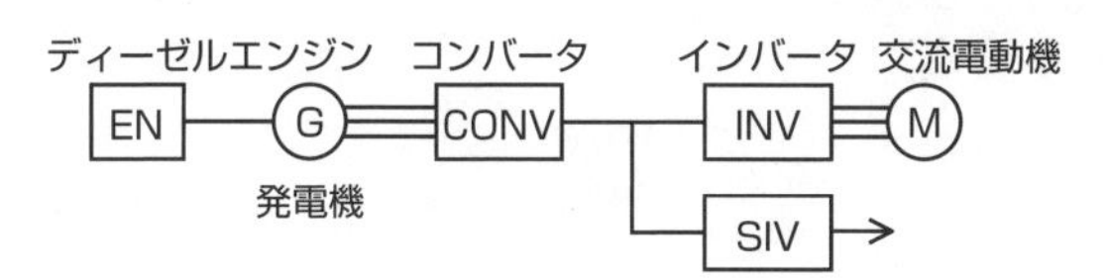

交流直流両用電車・電気式気動車（EDC方式）：TRAIN SUITE 四季島

非電化区間は電気式気動車（DEC）で走行し、交流電化区間は交流電車、直流電化区間は直流電車で走行するEDC方式の多モード車両です。直流1500V、交流20kV 50/60Hz、交流25kV 50Hzの電化区間と非電化区間が走行できるオールマイティな車両です。

蓄電池電車

▼非電化のJR東日本烏山線を走るEV-E301

▼電化区間のJR東日本宇都宮線をパンタグラフを上げて走るEV-E301

▼JR九州香椎駅で充電中のBEC819

▼非電化のJR東日本男鹿線を走るEV-E801

電気式気動車

▼JR東日本羽越本線を走るGV-E400

▼JR北海道札幌近郊の非電化区間を走るH-100

島村聡彦提供

＊**GV**　Generating Vehicle
＊**EV**　Electric Vehicle
＊**FV**　Full Cell Vehicle

ハイブリッド列車 / EDCバイモード列車

▼JR東日本の上越線を走るトランスイート四季島E001

▼JR西日本の山陽本線を走るトワイライトエクスプレス瑞風(みずかぜ)

燃料電池電車

燃料電池は、電気化学反応によって燃料の化学エネルギーから電力を取り出す電池です。燃料は水素と酸素などを用い、化学反応したあとは水が生成されるので、環境にやさしいシステムです。JR東日本では、2008年のJR総研との共同実験を経て、燃料電池式ハイブリッド車FV-E991系を2021年から営業路線での実証試験に投入する予定です。

▼JR総研の燃料電池実験車

(出典:鉄道総合技術研究所2019年ニュースリリース)

▼JR東日本の燃料電池電車(FV-E991)

(出典:JR東日本2019年ニュースリリース)

2-26 交流・直流(交直)切換

交流給電区間と直流給電区間を高速でスムーズに通過するしくみは巧妙です。交流給電区間と直流給電区間の間にはデッドセクションがあり、この区間を走行通過中に車上の回路を切り換えています。万が一、異電圧区間に入っても保護機器が働きます。

都市内は直流、都市間は交流方式

車両数が多い都市内輸送は車上設備が少なくてすむ直流1500V給電方式であるのに対して、都市間輸送では変電所間隔を延ばして変電所数を減らすために高圧給電が適するので、交流20kV給電方式としています。この交流・直流の両給電区間を直通して走る交流直流両用機関車および電車は、電圧回路を車上で切り換える必要があり、交流回路、直流回路、および交流直流切換回路を積んでいます。高圧交流電圧を低圧に降圧する変圧器や直流に変換する整流器など、地上の変電所に相当する機器を積んでいます。

交流電化の流れと交流・直流切換

日本は都市内路線を直流給電方式で電化しました。1950年代になると、地方都市へつなぐ路線の電化が必要となり、交流電化が計画されました。

交流電化は、仙山線での開発の結果、北陸本線と東北本線で導入されました。このときの北陸本線の交直切換は米原〜田村駅間にあり、当初は非電化で連絡しました。その後は、**交直切換セクション**で連絡させ専用の交直切換回路を積んだ交流直流両用電気機関車ED30などが使用されました。東北本線の交直切換セクションは黒磯駅構内に**地上切換装置**を設備し、直流電気機関車と交流電気機関車を交換して通過しました。

続いて、常磐線電化では、取手〜藤代駅間に**車上切換方式**の交直切換セクションが作られ、交流直流両用電車を試作し、401系電車や交流直流両用電気機関車EF80が投入されました。九州電化では直流給電の関門トンネルを出た門司側の交直切換セクションを通過する専用の交流直流両用電気機関車EF30と交流直流両用411系電車が投入されました。交流電気機関車はED72、ED73でした。その後も交流直流両用急行電車や特急電車、交流20kV 50Hz・60Hzと直流1500Vの3電源区間を直通できる代表的な交流直流両用電気機関車EF81などの登場が続きました。

現在では、常磐線のE657系、北陸本線の681系・683系などの特急電車やEF510、EH500などの電気機関車、JR以外では、つくばエクスプレスでも交流直流両用電車が登場し活躍しています。これらすべて走行中での車上切換方式です。

なお、海外では直流1500V、直流3000V、交流25kV 50Hzと60Hz、交流15kV 16.7Hzを走行切換できる4電気方式の電気機関車や高速電車も活躍しています。

筑波に地磁気観測所があるため、この半径35km圏内の直流電化は難しく、①水戸線の小山～小田林、②常磐線の取手～藤代、③つくばエクスプレスの守谷～みらい平間に交直切換が必要となりました。

■地磁気観測所と交流電化■

（赤線路：交流電化、青線路：直流電化、黒線路：非電化）

交流・直流切換の例

①地上切換セクション（直流電車・機関車、交流電車・機関車）

駅部に交流・直流両用区間を設け、地上スイッチDを閉じ、スイッチAを開き、交流・直流両用区間を直流給電として、直流電気機関車＋旅客車/貨物車を進入・停止させます(下図参照)。この直流電気機関車を開放し、今度はDを開き、Aを閉じて、この両用区間を交流給電として、交流電機機関車が入線し、旅客車/貨物車に連結させて、交流区間へ出発します。交流区間から直流区間への進入も同じです。東北本線の黒磯がこの方式でしたが、車上切換方式に替わりました。

地上切換セクションのしくみ

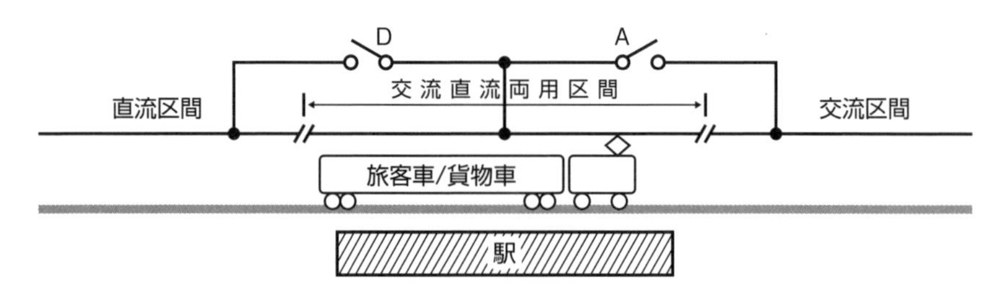

②車上切換セクション(交流直流両用電気機関車、交流直流両用電車)

交流直流両用電気機関車や電車が、停止せずに走行したまま、車上の回路を直流←→交流に切り換えて通過します。乗務員がデッドセクションの手前で回路をOFFにし、交直切換スイッチの切り換え操作をします。車両が交流区間に進入すると交流区間を検知して回路がONになり、交流区間を走行できます。交流区間から直流区間に進入する場合も同じ操作です。

現在、**交直切換セクション**は、常磐線の取手～藤代間(DC1500V-AC20kV 50Hz)、東北本線の黒磯駅構内(DC1500V-AC20kV 50Hz)、水戸線の小山～小田林間(DC1500V-AC20kV 50Hz)、羽越本線の村上～間島間(DC1500V-AC20kV 50Hz)、つくばエクスプレスの守谷～みらい平間(DC1500V-AC20kV 50Hz)、北陸本線の糸魚川～梶屋敷間(AC20kV 60Hz-DC1500V)、敦賀～南今庄間(DC1500V-AC20kV 60Hz)、山陽本線/鹿児島本線の下関～門司間(DC1500V-AC20kV 60Hz)、七尾線の津幡～中津幡間(AC20kV 60Hz-DC1500V)、の各所にあります。なお、東北本線の黒磯駅構内には、地上切換セクションと車上切換セクションの両方を設備していましたが、車上切換方式のみとなり、切換セクションの位置が仙台側に移設されました。

車上切換セクションのしくみ

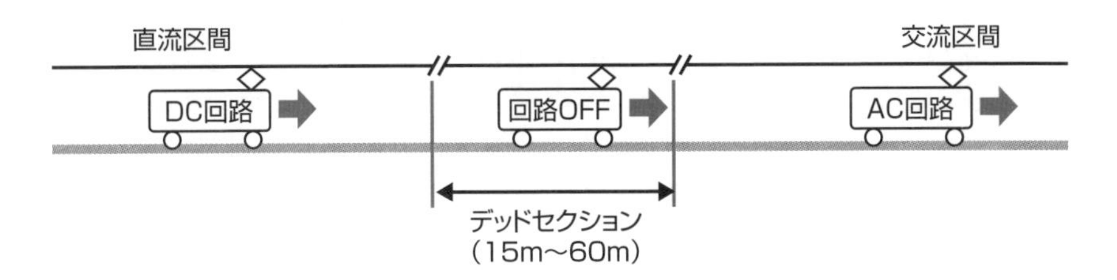

交流直流両用車両

▼常磐線を走る交流直流両用通勤近郊電車E531系

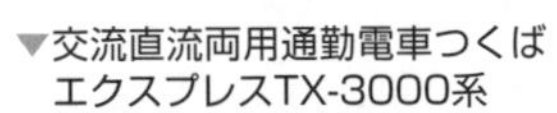
▼交流直流両用通勤電車つくばエクスプレスTX-3000系

▼北陸本線の切換セクションを通過中の交流直流両用電気機関車EF510

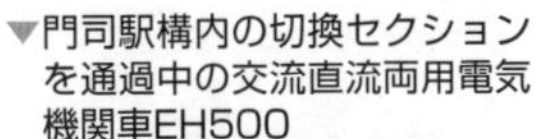
▼門司駅構内の切換セクションを通過中の交流直流両用電気機関車EH500

▼取手～藤代間の切換セクションを通過中の交流直流両用特急電車E657系

▼北陸本線を走る交流直流両用特急電車683系

＊**Re（DCVRe）**　DCVR Resistor、DCVR用抵抗器
＊**FL**　Filter reactor、フィルターリアクトル
＊**FC**　Filter Capacitor（Condenser)、フィルターコンデンサー

■交流・直流(交直)切換回路■

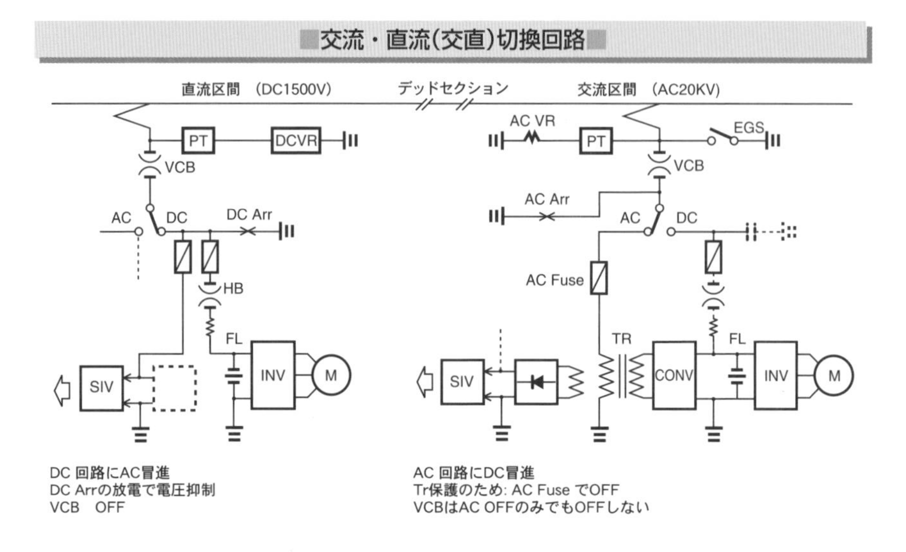

■交直流電車の屋根上機器配置例■

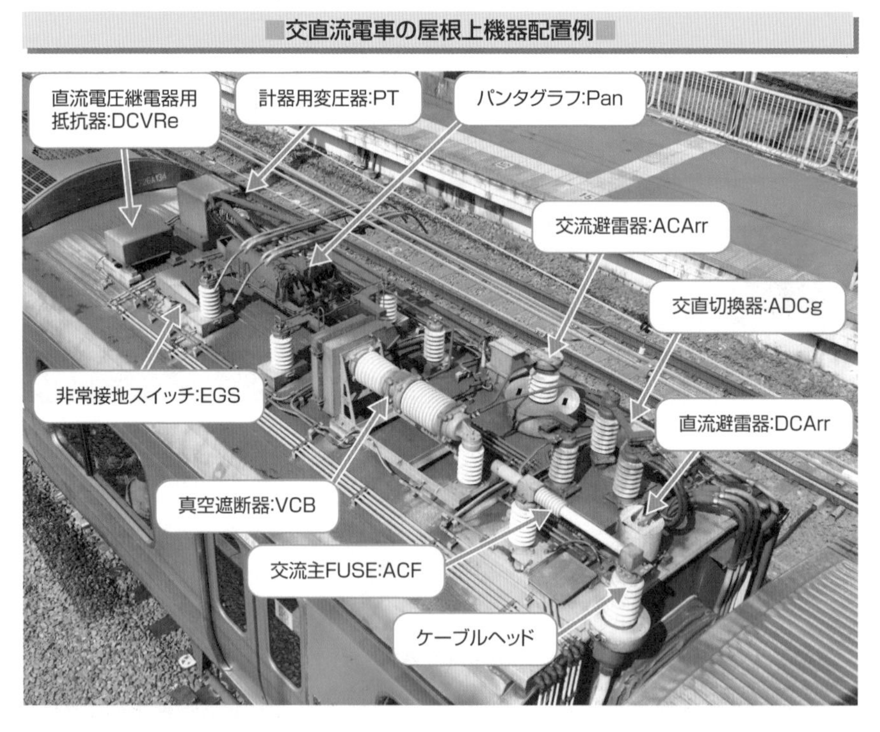

■屋根上機器切換回路(交流)■

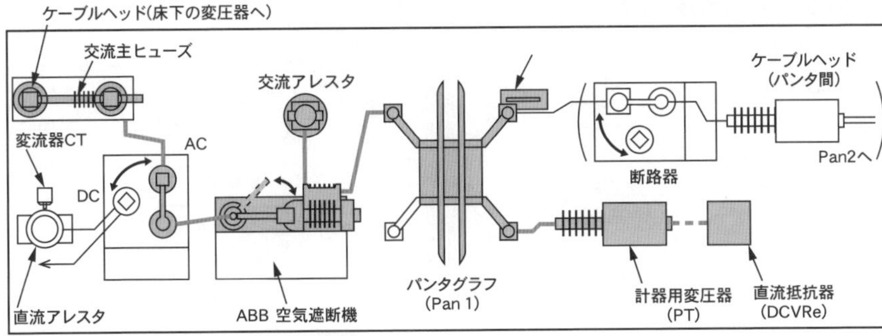

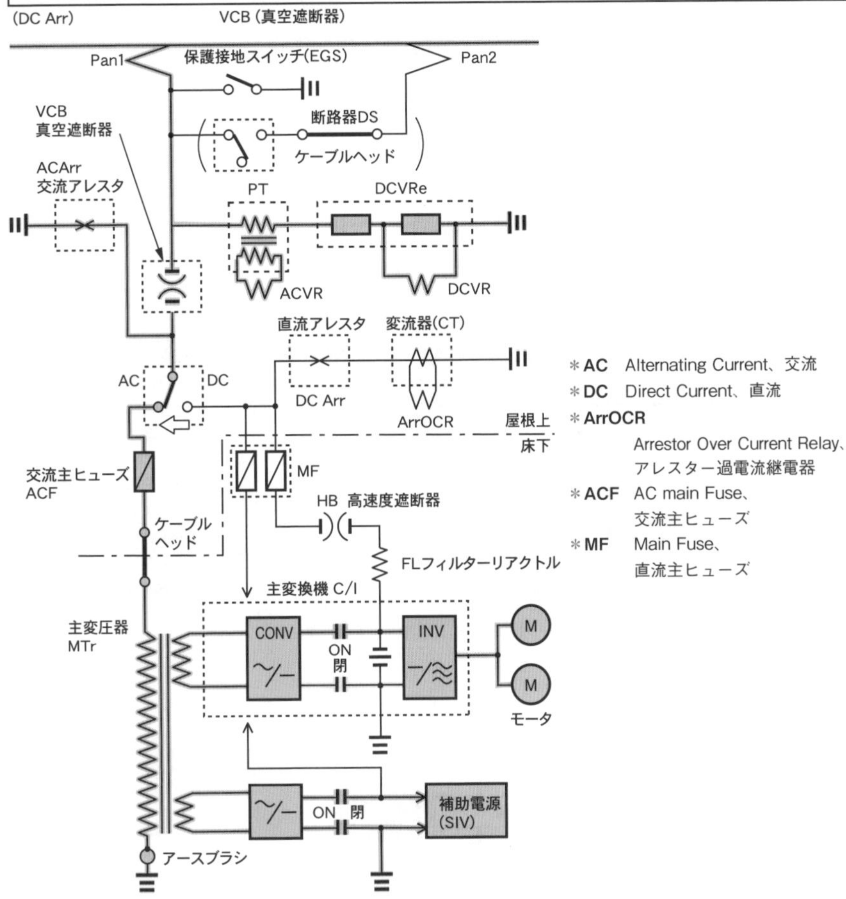

屋根上機器切換回路(直流)

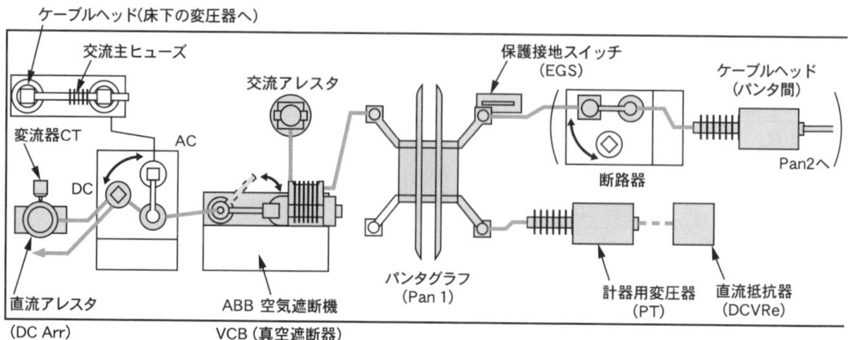

(DC Arr)　VCB (真空遮断器)

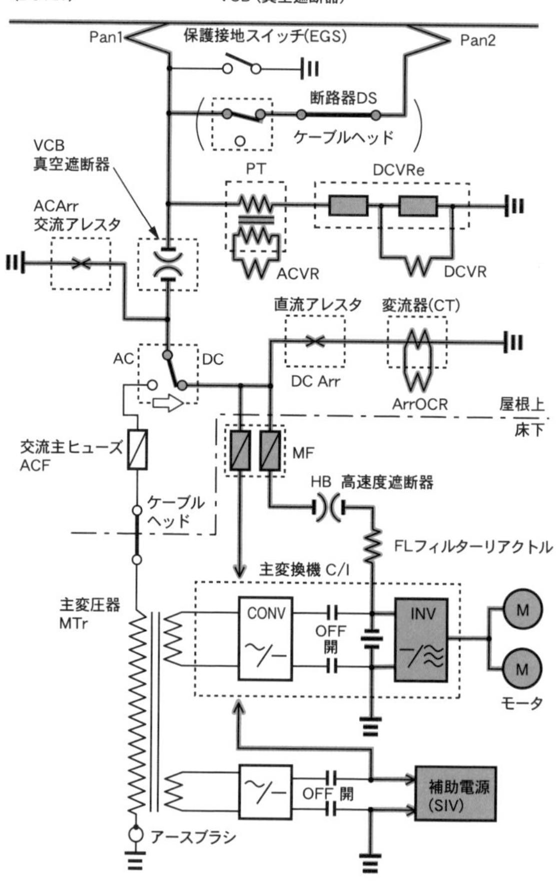

＊**ABB**　Air-Blast circuit Breaker、空気遮断器
＊**MTr**　Main Transformer、主変圧器
＊**FL**　Filter reactor、フィルターリアクトル
＊**HB**　High speed circuit Breaker、高速度遮断器
＊**VCB**　Vacuum Circuit Breaker、真空遮断器

2-27 事業用車両

鉄道を運行する上で、その鉄道を安全に安心して利用できるようにするためのいろいろな事業用車両があります。時々見かける車両です。ドクターイエローなどの検測車、軌道のレールやバラスト（砂利等）の交換、積雪時の除雪も大切です。

営業用車両の利用も

レールの踏面を適正に管理するレール削正車、架線を張り替える保守用車もあります。

最近では、事業用車両に替えて営業用車両に検測装置を取り付け、直接検測する方式も増えています。

■軌道・架線・検測車のいろいろ■

▼東海道・山陽新幹線用のドクターイエロー

▼JR東日本東北・北海道・上越・長野・秋田・山形新幹線用のイーストアイ

▼JR東日本在来線電化区間用のイーストアイ・E

▼JR東日本在来線非電化区間用のイーストアイ・D

▼JR九州軌道検測車マヤ34

▼JR西日本架線検測車クモヤ443

島村聡彦提供

除雪ラッセル車のいろいろ

▼JR北海道除雪用ラッセル車DE15（単線用）

▼JR北海道除雪用ラッセル車DE15（複線用）

▼ローカル私鉄で活躍するラッセル車キ100(旧国鉄)

▼簡単な除雪用モータカー

軌道やレールの交換

▼JR東日本長尺レール搬送列車

▼JR東日本バラスト輸送列車

2-28 ドライバレス運転への対応

ドライバレス運転は、冗長性と信頼性の高い機器構成、運行センター司令員による車両機器の遠隔操作、および乗客とのヒューマンコミュニケーション機器構成で成り立つ、高品質で最新の運転システムです。鉄道を取り巻く各種システムの総合力がその機能を支えています。

ドライバレス運転の種類

「ドライバレス運転」とは、動力車を操縦する係員が列車に乗務しない運転をいいます。代表的なものとして、動力車を操縦する係員以外の係員が異常時の避難誘導等などに対応するため列車に乗務する形態の「**添乗員付きドライバレス運転**」や、係員が列車に乗務しない形態の「**完全ドライバレス運転**」があります。

■主な運転方式■

運転方式	運転士	車　掌	添乗員	巡回員
完全ドライバレス運転	―	―	―	―
巡回員付きドライバレス運転	―	―	―	○
添乗員付きドライバレス運転	―	―	○	―
ワンマン運転	○	―	―	―
ツーマン運転	○	○	―	―

(注)添乗員付きドライバレス運転は、すべての列車に添乗員が乗務し、巡回員付きドライバレス運転は、数列車ごとに巡回員が乗務する。

ドライバレス運転の状況

日本では、AGTなどの一部で完全ドライバレス運転が行なわれています。東京のゆりかもめや日暮里･舎人ライナー、大阪のニュートラム、神戸のポートライナーや六甲ライナーなどのAGTで完全ドライバレス運転が行なわれています。

地下鉄においては、完全ドライバレス運転ではありませんが、添乗員付きドライバレス運転が福岡市交通局七隈線（架空線タイプ）で行なわれています。一方、海外の地下鉄での完全ドライバレス運転は、フランスのパリ地下鉄のメテオール線、デンマークのコペンハーゲン地下鉄やシンガポールの北東線など、多くの線区で行なわれはじめています。メテオール線では、トンネルに一定間隔で消防士が地上から進入できる経路があり、トンネル側面の避難通路や、車内を含めた多数の監視カメラ、ホームドアなどが設置され、完全ドライバレス運転を考慮した対応がなされています。

ドライバレス運転を行なう車両

▼ドライバレス運転中のAGTゆりかもめ

▼ドライバレス運転中のAGT日暮里・舎人ライナー

添乗員付きドライバレス運転を行なう車両

▼添乗員付きドライバレス運転中の福岡市営七隈線車両

▼添乗員はドア閉め時間の延長操作のみ行ない、運転はすべて自動

ドライバレス運転のシステム構成

ドライバレス運転システムとは、従来の**ATOワンマン運転方式**の鉄道設備に加えて、機器の**2重系構成**やバッテリーバックアップなどの車両設備機能の充実、地上設備機能の充実、地上―車上間の情報伝送設備機能の充実などにより、**地上司令員（OCC*係員）**と車両機器設備だけで、車両乗務員（運転士）に代わり、車両の乗客情報・機器情報の異常時対応に対処できるシステムです。つまり、ドライバレス運転を行なうにあたり、線路の安全確保、事故の拡大防止、異常時の旅客の安全確保（確実なる避難など）の観点から、従来の運転方式以上の対応ができることが望まれています。

■ドライバレス運転システム構成例■

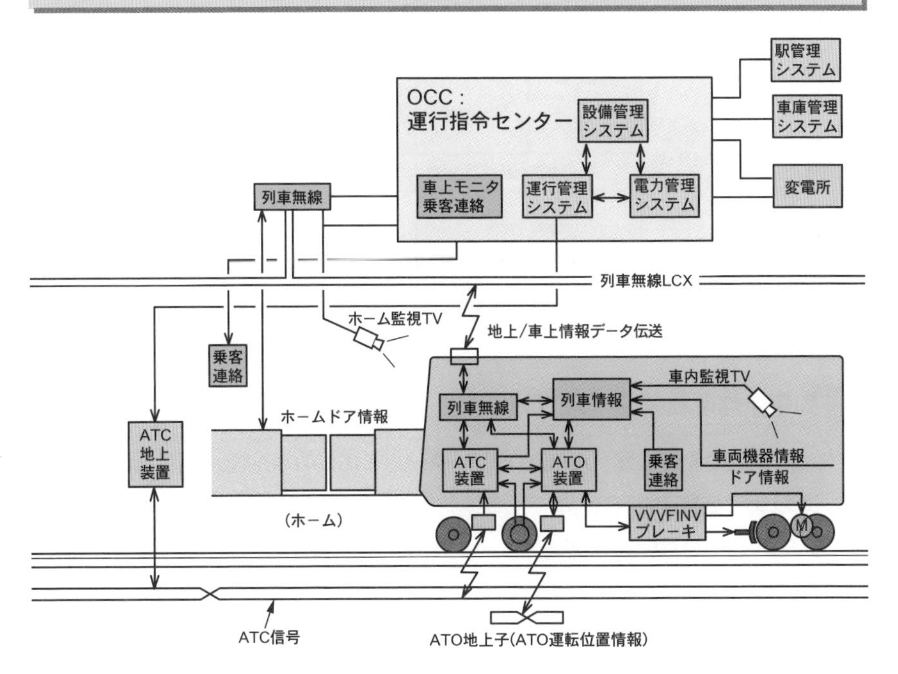

*OCC　Operations Control Center、運行指令センター
*LCX　Leaky Coaxial Cable、漏洩同軸ケーブル（無線通信LAN）

■ワンマン運転またはドライバレス運転における係員とシステムの役割の例■

<table>
<tr><th colspan="4"></th><th>ワンマン
(ATO)</th><th>添乗員付き
ドライバレス</th><th>巡回員付き・
完全ドライバレス</th></tr>
<tr><td rowspan="10">通常時</td><td rowspan="4">運転の安全確保</td><td colspan="2">線路の安全</td><td>システム</td><td>システム</td><td>システム</td></tr>
<tr><td colspan="2">列車間の安全</td><td>システム</td><td>システム</td><td>システム</td></tr>
<tr><td colspan="2">列車の運転</td><td>システム</td><td>システム</td><td>システム</td></tr>
<tr><td colspan="2">線路上の障害物等の監視</td><td>運転士</td><td>システム</td><td>システム</td></tr>
<tr><td rowspan="5">乗客の乗降</td><td colspan="2" rowspan="2">ドアの開閉操作</td><td>運転士</td><td>システム</td><td rowspan="2">システム</td></tr>
<tr><td>システム</td><td>添乗員</td></tr>
<tr><td colspan="2">車両間や線路への転落の監視</td><td>運転士</td><td>システム</td><td>システム</td></tr>
<tr><td colspan="2" rowspan="2">列車出発時の安全確認</td><td rowspan="2">運転士</td><td>システム</td><td rowspan="2">システム</td></tr>
<tr><td>添乗員</td></tr>
<tr><td rowspan="5">異常時</td><td rowspan="5">異常事象の発見・対処</td><td rowspan="2">状況把握</td><td>機器監視</td><td>運転士</td><td>OCC係員
／システム</td><td>OCC係員
／システム</td></tr>
<tr><td>非常通報</td><td>運転士／乗客
／システム</td><td>添乗員／乗客
／システム</td><td>OCC係員／乗客
／システム</td></tr>
<tr><td colspan="2">状況判断</td><td>運転士</td><td>添乗員</td><td>OCC係員</td></tr>
<tr><td colspan="2">非常停止操作</td><td>運転士</td><td>OCC係員
／システム</td><td>OCC係員
／システム</td></tr>
<tr><td colspan="2">乗客の避難誘導(初動時)</td><td>運転士</td><td>添乗員</td><td>OCC係員
／システム</td></tr>
</table>

列車自動運転装置（ATO）

列車自動運転装置（ATO）とは、Automatic Train Operationの略称で、運転保安装置のATC装置や列車情報監視制御装置とともにドライバレス運転には欠かせない運転装置です。列車運転保安装置である**列車自動制御装置**（**ATC**＊）の制御の下で、指定時間で各駅間を走行するために、出発条件の成立を確認し、地上の位置情報とATC信号情報、それに速度情報を比較しながら車両のインバータ(加減速)制御装置とブレーキ装置を制御します。これにより列車を自動的に出発させ、加速・定速運転制御・減速し、地点情報に基づいた定位置停止制御で停止させる機能を持つ車上装置です。また、車両側の扉開閉制御回路から扉開閉指令を**ATO地上子**（Po）を経由して地上装置

＊**ATC**　Automatic Train Control、海外ではATP（Automatic Train Protection）と定義されている。
＊**ATS**　Automatic Train Stopping、海外ではSupervisingと定義され、運行管理を意味している。

へ送信し、ホームドアの開閉を制御するホームドア連動制御機能などもあります。

■ATO運転装置の構成■

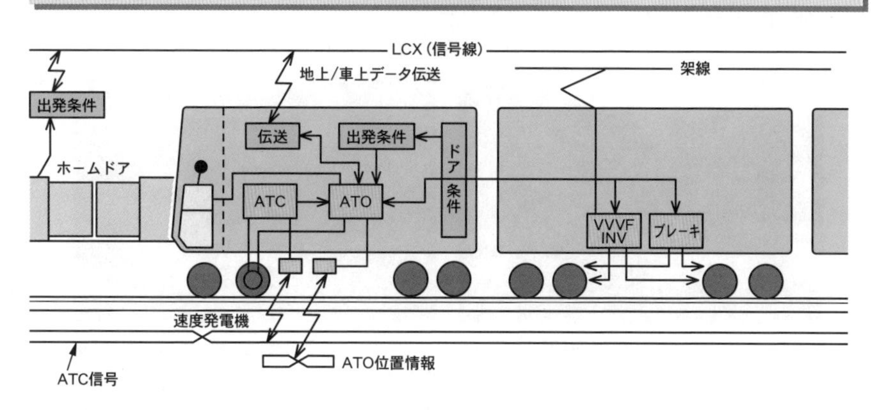

■ATO運転パターンの例■

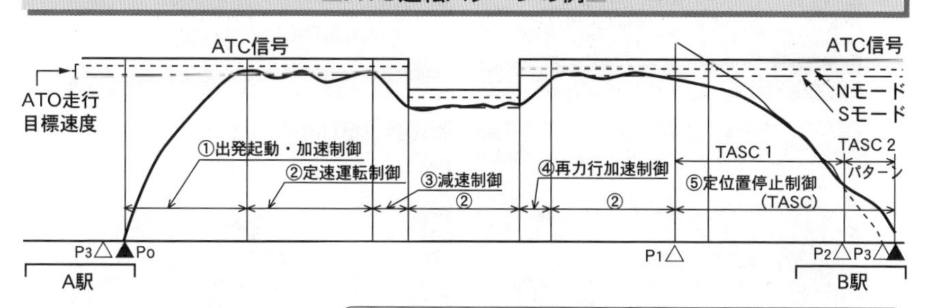

TASC：Train Automatic Stopping Controllerの略で、定位置停止装置のこと。

COLUMN 森林鉄道（北海道・丸瀬布）

北海道丸瀬布町（まるせっぷちょう）が、雨宮製の森林鉄道用ミニSLを動態保存しており、春～秋の休日に運行しています。写真は、秋の紅葉時期と冬の季節に特別運行したものです。

第3章

運転

列車は、綿密な輸送計画に基づいて作成された列車ダイヤによって走行し、安全運行を支えるいろんなシステムによって制御されています。列車ダイヤや運行管理システムなど、その技術力の高さを学んでいきましょう。

3-1 輸送計画の作成

鉄道では、旅客や貨物の輸送需要に応じて、列車の長さ、運行本数、運転速度などをもとに列車ダイヤが作成されています。輸送のサービスレベルを確保しつつ、効率的な輸送計画を作成することが重要です。

輸送計画の作成

輸送計画は次のような手順で作成されます。ここでは、輸送需要に見合った列車のダイヤが軸となります。

輸送計画の作成手順

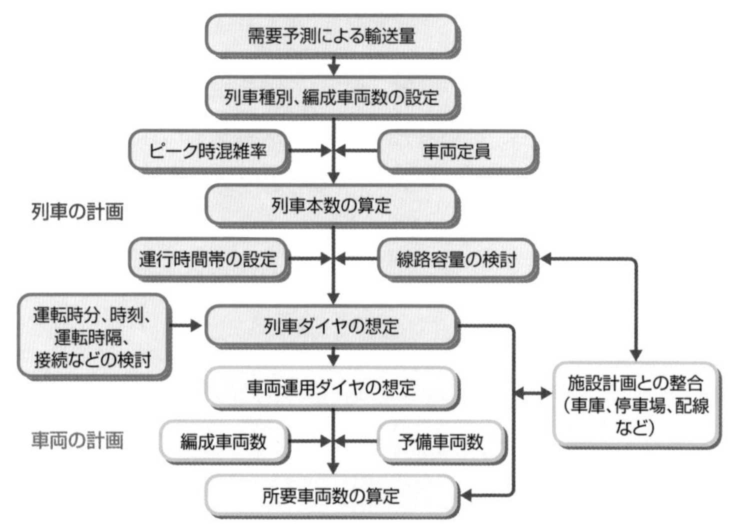

※関連する他の路線・線区との整合性、経営方針なども考慮し、適宜フィードバックしながら決定される。

具体的な検討

輸送計画の策定にあたっては、以下の項目について総合的に検討する必要があります。

＊**時隔曲線**　列車の最小運転時隔を決めるために、複数の列車の相互関係を時間と距離の曲線により表したもの。縦軸に距離、横軸に時間をとり、先行列車後尾と後続列車先頭の時間・距離曲線を停車時間を含めて描いたもの。

輸送需要の推定

沿線の人口や産業の分布・密度から路線の旅客数を推計します。

列車種別の設定

その路線に急行は必要か、普通列車との配分はどうするかを検討します。

乗車効率の設定

旅客の場合は、乗車定員に対する乗車人員の比率のことをいいます。これがあまりに大きいと不快感を招き、あまりに小さいと過大投資になります。ラッシュ時は通常、150%程度を想定します。

乗車定員の設定

座席定員と立席定員を足したもので、乗車効率の基準になります。

編成両数の設定

駅構内の線路有効長などを参考にして、急行や普通の編成両数を決めます。

列車本数の算出

乗車効率150%を目標として、ピーク時に予想される輸送量をさばくには、列車が何本必要であるかを求めます。

運行時間帯の設定

その路線の始発・最終列車は何時が適当なのか、また、朝夕のピーク時間帯は何時から何時までとればよいのかを検討します。

線路容量の検討

その線区において運行可能な列車本数(終日もしくは時間あたり)を算出します。

運転時分・時刻・時隔・列車配列・接続の検討

時隔曲線*などを参考として求めます。

列車ダイヤの想定

上記の作業で得られた結果を満たし得る列車ダイヤを作成します。

車両運用ダイヤの想定

車両を有効に運用するための車両運用ダイヤを描きます。

予備車の想定

車両の検査・修繕や、不測の事故の際に充てる予備車の数を求めます。

所要車両数の算定

上記の作業によって、必要な車両数が得られます。

3-2 列車ダイヤの作成と改正

輸送計画の中心となるのが列車ダイヤです。列車の引張力・加速力・速度、時間と距離などの要素をもとに、運転曲線図が描かれます。そこから作成される列車ダイヤは、需要の増加や線路の配線変更などにより随時改正されます。

列車ダイヤの作成

列車ダイヤを作成するには、まず、輸送計画で示された列車の種別ごと、けん引定数ごとに、**基準運転時分**＊を算出します。これは、引張力・速度曲線を描く→加速力・速度曲線を描く→速度・距離曲線および時間・距離曲線を描く→勾配制限や曲線制限、信号機や駅の位置などをもとに**運転曲線図**を描く、という手順で求められます。

ここでの計算時分は1秒単位で算出されますが、それでは処理上不便なので、5～15秒単位に切り上げて、それに余裕時分を加えたものを基準運転時分とします。

また、先行列車と後続列車とが、どのぐらい離れていなければならないかについては、時間・距離曲線をもとにした時隔曲線から求めます。

こうして求められた基準運転時分や時隔曲線をもとに、縦軸に距離、横軸に時間をとって、列車ダイヤを作成します。

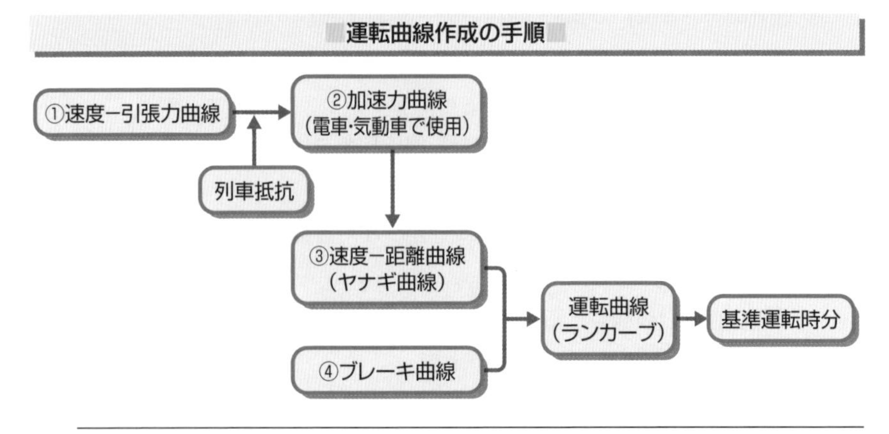

＊**基準運転時分**　牽引定数に応じた列車を運転する際の停車場間における計画上の最小所要時間。

運転曲線の例

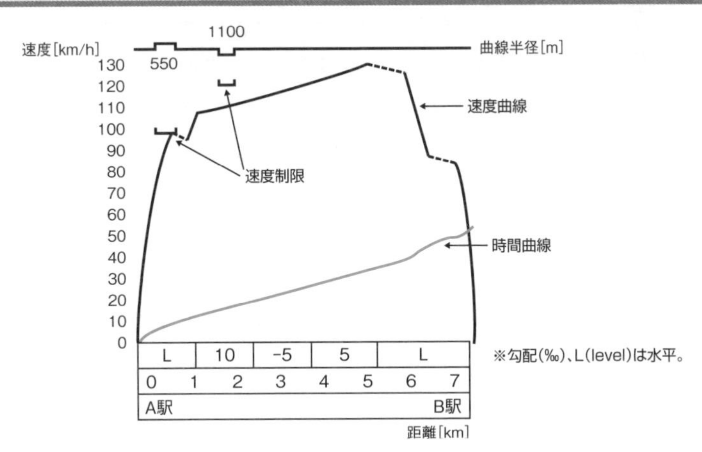

列車ダイヤの例

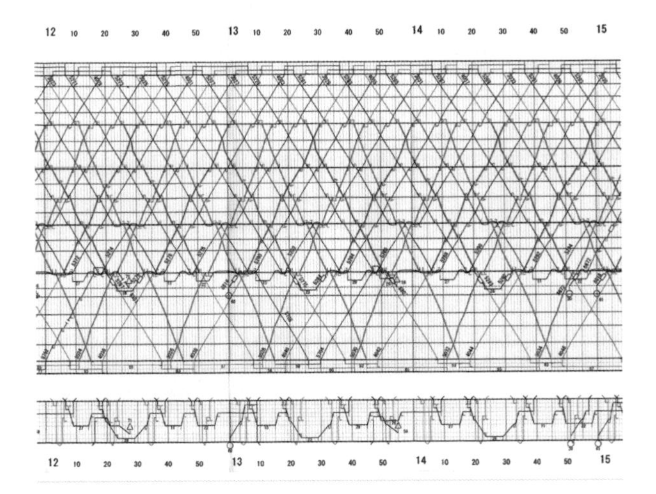

列車ダイヤの改正

たとえば、輸送力増強事業が終わって線路の配線が変更（複線化や複々線化）となった場合や新型車両が導入されて最高速度が向上した場合、あるいは沿線の開発が進んで混雑に拍車がかかり増発が求められる場合には、列車ダイヤを変更する必要があります。

3-3 列車の種別

特急列車は速くて快適ですが、通過駅の人は乗れません。普通列車はすべての駅の人を乗せられますが、所要時間は長くなります。いかに適切な列車種別を設定し、車両を運用するかが、列車ダイヤ作成時の大きなポイントになります。

列車と車両

鉄道の車両は、停車場外の線路を運転する目的で組成されて、初めて列車となります。そして車両は、列車としてでなければ、停車場外の線路を運転することはできません。車両が列車であるためには、次の条件を満たすことが必要です。

①連結する車両数が、定められたけん引定数*の範囲内であること。
②列車の全長が、運転計画上停止する停車場の有効長を超えないこと。
③組成したすべての車両に対して貫通ブレーキが使用できるようになっていること。
④列車として必要なブレーキ力を確保すること。
⑤最前部に運転台のある車両を連結すること。

なお、列車ダイヤに基づいて停車場外の線路を安全に運転できる列車の状態に車両を整えることを列車の組成といいます。

列車と車両の概念図

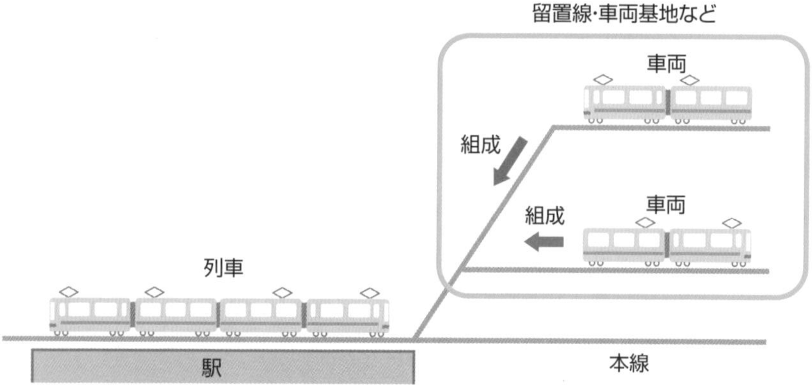

留置線・車両基地など
車両
組成
組成
車両
列車
駅
本線

列車の種別

列車は、停車駅や車内設備の違いによって、一般に普通・急行・特急(特別急行)に分けられますが、普通の上位、急行の下位に快速や準急を置く場合もあります。また、急行の中でも時間帯によって通勤急行が設定されることもあるなど、その扱いは鉄道会社によってさまざまです。

鉄道会社によっては、特急列車に乗ると運賃のほかに特急料金を徴収される場合がありますが、これは特急列車が提供する移動以外の設備や速度といった付加サービスへの対価です。寝台車やグリーン車を利用する際に徴収される寝台料金やグリーン料金も同じ意味合いです。

一方、快速列車は、普通列車の中でも速達性がある列車と考えられ、運賃だけで乗車できることが多いようです。

列車の種別

▼西武鉄道の急行

▼近畿日本鉄道の快速急行

▼西武鉄道の特急「ラビュー」

▼東武鉄道の特急「スペーシア」

＊**けん引定数**　動力車の速度種別に応じて牽引できる車両重量の限度を換算量数で表したもの。通常は車両重量10トンを1両に換算した換算量数で示される。

3-4 ATSとATC

運転保安装置とは、列車の安全運転を確保するための装置のことで、信号と連動しているもの(ATS・ATC)と、車両単独に設置されているもの(デッドマン装置・緊急停止装置・防護無線装置)とに大別されます。

ATS

ATS（自動列車停止装置:Automatic Train Stop）とは、停止を示す信号機の手前で列車を止めるため、自動的にブレーキがかかる装置のことです。1962年、赤信号でも停止することなく前の区間に列車が進入することによって発生した三河島（みかわしま）事故を契機として、1966年に国鉄の全路線で導入されました。

国鉄時代は、信号機から列車の停止に要する距離にあたる位置に地上子（ちじょうし）を置き、停止現示のときに列車がその上を通過すると警報が鳴り、運転士が確認扱いをしなければ停止するというATS-S型が主流でしたが、これには、警報を聞いた運転士が確認扱いを行なった後は防護機能がなくなり、列車の停止は運転士の注意力頼みになるという問題がありました。そこで停止現示の信号機直下の地上子を通過すると、即座に非常ブレーキが動作する即時停止機能を追加するなど、改良が重ねられてきました。また、列車の種別ごとに決められている速度照査パターンを超えると警報が鳴り、自動的にブレーキがかかるATS-P型も多くの路線で採用されています。この速度照査機能を利用して、停止信号のみならず、曲線や分岐器などでの通過速度をチェックし、速度超過の場合には自動的にブレーキをかける機能を持つものもあります。

ATC

高速運転を行なう新幹線や曲線・勾配区間が多く見通しがきかない地下鉄では、運転士が地上信号機の現示を確かめながら運転するのは困難です。そこで、ATSのような地上信号機に頼らず、代わりに、運転台にある車内信号機に許容速度を常に現示し、運転士はそれに従って運転する方法をとっています。**ATC**(自動列車制御装置: Automatic Train Control)とは、このような、軌道回路から伝送される許容速度と、速度発電機で計測される列車速度を比べながら、許容速度を超えた場合、自動的に制限速度へ減速する装置のことをいいます。

以前は、走行速度が許容速度を上回るたびにブレーキがかかり、許容速度以下になるとブレーキを緩める多段制御ATCが広く用いられてきましたが、これでは何度もブレーキがかかるため特にラッシュ時は乗り心地が悪く、また、手前から減速する必要があるので列車の間隔も開いてしまいます。このような問題を解消すべく、最近では、先行列車の位置情報に基づいて、列車が停止すべき位置までの停止パターンを描き、その停止パターンを超えた時点で連続してブレーキをかける一段ブレーキ制御ATCの導入が進んでいます。

ATSのしくみ

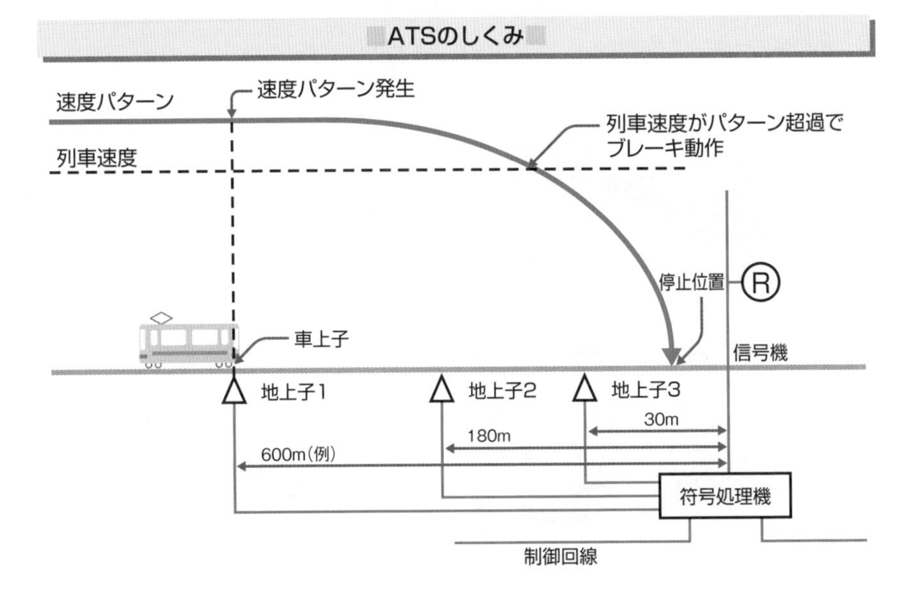

ATCのしくみ

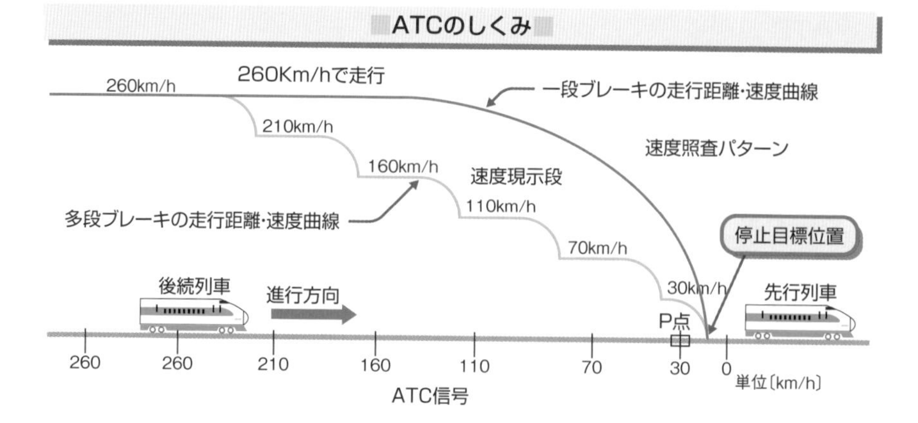

COLUMN 犬釘

犬釘とは、レールを枕木（防腐処理された松の木）に打ち付ける釘です。通常、釘の頭部は楕円状で、本来の犬釘の由来がよくわかります。

▼本来の犬釘

▼通常の木まくら木用の犬釘

3-5 列車運行管理システム

鉄道輸送で大切なことは、安全・正確・迅速に旅客を運び、貨物を移送することです。近年のコンピュータの発展に伴い、列車の運行に異常が生じた際にでも、その影響を最小限にとどめられるよう、きめ細かな対応ができるようになりました。

CTC

CTC(列車集中制御装置: Centralized Traffic Control)とは、指令室において、指令員が直接、信号機や分岐器を遠隔制御する装置のことをいいます。CTCのなかった頃は、駅ごとに職員を配置して、個々の信号制御盤で信号機や分岐器を操作していましたから、大変な省力化になりました。

また、列車が高密度・高速度で運用されるようになると、遅延などの理由によって列車ダイヤが乱れれば、たちまちその影響が広範囲・長時間に及んでしまいます。CTC化によって、指令員は、指令室の集中制御盤を通じて、常に最新の列車の運行状況を把握できるようになったため、ダイヤ通りの運行に戻す作業(運転整理)を行ないやすくなるという利点もあります。

PTC

PTC(プログラム式列車運行制御装置: Programmed Traffic Control)とは、CTCをベースに、コンピュータを用いて、運行に関わるさまざまな管理機能を付与したものといえます。

コンピュータ技術が未発達だった頃は、列車ダイヤ情報を入力し、進路の設定作業を自動化するPRC(自動進路制御装置: Programmed Route Control)といわれる水準がせいぜいでした。

最近では、たとえば列車の運行に遅延が生じた場合、CTCで得られる情報を乗客に電光掲示板や案内放送で早く正確に伝えたり、指令員に対して運転整理の優先順位を提示することにより運転整理の迅速化を図ったりする機能も備えるようになっています。

このPTCは、1972年の山陽新幹線岡山開業を控え、複雑化する新幹線の指令業務を効率的に実施するために、1970年に東海道・山陽新幹線に導入された**コムトラック**(COMTRAC：Computer Aided Traffic Control System)が最初です。コムトラックでは、列車ダイヤをコンピュータに入力することにより進路制御の自動化が図られ、また、データの集積を通じて合理的な車両運用や乗務員運用ができるようになりました。

総合指令所

▼列車運行管理：列車の在線位置を表示し、進路を設定する

▼電力管理：電車および駅設備などへの給電状況を管理する

▼車庫管理：車庫線の使用状況や入出庫を管理する

▼早期地震警報システムの端末

3-6 異常事態への対応

列車の運行中に異常事態が発生した場合、列車防護という処置がとられます。また、自然災害から列車の安全走行を守るために、さまざまな計器が沿線に設置されています。

列車防護

異常事態の発生に備えて、鉄道会社は、その状況に応じた取り扱い方法を定めています。とりわけ、列車が脱線して隣接する線路を支障したり、線路が破損したりして列車を正常に運行できない事態が生じたときは、さらなる脱線・衝突を回避するために付近の列車を停止させる必要があり、そのための手配を**列車防護**といいます。

列車防護の方法としては、**信号炎管***を用いて、その発煙によって危険を知らせるのが一般的です。加えて、線路上に**軌道短絡器***を設置し、付近の信号機に停止信号を現示することによって列車を止める処置がとられる場合もあります。さらに近年は列車速度の向上に伴い、こういった処置では十分でなく、併発事故を引き起こす恐れが高まったため、**列車防護無線***装置を設置し、その警戒音によって周辺の列車を止めることもできるようになりました。

乗務員はもちろん、運転に関わるすべての人々は、こうした緊急事態に速やかに対処できるよう定期的に訓練を行なって、技能の保持に努めています。

列車防護の方法

＊**信号炎管**　発炎信号に用いられる特殊信号のひとつ。
＊**軌道短絡器**　両側の線路を短絡することで、関係する信号機を停止現示にすることができる。

自然災害による事故の防止

自然災害による事故を防ぐには、時々刻々と変わる状況を的確に把握し、速度制限や運転中止といった規制をとらねばなりません。そのため、鉄道の線路付近にはいろいろな計器が設置されています。

● 雨量計

線路の路盤構造が自然の地盤の場合、土質などを考慮して、対象区間と雨量を定めて警備を行ない、降雨量が規制値に達したときには、速度制限や運転停止といった規制を行ないます。

● 風速計

列車の軽量化と高速化に伴い、強風への対策の重要性が高まっています。必要な場所では防風柵や防風林*を設置するとともに、地形などを考慮して運転規制を行なう風速値を決め、風速計の観測をもとに、減速などの定められた処置をとります。

● 地震への対応

日本は世界有数の地震国であり、鉄道の構造物には耐震設計が施されています。また、地震が発生したときには、震度に応じて定められた運転規制を行ないます。特に震度が大きかった区間では、点検を行なって、安全に支障がないことを確かめてから運転が再開されます。

雨量計と地震感震器

▼雨量計

▼地震感震器

* **列車防護無線**　列車防護のため緊急停止の手配に使用される無線。
* **防風柵・防風林**　吹雪や雪崩・強風などの自然災害から列車と地上施設を防護するための柵・植生。

3-7 乗務員の運用

子供たちの憧れの職業のひとつに挙げられることも多い「電車の運転士」。電車は車両基地を拠点に運用が組まれますが、運転士や車掌といった乗務員にとって、その基地にあたるのが乗務区です。

乗務区

列車を運転するには、教育訓練を経て、必要な免許(**動力車操縦者運転免許***)を受けねばなりません。運転士は、免許証を取得した後、乗務区へ配属されますが、ここで改めて単独で乗務する上で求められるさまざまな処置や取扱いについての教育が施されます。

乗務区に出勤した運転士は、業務につく前に点呼を受け、伝達・注意事項を乗務員手帳に記入するとともに、運転に際し、心身に問題がないかを申告します。また、乗務区では、運転士の技能や健康の状態を定期的に把握したり、事故を未然に防ぐための知識・情報の共有を図ったりすることで、日々の安全で快適な運行を維持できるよう、努力しています。

点呼

＊**動力車操縦者運転免許**　鉄道および軌道・無軌条電車において動力車を操縦するのに必要な免許。
＊**乗車員運用**　輸送計画を実施するために計画された個々の列車に対して乗務員を充当すること。

乗務員の運用

車両に車両運用計画があるように、乗務員にも乗務員運用*計画があります。運転士や車掌は、担当する列車によって組まれた仕業または行路*と呼ばれる**交番***の順序に沿って乗務しています。乗務員は、安全を預かる仕事を行なうだけに、この運用計画を作成する時、守るべき勤務時間や運転時間、休憩のとり方などが細かく決められています。

列車ダイヤどおりの運行に必要な実際の仕業の数に加えて、予備の仕業数や休暇の数を勘案して、その線区に必要な乗務員の数(乗務員定数)が定められます。

なお、列車と乗務員は、常に同じ行路をとるわけではありません。たとえば、ラッシュ時の折り返しの際、長い編成の列車ですと、運転士と車掌が位置を交替するだけで何分もかかってしまいます。そこで、その列車は、1本前の列車の乗務員が引き継ぎ、当該列車の乗務員は次の列車に乗務する「段落ち」「段落とし」といった手法がよくとられます。

敬礼

---

*仕業・行路　乗務員運用における出勤から退勤までに乗務する列車、乗務開始前や終了後の乗り継ぎ、車両入換えなどの作業内容を時刻順に並べた勤務行程のこと。
*(乗務割)交番　乗務員の勤務順序を示したもので、勤務する日の行路番号と休養日の並びを定める。

3-8 相互直通運転

異なる鉄道会社間の乗り換えの不便を解消したり、ターミナルの混雑緩和を図るために、大都市の鉄道では相互乗り入れ直通運転を行なっています。

相互直通運転

日本の都市圏鉄道は、都心にある自社のターミナルから郊外に向かって放射状に路線を整備してきました。一方、第2次世界大戦後、都市内公共交通機関として地下鉄が建設され、営業を開始しました。この両者をうまく連携させるための方策として考え出されたのが、**相互直通運転**です。その呼称が示す通り、相互の路線において相互の車両を直通運転する形で、鉄道会社の境界を越えて列車を運行するものです。これによって利用者は、異なる鉄道会社の路線を乗り換えなしに行き来することができるようになりました。

1960年、日本で初めて相互直通運転が行なわれた都営浅草線では、現在、京浜急行・京成電鉄・北総(ほくそう)鉄道・芝山鉄道と東京都交通局を合わせた、5社の車両を見ることができます。

なお、会社の境界を越えて、相互にではなく、一方からのみ列車が乗り入れる場合は、片方向直通運転といいます。

相互直通運転を行なう電車

▼日比谷線内の東武鉄道の車両

▼京急電鉄線内の北総鉄道の車両

さまざまな決まりごと

異なる鉄道会社の間で列車を直通運転させるには、あらかじめ次の項目について、取り決めを結んでおかなければなりません。

- 軌間、建築限界、車両限界、集電方式
- 直通車両規格
- 列車編成、分担車両数、乗入本数、時隔、時間帯
- 運転保安設備
- 境界駅の設備と配線
- 直通運転区間と列車種別
- 乗務員担当区間と引継方法、運転取り扱い
- 運転指令と連絡方法
- 運賃精算方法

また、列車ダイヤを作成する際、両方の鉄道会社で、お互いが貸し出す列車の合計走行距離（車(しゃ)キロ）をほぼ同一にする作業(車両の走行距離精算)が重要になってきます。

相互直通運転の例

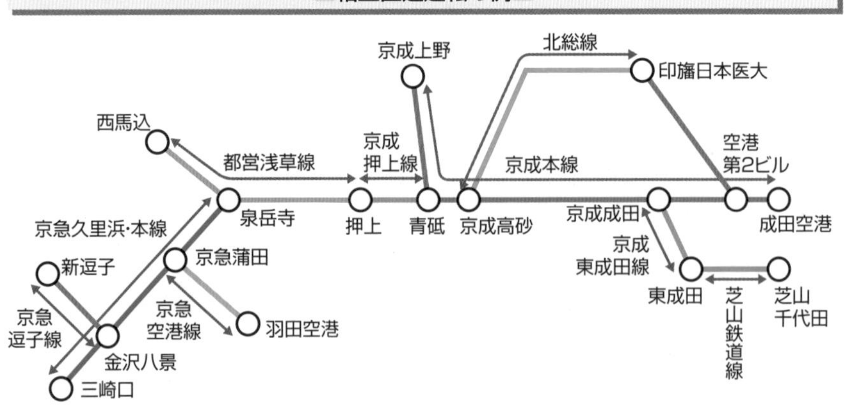

出典：国土交通省鉄道局『数字で見る鉄道 2019』

第4章

駅

駅は停車場のひとつです。その役割や路線上の位置づけにより、駅の構造にはさまざまな種類があります。安全で便利な駅であるための多様な機能を、その施設や設備などを通して説明していきます。

4-1 停車場と駅の定義

鉄道は、固定した線路の上に列車を走らせて、人や貨物を輸送する交通機関です。人が乗り降りしたり、貨物を積みおろしたりするには列車を止める場所が必要であり、そのための関連施設を備えているものを、停車場（駅）といいます。

停車場の定義

列車は、線路の上を決められたダイヤに従って運行しており、好き勝手な場所に停車することはできません。列車を止め、旅客や貨物の取扱いをするための設備が必要です。そのような場所を**駅**（station）といいます。

鉄道が日本に導入された明治時代には、列車を止める場所はすべて**停車場**と称していました。現在ではその用途により、停車場は駅と**操車場**、**信号場**に分類されています。また、一部の地下鉄や民鉄では、かつての地方鉄道建設規程から、分岐器のある駅を停車場、ない駅を**停留場**と呼んでいます。

駅には、旅客を乗降させる**旅客駅**と、貨物の積みおろしを行なう**貨物駅**の2種類があり、かつては両方の役割を兼ね備えた駅も多くありましたが、その後にほとんどが客貨の分離をしています。

操車場は、**ヤード**（yard）と呼ばれる広大な敷地を有し、車両の入れ替えや列車の組成をする場所です。かつては各地に存在していましたが、貨物需要の衰退とともに減少し、大規模な再開発用地に転用されていきました。

信号場は、列車の行き違いや追い越し、路線の分岐、単線と複線の切り替えなどを目的として分岐器を有する施設で、列車は停車しても原則として旅客取扱いはしません。

駅本屋の位置による旅客駅の分類

旅客駅には、改札口や乗車券売り場、駅係員事務室などの施設が入った**駅本屋**（えきほんや）があります。その配置場所によって、駅本屋が地平にある「地上駅」、線路上空に跨線橋を設け、そこに駅本屋がある「**橋上駅**」、高架橋の下に駅本屋がある「**高架駅**」、ホームが半地下となっている「**掘割**(ほりわり)**駅**」、駅本屋が地下にある「**地下駅**」の5種類に分類されます。

終端駅（頭端式と貫通式）

駅は、路線網上の位置から、「終端駅」、「中間駅」、「分岐駅」、「接続駅（交差駅）」などと分類することがあります。

路線の終端にある駅は、線路とホームの位置関係から、列車が行き止まりになる「**頭端**(とうたん)**式**」と、列車が通り抜けられる「**貫通式**」に分類されます。頭端式のホームは櫛(くし)形になり、貫通式では細長い長方形のホームになります。

路線の途中にもある終端駅

終端駅は青森駅や高松駅、門司港駅といった一般に路線の終端にある駅を指しますが、東京駅や上野駅、大阪駅などのように、路線網の途中にあっても、大部分の列車が始終着となる駅についても終端駅と呼ぶことがあります。

頭端式終端駅の特徴

ヨーロッパやアメリカの大都市には、大規模な頭端式終端駅があります。たとえば、パリ北駅、ローマのテルミニ駅、ワシントンD.C.のユニオン駅がその代表です。鉄道建設の歴史から方面別路線の始発・終着駅になっていて、立派な駅舎があることから、都市の玄関口にもなっています。この形態の駅では、列車の折り返しには、機関車を付け替えたり、両方向に推進が可能な**プッシュプル**（push-pull）方式の列車が使用されます。また、車両基地か留置線群が併設になるのが普通です。

日本の頭端式終端駅は、電車専用区間のターミナルや水陸連絡駅に多く用いられています。たとえば、JRの上野駅（地平ホーム）や小田急・京王線の新宿駅、西武・東武線の池袋駅、阪急線の大阪梅田駅などがあります。電車の場合は車両基地を併設しなくてもよい比較的単純な設備ですむため、都心までの乗り入れが可能で、旅客誘導の面でも有利です。

しかし、この形式の終端駅では、旅客の歩行距離が長くなる傾向があり、また、駅の出入口で出発・到着列車が競合するため、列車本数が制限されることがあります。

頭端式終端駅

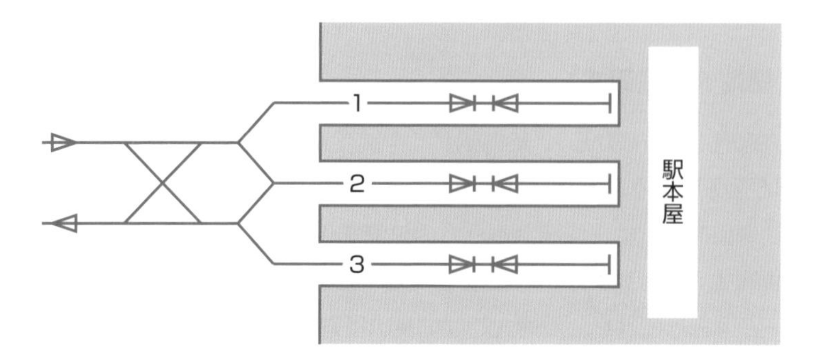

貫通式終端駅の特徴

本線が駅を貫通している終端駅です。この形態の終端駅では、途中折り返しをする列車を一時的に留置して整備するための線群を直列配置にしたり、列車折り返し用に引上線が併設される例が多く見られます。大規模な貫通式終端駅になると、近くに車両基地を併設していることもあり、その場合は入出区線を本線と立体交差する形になります。

貫通式終端駅

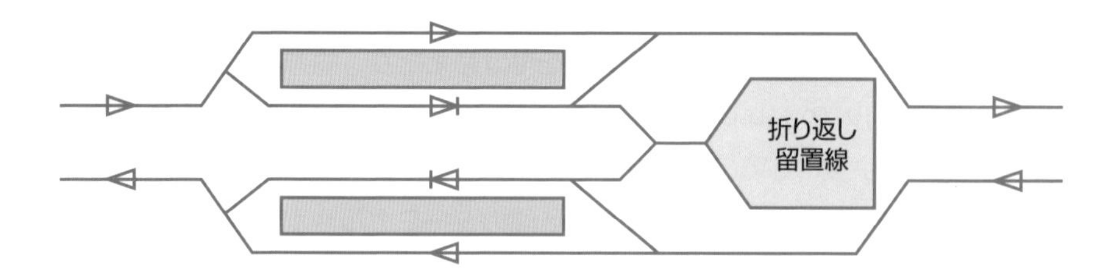

配線略図に用いる記号・略号の例

種　別	記号・略号	種　別	記号・略号
本　線	太線	駅（一般）	本屋方を着色　St 高架下→ 本屋
側　線	細線		
運転方向	旅客	橋上駅 地下鉄も同じ	St
運転方向	電車・気動車		
運転方向（待避扱いの場合）	電車・気動車	駅本屋	A
運転方向	貨物	旅客ホーム	A×B
引上線	Z	貨物ホーム	低床A×B
機回り線		出発信号機	
機待線		場内信号機	右分岐
車止め・第1種	L	跨線道路橋	Bo
車止め・第2種		跨線人道橋	Bo
車止め・第3種		架道橋	Bv
安全側線		橋りょう	B
車両接触限界標識	×	トンネル	T
分岐器	T		
分岐器	DC		
分岐器	SC		
線路中心線とキロ程	9　1km		
用地線			
勾配	L　N		

4-2 駅の形態

駅の形態を計画する際は、列車を安全に止め、旅客を円滑に乗り降りさせるとともに、利用客が便利に使用できることを第一に考えます。列車の本数や通過速度、列車長などによるさまざまな制約を考慮した計画が必要です。

駅構内の線路の名称

列車の着発または通過に常用される線路を**本線**といい、上り本線、下り本線、列車が到着・出発する着発線、到着線、出発線、通過線、待避線などがあります。このうち、主要な上り・下り本線を主本線、その他のものを副本線と呼びます。

これら本線以外の線路は**側線**といいます。折り返しのために使われる引上線、機関車を付け替えるための機回し*線、貨物を積みおろしするための積みおろし線、列車が分岐器を過走した場合に他の列車と衝突することを防ぐための安全側線などがあります。

駅の配線

通過する列車の速度や本数、列車長などによって、より経済的に駅構内の配線を決定することが重要です。また、駅には列車を停車させるために必要十分な線路の長さが必要です。これを**線路有効長***といいます。線路有効長は、その駅に停車する最長列車長に余裕を持たせた長さです。

駅の勾配

停止した車両の転動を防ぐため、駅の線路は水平である（勾配がない）ことが望ましいとされています。ただし、地形などの事情により困難な場合は、5‰（パーミル）*以下の勾配が許容されています。なお、地下駅の場合には、排水のために最小限の勾配をつけています。

＊**機回し**　列車の先頭に連結されていた機関車を、折り返しのためその編成の逆側に移動させること。
＊**線路有効長**　停車場内の列車が発着する線路で、両端の分岐器の手前にある車両接触限界間の距離。
＊**‰**　勾配を表す単位で「パーミル」という。たとえば5‰とは、1000m行くと5m上下する勾配を指す。

駅構内の曲線

列車からの見通しや本線の列車通過速度などを考えると、駅の線路はなるべく直線であることが理想です。しかし、地形や線路数、ホームの形態などとの関係で曲線を設けなければならない場合も多くあります。曲線を設定する場合は、十分な安全を確保し、その駅の役割に応じた形態を考えます。

中規模駅の配線

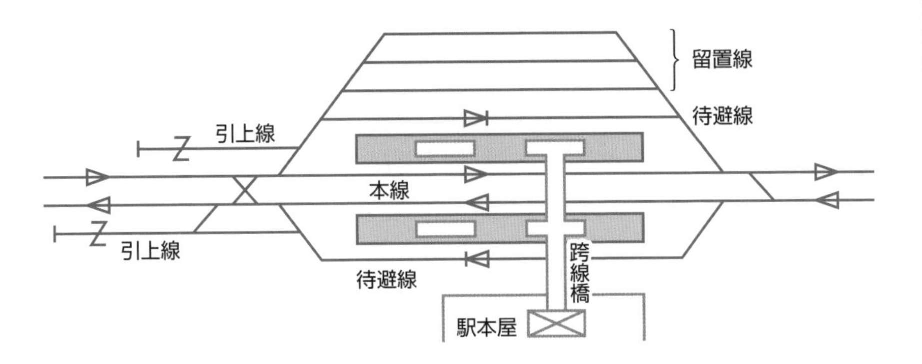

線路有効長(ATS区間、出発信号機あり)

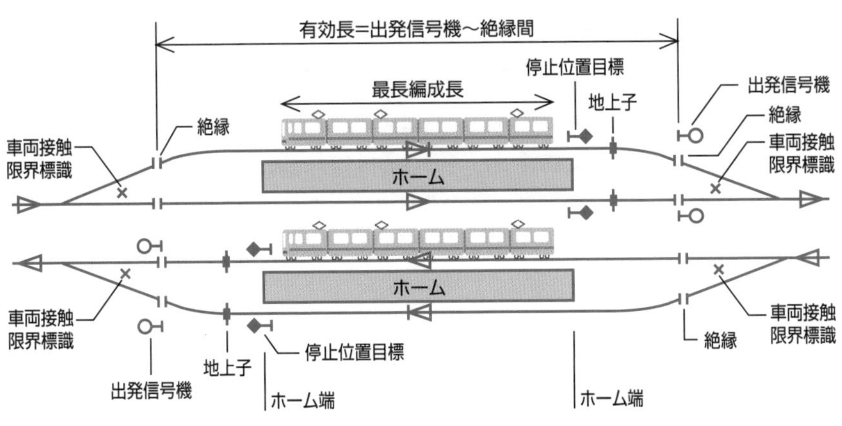

(注)電車の場合のホーム長=最長編成長+5m(前後に2.5mずつとる)

4-3 ホームの形式

旅客が列車に乗り降りするための設備がホーム（Platform）です。ホームの形式は、地形や周辺状況からの制約と輸送設備計画、将来計画などを総合的に考慮して決められます。

島式ホーム

島式ホームは、ホームが上下線の間にあり、島のように見えることから付いた呼び方です。上下両方向の旅客が同一のホームを使うのが特徴で、エスカレーターやエレベーターなどの設備が共用でき、ホーム上に配置する駅の要員も少なくてすみます。用地費や建設費が比較的安くなるなどの利点もあります。一方、駅両端の線路に曲線が入る、列車が同時に発着するときにホーム上が混雑する、逆方向への誤乗が発生しやすい、将来の拡張が困難などの欠点があります。

相対式(そうたい)ホーム

相対式ホームは、上り線と下り線それぞれにホームがあり、ホームが並行に向かい合って配置されています。相対式ホームは、島式ホームと利害得失が相反しており、上下両方向の旅客が別のホームを使うため、エスカレーターやエレベーターなどの設備やホーム上に配置する駅の要員がそれぞれに必要です。用地費や建設費も島式ホームと比べて高くなります。逆に、上下線の旅客を分離できるので誘導が容易になるほか、線路を直線にできるのでホームの見通しがよく、列車を高速で通過させることができます。ホームの延伸や待避線の新設がしやすい利点もあります。

ホームと線路の数え方

駅構内の配線を表わすときは、ホームを「**面**(めん)」、線路を「**線**(せん)」と数えます。たとえば、島式ホーム1つを両側の線路ではさんでいる駅は1面2線、複線の線路の両側にそれぞれホームがある相対式の駅は2面2線と呼んでいます。

ホームの長さ

　ホームの長さは、原則として停車する列車の最長編成より長くなければなりません。これを**ホーム有効長**といいます。やむを得ず列車長よりホームの長さが短い場合には、一部車両の扉を締切扱いにする必要があります。

ホームの形式

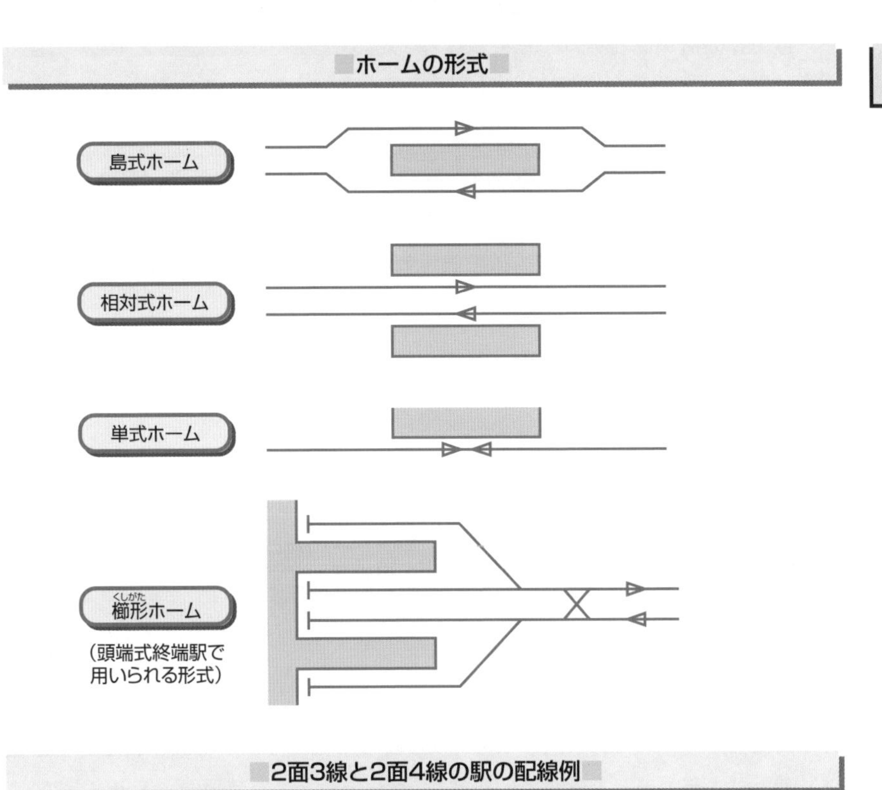

2面3線と2面4線の駅の配線例

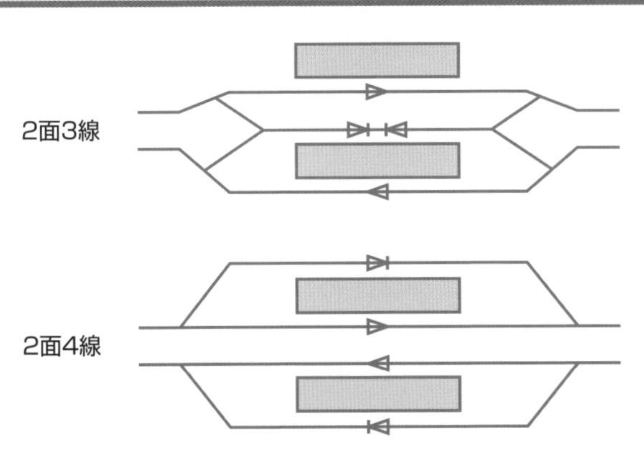

4-4 駅構内の諸設備

駅は、鉄道を利用する人々にとって最も身近な施設です。駅には、旅客が快適で安全に利用するために必要な、また鉄道会社が業務を効率的に遂行するためのさまざまな施設・設備があります。

駅の設備

　鉄道と旅客の接点である駅は、同時に他の鉄道路線やバス、タクシーなど他の交通機関との結節点でもあります。駅には、駅前広場と降車場（ホーム）を結ぶ「**流動機能**」と、旅行準備・列車待ちに必要な「**滞留機能**」があり、これらの機能を果たすために、以下の設備があります。

- **流動設備**：コンコース、通路、階段、エスカレーター、エレベーター
- **販売設備**：出改札・精算所
- **サービス設備**：トイレ、待合所、旅行センター、案内所
- **乗降場設備**：ホーム、ホーム上の案内・安全設備
- **業務設備**：駅長室、事務室、倉庫、機器室、防災設備

改札口

　旅客がホームに行くためには、まず改札口を通ります。改札口のことを鉄道では「**ラッチ**」と呼んでいます。「ラッチ」とは、英語のLatch（掛け金）から来ているという説のほか、不法者を指す「不埒者（ふらちもの）」の「埒」という字が、本来は物事のきまりや区切り、けじめ、柵の意味があることから、改札の内・外を区切る「柵」を表わしているという説の2説があるようです。

　改札口の周辺には、自動改札機、自動券売機、自動精算機などの利用者に直接関わる駅務機器が集約され、駅係員事務室や案内窓口が併設されているのが一般的です。

ホーム上の設備

ホームには、発着列車を案内する表示器や放送関連設備、旅客の安全を確保するための**監視装置**や非常時の**列車停止装置**などがあります。最近ではホーム監視員の省略やワンマン運転の拡大で人の目に頼らない危険防止対策が進み、**ホームドア**の設置も多くなっています。

地下駅の設備

地下駅は地中に設けられた人工的な空間であるため、冷暖房をする空調設備や十分な照明設備が必要です。さらに、各種防災設備も不可欠であり、電気系統の多重化、排煙設備や連結送水管*などが備えられています。

駅構内にある設備の例

▼改札口

▼券売機

▼ホーム監視モニター

▼列車非常停止ボタン

＊**連結送水管**　建物内部における消火活動を行なうため、建物内部に送水管を設置する消防隊の消火活動上の施設。

4-5 ホームドア

ホームからの旅客の転落や車両と旅客との接触といった人身事故を防止する目的で、ホーム上に旅客の安全を図るためのドア（柵）の設置が急速に進んでいます。

ホームドアの目的

ホームドアには、旅客のホームからの転落防止や進入列車との触車（しょくしゃ）防止、ワンマン運転時の乗務員のホーム監視負担の軽減などのメリットがあります。また、転落や触車の危険がなくなることから、副次的にホーム幅の有効活用にも寄与しています。

ホームと軌道（線路）の間に設けられたドア付きの柵は、車両のドアが開いたときのみ、旅客の乗降するドア部分が連動して開きます。閉まるときも同様で、人や物がはさまるとセンサーが感知して再開閉するようになっています。

停車位置のズレを回避

停車時に車両のドアとホームのドアの位置がずれていると乗降に支障が出るため、運転士の操作による停車ではなく、**ATO**（Automatic Train Operation system＝自動列車運転装置）や**TASC**（Train Automatic Stop-position Controller＝定位置停止装置）といった運転支援システムを導入し、停止位置のズレを防いでいます。

多様な車両ドアへの対応

初期のホームドア導入事例では、当該路線を走行する列車のドア位置をホームドアに合わせて統一するため、規格の揃わない車種を転属させるなどの対処をしていました。

その後、導入路線が増えるに従い、ホームドア側の技術改良が進み、異なる扉の位置や幅を持つ車両にも対応できるホームドアが登場しています。

ホームドアの種類

普及が進み、珍しいものではなくなった感のあるホームドアですが、広い意味でのホームに設置される旅客防護用の柵について、厳密な定義はありません。大きく分けると3つのタイプに分類できます。下記のホームドアと可動式ホーム柵を総称してホームドアと呼ぶこともあります。

①ホームドア

狭義のホームドアは、可動式の大型ドアと鉄骨製スクリーンを組み合わせて、ホーム部分を天井までほぼ完全に囲うタイプを指す言葉でした。**フルスクリーンドア**とも呼ばれ、旅客は完全に軌道部から隔離されるため、転落や触車による事故はほぼ完全に防ぐことが可能です。このタイプは、特に地下駅において、列車風からの防護や空調負荷が低減でき、空調設備費や運転費の縮減効果も期待できます。

ただし、構造面ではホーム端の荷重が増加することや、開業後の増設・改造が困難であるなどの課題がありました。そのため、自動運転を行なうAGTなどの中量輸送システムでは標準的な設備となったものの、普通鉄道では東京メトロ南北線や京都市交通局地下鉄東西線など一部の路線での導入にとどまりました。

②可動式ホーム柵

腰高の固定柵と可動扉を組み合わせてホームを囲い、列車到着時に列車ドアと連動、または係員の操作によりドアが開閉できるタイプです。駆動方式には、空気圧式、電動ボールねじ式、電動ベルト式などがあります。

従来のホームを改造して新たに設置する場合はホーム端の強度が不足するため、このタイプが導入されましたが、実際の導入後の運用でフルスクリーンタイプと遜色ない効果が得られたことや、コスト面のメリットが大きいことから、新設路線でも採用されるようになりました。

現在では一般的なホームドアといえば、このタイプを指すようになったともいえます。

③固定式ホーム柵

可動するドア部分がなく、ホーム端に柵のみ設置したタイプです。ホーム柵、ホーム安全柵、転落防止柵とも呼ばれます。列車の乗り込み口には柵がないため、完全な転落防止にはなりませんが、旅客への注意喚起、ある程度の安全確保ができます。設置コストが安価という利点があり、利用者数や運行本数が少ない路線に導入事例があります（東急多摩川線や池上線など）。

いろいろなホームドア

▼フルスクリーン型
（東京メトロ　白金台駅）

▼窓がない腰高式ホーム柵
（つくばエクスプレス　守谷駅）

▼窓がある腰高式ホーム柵
（西武鉄道　練馬駅）

▼扉幅の違いに対応できるワイド型
（東京メトロ　九段下駅）

▼安全柵のみ（東急電鉄　多摩川駅）

▼ドア部分がフレーム構造（JR東日本 蕨駅）

4-6 交通結節点としての駅

鉄道において、利用者が直接その便利さ、快適さを実感するところが「駅」です。都市鉄道は、都市の装置としてさまざまな機能を持っていますが、中でも「交通結節点としての駅」の役割はますます重要になっています。

交通結節点と街づくり

さまざまな交通機関が交わる交通の要衝のことを**交通結節点**といいます。交通結節点の機能には、最も基本的な「乗換え機能」のほか、都市として備えるべき「拠点形成機能」、「都市の玄関（顔）としての機能」などがあります。

国や自治体では、都市生活の改善や街づくりの推進につながる交通結節点の整備を総合的に進めていますが、この中核となる施設が**鉄道駅**（ターミナル）です。

使いやすい駅

交通結節点としての駅は、他の鉄道や交通機関への乗り継ぎの円滑化、駅そのものの利用のしやすさ、街における駅の役割などを考慮したうえ、さまざまな利用者の多様なニーズに応えたものにする必要があります。

駅の使いやすさを検討・評価する場合、①移動のしやすさ、②案内のわかりやすさ、③施設の使いやすさ、という3つの視点があります。これらは部分的に重複し、相互に関連しますが、その範囲は、「幹線交通・端末交通・街へのアクセス」という観点から、駅前広場や駅周辺も含めたものになります。

また、それらは個々に配慮されたものを導入しても、全体として上手く連携し、機能しなければ意味がなくなってしまいます。駅という大きな視点から、利用者の立場で考えることが必要です。

バリアフリーとシームレス、ユニバーサルデザイン

高齢者や障害のある人が社会との係わりを持とうとするときに、社会側で

それを妨げることをバリア（障壁）と呼び、これをなくす対策が「**バリアフリー**」です。また、交通機関の乗り継ぎ利便性を向上して、継目のない（シームレス）円滑な移動を図る「**シームレス化**」も重要です。さらに、すべての年齢や能力の人々に対して可能な限り最大限に使いやすい製品や環境をデザインする「**ユニバーサルデザイン**」も注目されています。これらは、今後の街づくり・交通結節点整備にあたって、ますます配慮されていく大切な要素です。

バリアフリー対策

2006年に「高齢者、障害者等の移動等の円滑化の促進に関する法律（バリアフリー法）」と、それに基づく「移動等円滑化のために必要な旅客施設又は車両等の構造及び設備に関する基準を定める省令」が制定され、エレベーター、エスカレーターなどの整備、高齢者や障害者が円滑に移動できる動線の確保、車椅子対応設備の拡充などが事業者に義務づけられました。これにより、各種のバリアフリー施設の設置が急速に進んでいます。

鉄道のシームレス化

シームレス化には、ソフトとハードの両面があります。

ハード面のシームレス化とは、空間的な接続、ダイヤ設定などの時間的な接続です。旅客流動を考慮したインフラの構築もそのひとつです。**相互直通運転**はシームレスの顕著な例ですが、**方向別ホーム**、パーク＆ライド、バス＆ライドなどもシームレス化として有効な施策といえます。

ソフト面のシームレス化では、手続きや制度、運賃の接続（割引など）などが考えられます。普及の進む交通系共通ICカードやチケットレスサービスもシームレス化の一種です。

駅ナンバリング

インバウンド（訪日外国人）需要の拡大に伴い、複雑な日本の鉄道を少しでも利用しやすくする工夫のひとつとして導入されたのが「**駅ナンバリング**」です。これは、日本語や英語表記の駅名だけでは訪日外国人にとって不便との声から、路線別に駅順に番号を付し、乗車駅や乗換駅、下車駅をわかりやすく伝えられるように表記したものです。駅名表示や路線図に用いられています。

事業者ごとにルールは異なりますが、基本的には路線記号をアルファベット1文字から2文字で表わし、駅番号を2桁の数字で順番に表記する方法が一般的です。

また、駅構内の案内図などにピクトグラムやルールに基づく色使いを用いたりする工夫も使いやすい駅づくりの一環です。

駅へのアクセス

都心部では、多種多様な交通機関が錯綜し、多彩な組み合わせを構成して交通サービスが提供されています。このため、交通結節点におけるサービスレベルは、関係する交通機関すべての使いやすさに直結します。従って、駅構内の使いやすさだけではなく、駅と街との円滑なアプローチとして、**端末交通**（フィーダー）のアクセス利便性を高めることも重要です。

エキナカの活用

駅の利用者は、毎日多くの集客が期待できる巨大なマーケットでもあります。かつて、交通事業者は輸送力の拡充と安全の確保に注力し、駅を自らが展開する商業施設としては考えてきませんでしたが、近年では遊休スペースの有効活用にとどまらず、**エキナカ**を新たな収入の柱として活用する事例が増えています。

利用者にやさしく便利な駅を目指して

▼エスカレーター

▼エレベーター

▼点字ブロック

▼視覚的にわかりやすいトイレ入口

▼見やすい構内案内図

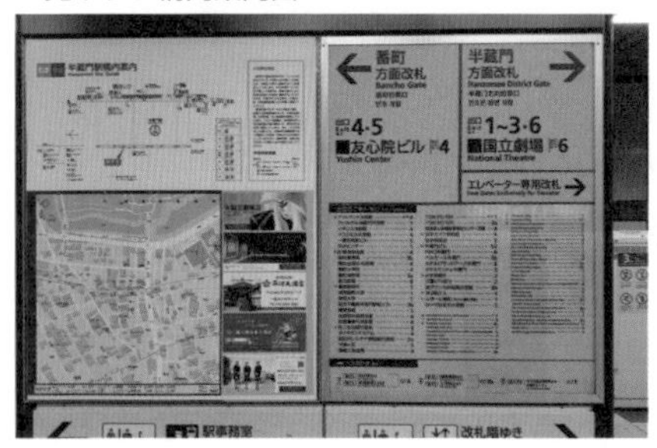

▼デジタルサイネージボード

▼駅ナンバリングの例

▼駅ナンバリングの例

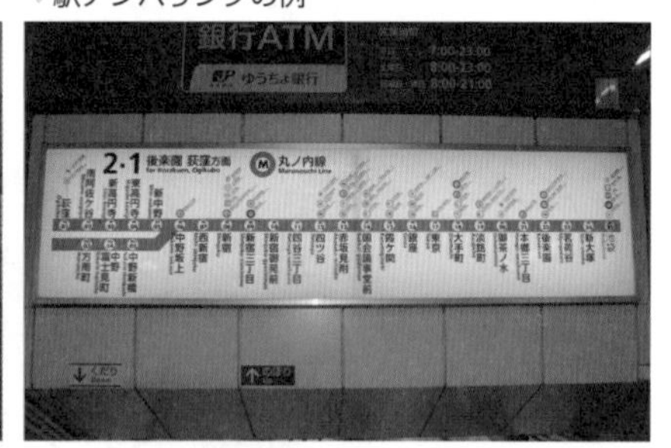

▼KIOSK(駅構内売店)

▼エキナカ商業施設

第5章

きっぷ

　きっぷは鉄道の輸送契約の基本となる証票です。運賃や料金の考え方から、発券・改札のシステム、普及の進むICカードまで、きっぷの持つ意味と役割について調べていきましょう。

5-1 きっぷの種類

鉄道に乗るには、きっぷ（乗車券類）が必要になります。きっぷには、乗車券や特急券・寝台券などいろいろな種類があり、またきっぷの券面に記載する事項は規則で定められています。

きっぷの始まり

初めてのきっぷは、イギリスのニューカッスル・カーライル鉄道の技師だったトーマス・エドモンソンが1840年に発明したものであるといわれています。これは、厚紙・小片式のきっぷです。それまで手書きで行き先などを書いていたものを、印刷して端部に通し番号を付けました。これにより、きっぷの残り番号を見れば発売枚数を把握できるようになりました。

きっぷの種類

きっぷには、輸送距離に応じた対価を示す「**乗車券**」と、グリーン料金のような特別な料金を徴収した証明として発行する「**特別券**」の2種類があります。乗車券は運賃を収受した証拠であり、特別券は運賃以外の特別なサービスを利用する対価としての料金の支払いを意味します。

ちなみにJRにおける料金の種類には、特急料金と特別車両・船室料金、寝台料金、座席指定料金、入場料金、払戻手数料などがあります。

かつては記念行事があるたびに各種の記念乗車券が発行されていました。しかし、これらはさまざまな形や材質で作られたりしたため自動改札機では使用できないものが多く、現在ではあまり発行されていません。

券面の記載事項

乗車券は、旅客運送契約に基づいて運送を請求することができる証券であると考えられます。このため、乗車券には、各社の紋章などの地紋を印刷した券紙の上に通用区間と通用期間、運賃、発行駅、発行日などの情報が書かれています。これは、旅客と鉄道係員の双方から見て乗車券の効力を理解するためです。これらの記載事項がないと、乗車券で乗れる範囲や乗れる日などがわかりません。ただし、ICカードの場合は自動改札機などの駅務システム機器で支払運賃や残額といった情報がやり取りできるようになっているため、このような記載事項を省略することができます。

きっぷの大きさ

標準的な乗車券類の規格としてよく知られているのは、A型～D型という国鉄時代からの呼称です。

A型は自動券売機でも発券される最もポピュラーな形で、**エドモンソンサイズ**ともいいます。券片に行先・運賃などを表示した片道券として多く使用されています。大きさは57.5㎜×30㎜と定められています。

B型は硬券の普通入場券や短距離の片道券でよく使われていたサイズで、57.5㎜×25㎜とA型より天地がやや小さいきっぷです。**D型**はA型を横に伸ばしたような形で券面が広く、指定券や観光記念入場券などの用途に適していました。**C型**はA型を上下に2枚重ねたサイズ（57.5mm × 60mm）でしたが、あまり使用例はありませんでした。

このほか、磁気定期券やみどりの窓口・指定券販売機などで販売される乗車券や特急券などに用いられるのは**定期券サイズ**と呼ばれる大きさで、多くの情報を券面に印字するため85mm×57.5mmと少し大きめになっています。

エドモンソンサイズと定期券サイズは幅が同じなので、事業者ごとの地紋が印刷された幅57.5mmのロール紙を使い、これを発券機に取り付け、エドモンソン券では30mm、定期券サイズでは85mmに切って発行しています。

きっぷのサイズ

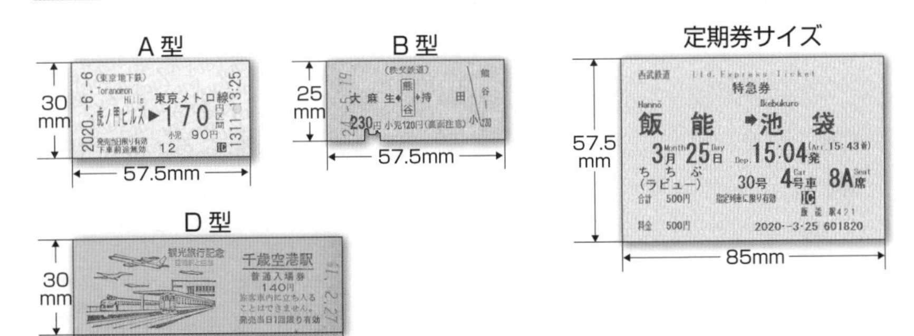

5
きっぷ

5-2 運賃の設定

運賃は、輸送原価に適正な利益を含めて決定されます。この運賃の決め方には、均一制とゾーン制、対キロ制、対キロ区間制があり、鉄道事業者によって異なっています。

運賃の決め方

鉄道の運賃は、原価をまかない、適正な利潤を含むものとして鉄道会社が設定・申請し、国土交通省が認可しますが、これは運賃の上限です。実際に設定する運賃は、鉄道会社が競争交通手段との関係を考慮して決定しています。鉄道会社としては、他の鉄道との競合関係、バスや自動車など他の交通機関との競争により、あまり高い運賃を設定できないからです。

鉄道事業者が運賃を定めたり変更したりするときの国土交通大臣の**認可基準**には、以下のような事項があります。

①能率的な経営のもとにおける適正な原価をまかない、かつ適正な利潤を含むこと。

②特定の旅客に対して、不当で差別的な取扱いをしないこと。

③旅客の運賃負担能力を考慮し、旅客が当該事業を利用することを困難にする恐れがないこと。

④他の鉄道事業者との間に不当な競争を引き起こす恐れがないこと。

各種の運賃制度

運賃の決め方は、路面電車のように全線を均一運賃とする**均一制**、ヨーロッパの都市鉄道に見られる中心部からの大きなゾーンを決め、その利用するゾーンの数で運賃を定める**ゾーン制**、距離に賃率をかけて運賃を決める**対キロ制**、乗車地点からの輸送キロに応じた区間を決めて運賃を定める**対キロ区間制**などがあります。

JRの幹線では、多くが対キロ制を採用しています。発着区間の営業キロに対し、距離により区分したキロあたりの賃率をかけ、合計した金額に消費税を加え、10円未満の端数を処理して10円単位にしています。ただし、消費税率引き上げに伴う価格転嫁の際、ＩＣカードでの利用に限り１円単位での運賃を適用しているところもあります。

一方、JRを除くほとんどの鉄道では、対キロ区間制を採用しています。この対キロ区間制では、1km～4km程度までを初乗り区間とし、その先は数kmごとに区間を定めて20円～50円ほどの運賃間差額を設け、全体の運賃を定めています。

その他の運賃の設定

このほか、路線建設時の減価償却費が多額の場合や大規模改良工事の完成時に便益を受ける利用者から運賃を前取りする場合などに用いられる**加算運賃**があります。さらに、東京の新宿～八王子間のように他社の並行路線がある場合、これとの競争のために乗車キロで算出される運賃より安く設定する**特定運賃区間**もあります。

さまざまな運賃制度

均一制　乗車キロにかかわらず全線同一運賃

ゾーン制　乗車したゾーンの数により運賃を決定

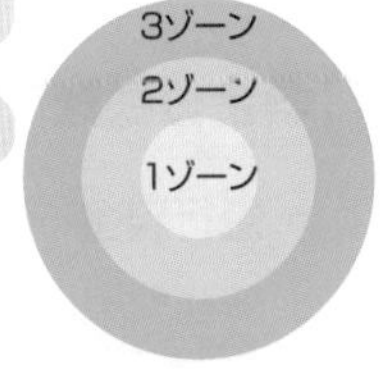

対キロ制　JR(幹線)の例

キロ区分	1～3	51～60	61～70	71～80	81～90	91～100
きっぷの運賃(円)	150	990	1170	1340	1520	1690
間差額			180	170	180	170
ICカードの運賃(円)	147	990	1166	1342	1518	1694
間差額			176	176	176	176

対キロ区間制　京王電鉄の例

キロ区分	1～4	4～6	7～9	10～12	13～15	16～19
きっぷの運賃(円)	130	140	160	180	200	240
間差額		10	20	20	20	40
ICカードの運賃(円)	124	133	154	174	195	237
間差額		9	21	20	21	42

5-3 料金

人や物を移動する役務に対する対価が運賃であるのに対し、その輸送にあたり付加価値を付けるサービスへの対価が各種の料金です。その提供されるサービスの内容に応じて価格が決まります。

料金の設定

鉄道を利用する際、JRなど鉄道会社によっては、運賃のほかに料金を設定しています。料金とは、鉄道を利用する場合の運賃以外の特別なサービスを利用する対価です。たとえば、特急列車を利用する場合の特急料金、寝台車を利用する場合の寝台料金などです。

この料金の決定にあたっては、特急料金であれば航空機など競合する交通機関の運賃、寝台料金では目的地周辺のビジネスホテルの宿泊料金を基準にするなど、他の競合する交通機関や施設の運賃や使用料と比較・検討して決めます。

料金の種類

● 急行料金

普通列車より速く走る列車に乗車するための料金です。かつての国鉄では準急列車、急行列車、特急列車があり、準急以上から料金が必要でしたが、今では定期列車の急行が廃止されたため、特急料金が「特別」ではなくなりました。

● グリーン料金

座席や客室内を通常の客車よりもグレードアップした車両に乗車するための料金です。これにより混雑した車両を避けて、快適さを求めることができます。お座敷列車のように、特殊な座席にしたものをグリーン車扱いとする場合もあります。また、近年ではグリーン車よりハイグレードな設備に対し、独自に一段高い料金設定をするケースも出てきました。

● 寝台料金

夜行列車で横になって休む寝台を利用するための料金です。夜行列車の旅を快適にするためには寝台が必要ですが、新幹線網の拡大や他の輸送機関の拡充、安価なビジネスホテルの出現などにより、寝台列車の本数は削減され、現在は定期列車として「サンライズ出雲・瀬戸」を残すのみとなりました。ただし、列車の旅そのものを楽しむ旅客のために、シャワー設備やホテル並みの豪華な客室を備えた企画型の寝台列車も運行されています。

● 座席指定料金

座席が指定されている列車に乗車するための料金です。これにより、確実に座席を確保して旅行することができます。現在は、快速列車の一部にこの座席指定料金を必要とする列車があります。

● 入場料金

駅構内を利用する場合の料金で、たとえば旅行者を送迎する場合や駅の反対側へ行くのに最寄りの道路を利用するより駅構内を通ったほうが早い場合などに使われます。

指定券の変遷

▼D型硬券に手書きで書き込まれた特急券(1966年)

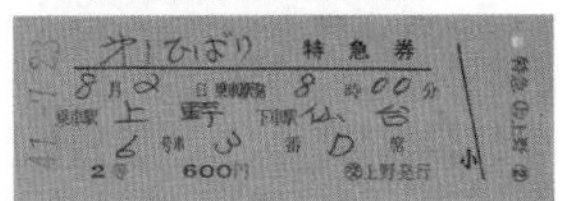

▼マルス発券でも駅名・列車名はカタカナだった頃の特急券(1981年)

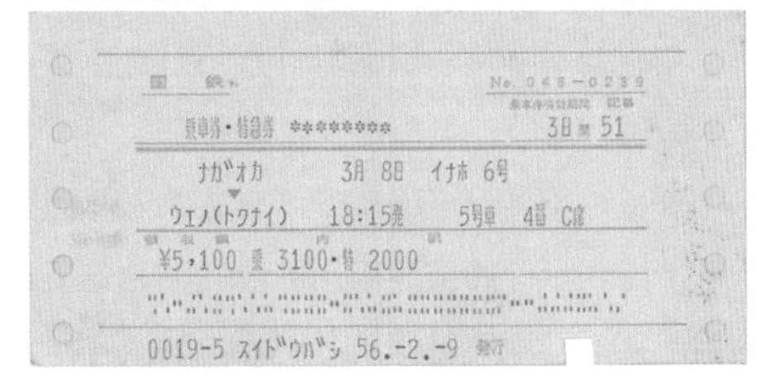

▼横に長いＪＲ移行後の特急券(1990年)

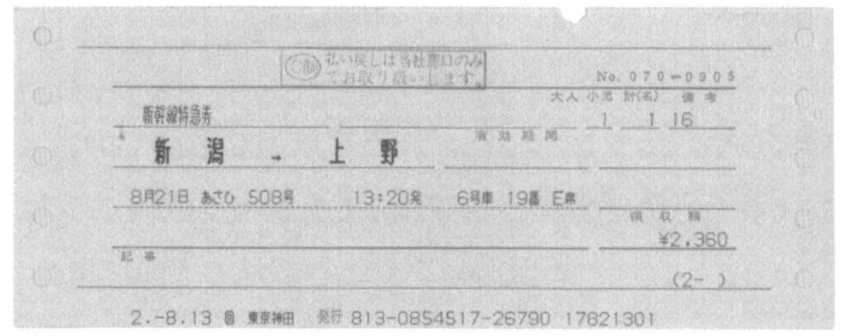

▼現在の窓口や券売機で購入できる特急券(2020年)

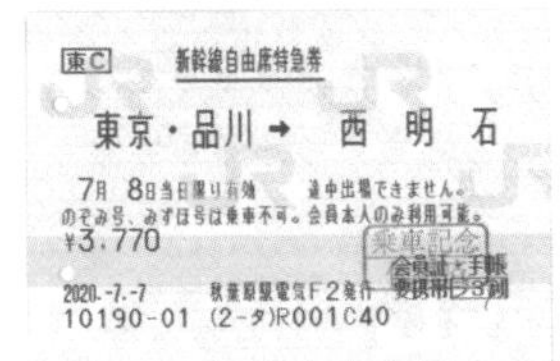

5-4 発券のしくみ

JR列車の指定席は、座席の発券状況を全国一元で管理しているマルスというオンラインシステムを通じて、全国にあるJR各社の駅の窓口や旅行会社などで購入することができます。

JR 各社共通の座席管理システム

マルス（MARS）とは、旅客販売総合システム（Multi Access seat Reservation System）の略称で、各種きっぷの販売管理を行なう総合システムです。全国各地のJRの駅の窓口や旅行会社などの窓口に設置されたマルス端末は、国立（東京都）のシステムセンターにあるマルス中央装置と通信回線で結ばれています。

JRの駅の窓口で指定席特急券を購入する際は、まずマルス端末から中央装置にアクセスして空席状況を確認し、空きがあれば座席を確保したうえで料金を自動計算してきっぷを発券します。窓口で利用者が申込書に記入された情報を係員が入力して発券する端末のほか、利用者が自分で操作する**指定席券売機**も増えています。また、情報処理技術の進歩に伴い、携帯電話やパソコンからの指定席の予約や発券も一般的になりました。単に購入するだけでなく、**シートマップ**を見ながら好きな場所の座席を選んだり、購入後の変更や取消しを窓口に行かずにすることも可能です。

JRの主要駅の窓口には、これから出発する列車の指定席の空き状態を停車駅別に表示する**空席表示器**が設置されていますが、この機器もマルス中央装置と通信回線で結ばれているため、一定時間ごとにマルス中央装置にアクセスして空席状況を自動的に表示しています。

マルスの歴史

マルスは国鉄時代の1960年に誕生しましたが、それ以前は手書きの台帳方式で座席を管理し、手作業で発券が行なわれていました。初期のマルスは容量も小さくて試行的なものでしたが、運用実績を反映しながら改良を重ね、数回の大規模なシステム更新で規模や販売範囲などを拡大していきました。印刷される指定券の形も時代により変化し、現在は自動改札機にも投入できる磁気券で発行されています。

国鉄の分割・民営化以降のマルスは、**鉄道情報システム株式会社**が保有しており、JR各社は引き続きこれを使用しています。マルスで取り扱うサービスも列車の指定券だけでなく、航空券・ホテル・レンタカーなどの各種チケット類の販売まで多岐にわたっています。2020年からは、より進化した**MARS 505**というシステムが稼働しています。

民鉄の指定券とチケットレス

民鉄の座席指定特急の指定券発行も、基本的なシステムの考え方はマルスと同様で、各社独自の仕様や名称により運用しています。

また、紙の指定券の発行を省略する**チケットレスサービス**も進んでいます。無料の会員登録をして購入者情報をあらかじめ入力しておき、携帯電話やパソコンから指定席を予約・発券します。シートマップを見ながら座席選択ができ、購入後の変更や取消しが無料のものもあります。ＩＣカードやモバイル端末に指定券情報を記録して自動改札機などで読み取る方式のほか、システムに発券済みの情報があれば一度も画面などを提示することなく乗車できるタイプもあります。

JRの指定券売り場

▼みどりの窓口

▼指定席券売機

5-5 自動改札機ときっぷ

自動改札機などの駅務システム機器は、どこで発券されたきっぷでも処理できる必要があるため、きっぷの大きさや印刷・記録方法などの統一規格が定められています。

サイバネ規格

駅務システムに使用される各種の機器は、鉄道事業者と日本鉄道サイバネティクス協議会がさまざまな規格を定めています。これを**サイバネ規格**といいます。乗車券をはじめとするきっぷが各事業者で異なる仕様になっていては不都合なので、共通のサイバネ規格に準拠したものを使用しています。

自動改札システムに投入可能な乗車券の大きさとして、日本では**エドモンソンサイズ**（57.5mm×30mm）と**定期券サイズ**（85mm×57.5mm）の2種類が定められています。

乗車券面の印刷

乗車券紙の表面には、紙券では過熱すると発色する**ロイコ染料***が、IC乗車券にはロイコ染料と形状記憶ワイシャツで知られる元の形に戻る可逆性を持った**可逆顕色材***が塗られています。

IC乗車券では、180℃の温度で加熱して急速に冷却するとロイコ染料と可逆顕色材が結合して発色し、120℃～160℃で加熱してゆっくりと冷却すると分離して透明に戻るという性質を利用して、乗車券に必要な情報を印字しています。これにより、ICカード式定期券の券面書き換えが可能になりました。

乗車券の磁気面

自動改札機を通せる乗車券の裏面には酸化鉄の一種であるバリウムフェライトという鉄粉が塗布してあり、これに券売機の書き込みヘッドで磁気情報として記入します。この磁気情報の書き込み方も、１枚のきっぷで各社の路線を乗り降りできるようにするため、サイバネ規格で定められています。

磁石にはNとSがありますが、それを0と1の数値に読み替え、2進法で通用区間と通用期間、運賃区数などを1インチ*幅に52.5ビット*の密度で決められた順序に従い書き込みます。このため、日本全国の鉄道路線と駅には、**線区コード**と**駅順コード**が数字で定められています。

乗車駅の自動改札機では、内部の読み取りヘッドでこれらの情報を瞬時に読み込み、有効な券かどうかの判定を行ない、下車駅の自動改札機では乗車券に書かれた運賃区数内にあるかどうかを判定します。定期券の場合は、乗車券に書かれた降車駅が線区コードと駅順コードで書かれた発駅からの範囲内にあるかどうかを判定しています。

初期の磁気乗車券の裏面（磁気面）は茶色でしたが、現在はより保磁性（磁気情報の保持力）の高い黒色が使用されています。色の違いは塗布されている酸化鉄の差によるものです。

自動改札機ときっぷ

▼自動改札機

▼乗車券の裏面(上　茶色　下　黒色)

＊**ロイコ染料**　ギリシャ語で淡色・透明を指す無色の染料。酸化還元に伴って可逆的に色調が変化する有機色素。
＊**可逆顕色材**　発色および消色の機能を持った材料。顕減色剤、長鎖アルキル顕色剤などがある。
＊**インチ**　長さの単位で1フィートの12分の1(25.4mm)。
＊**ビット**　コンピューターの扱う情報量の単位で、ビット英語のbinary digit(2進数字)の略。2進数の1ケタを指す。

5-6 運賃の精算

運賃の精算には、大きく分けて2種類あります。乗り越しなどをした利用客に対する元払い運賃との差額の精算と、相互直通運転を行なう鉄道会社間の精算です。

差額精算と打ち切り精算

乗車券は目的地まで有効なものを購入して使用するのが原則です。しかし、何らかの事情で乗車後に当初の目的地とは違う場所で下車する場合もあります。その際に必要となるのが運賃の精算です。

精算には、利用客が持つ乗車券の種類によって、2通りの方法があります。

原券が短距離の普通乗車券や金額式の回数券の場合は、購入乗車券の運賃と出発駅から実際の到着駅までの運賃を比較して、その差額を精算します。これを「**差額精算**」といいます。たとえば、乗車券の運賃が出発駅から200円で、乗り越し到着駅までの運賃が250円とすると、250円－200円＝50円を下車駅で支払います。

これに対し、原券が定期券や区間式の回数券、長距離の普通乗車券のときは、原券の終点を乗り越し区間の乗車駅と読み替えて計算します。これを「**打ち切り精算**」といいます。この場合、最初から実際の下車駅までの乗車券を購入するより割高になるケースがほとんどですが、運賃体系の刻みによってはまれに安くなることもあります。

精算には、利用客が購入した乗車券より先の駅に目的地を変える「**乗り越し**」のほか、当初の目的地へ行くルートとは途中から別の路線になる「**方向変更**」や、下車駅が同じでも途中の経由地が変わる「**経路変更**」もあります。いずれも、短距離の普通乗車券では発駅と着駅の運賃の差額を支払い、長距離の普通乗車券では経路を変更した区間の別運賃が必要になります。ただし、計算すると元の運賃のほうが高い場合や、当初の目的地の手前で下車した場合の払戻しはありません。券面に「途中下車前途無効」と表記されているのはこのこととも関連しています。

　また、大都市圏の鉄道が乗車区間にかかわらず最短距離で計算した運賃が適用されていたり、短距離の普通乗車券の券面が目的地の駅名ではなく「○○円区間」となっているのは、こうした精算処理を簡易に行なうための工夫です。

事業者間の運賃精算

　相互直通運転などを行なう場合、事業者間の営業範囲をまたぐ**連絡乗車券**を発売しています。運賃制度は鉄道会社によって違っており、会社ごとの取り分の計算はそれぞれの運賃制度をもとに算出されます。

　自動券売機や自動精算機が導入される以前は、精算する会社間のデータを作成するため、1年に1週間の日にちを決め、各社一斉に乗り越した乗車券の調査を行なっていました。この調査では、乗り越しや方向変更で到着した乗車券を各駅で係員が読み取り、その乗車券の発駅から何円区間を乗り越したかを1枚ずつ調べていました。これにより、相互直通運転を実施している会社のきっぷが自社のどの駅まで到達したかを調べ、精算比率を出します。この精算比率で各社ごとの精算割合を定め、不足運賃として収受した合計金額にその割合をかけて、会社ごとの支払い金額を決めます。それを毎月各社が持ち寄り、会社間で精算していたため、調整に膨大な労力が必要でした。

　発券・精算の自動化が進み、運賃や乗車人員・乗車区間などの発売記録が正確に集計できるようになると、会社間の精算も正確・迅速に行なえるようになりました。

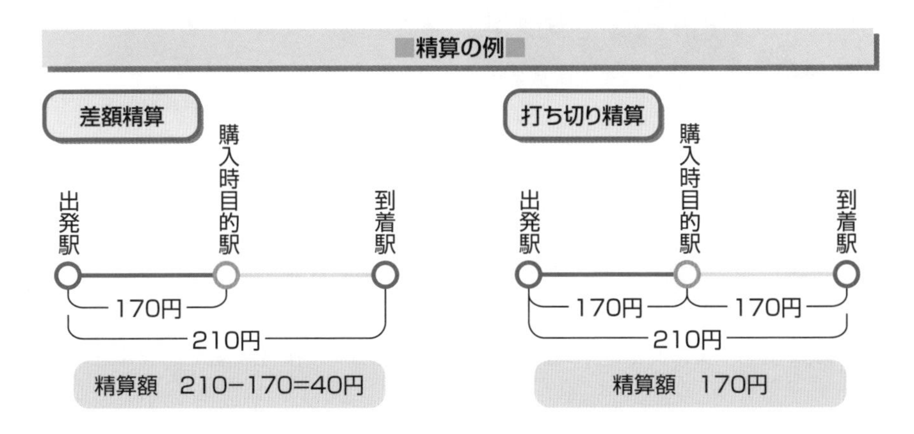

5-7 プリペイドカード

自動券売機や自動改札機の普及に伴い、小銭を用意しなくてもきっぷが買える前払いカードが登場、技術の発達により機能が向上して、カードだけで鉄道に乗車できるようになりました。

プリペイドカード

プリペイドカードとは、各事業者が発行し、自動券売機や精算機で乗車券類等と引き換えたり精算することができる磁気記録式証票のことです。旧国鉄が**オレンジカード**の名称で1985年に発売を開始し、民鉄各社も独自の名称を付したカードを発行していました。きっぷを購入する際にいちいち小銭を用意する必要がなく、5千円や1万円といった高額券種には数百円のプレミアムが付く利便性のほか、残高がなくなっても手元にカードが残るため、多くの記念カードが売り出され人気を博すこととなりました。

券売機で乗車券を購入するタイプのカード

▼国鉄のオレンジカード

▼大阪市交通局のタウンカード

ストアードフェアシステム

当初のプリペイドカードが利用にあたり紙の乗車券との引き換えが必要だったのに対し、磁気記録式カードを直接自動改札機に投入して乗車時には乗車駅名や乗車時刻、下車時には下車駅名や下車時刻を記録し、乗車区間に応じた運賃を差し引くタイプのものが登場しました。これを**ストアードフェアシステム**(Stored Fare System)といいます。乗車するたびに券売機に並んで乗車券を購入する必要がないので、乗車駅と下車駅に自動改札機が導入されている都市部で普及が進みました。一般には「**SFカード**」と呼称されることが多く、乗車時に初乗り運賃を差し引き、下車時に乗車した区間の運賃との差額を引き落とす方式と、乗車時には記録のみで下車時に運賃全額を引き落とす方式の2通りがありました。

また、都市部では複数の事業者の相互直通運転や乗り換え改札が多いことから、民鉄事業者間の共通カードシステム（東京圏の「**パスネット**」や関西圏の「**スルッとKANSAI**」など）も導入されました。

現在はICカードの普及により磁気記録式カードは一部を除き廃止されましたが、このICカードも非接触式のストアードフェアシステムにあたります。

自動改札機に直接投入するタイプのカード

▼JR東日本のイオカード

▼営団地下鉄のSFメトロカード

▼パスネット(関東エリアの民鉄共通SFカード)

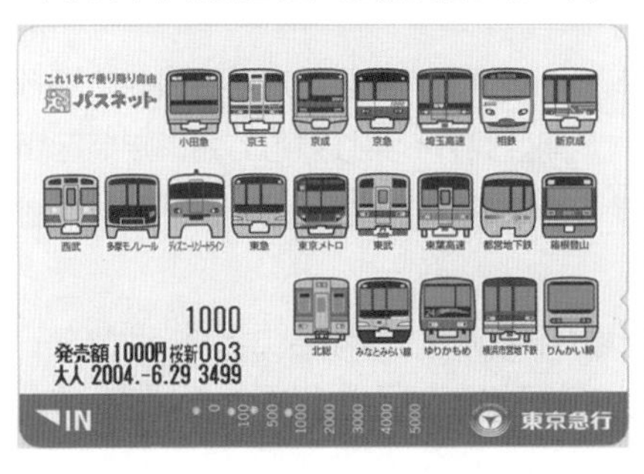

▼スルッとKANSAI(関西エリアの民鉄共通SFカード)

5-8 ICカード

いまや大都市だけでなく、全国各地の鉄道会社で、乗車券を自動改札機に投入するのではなく、カード状になった乗車券もしくはモバイル端末を自動改札機の上部にかざすだけで改札口を通過できるICカードが普及しています。

ICカードのしくみ

近年、JR東日本のスイカ(Suica)、関東民鉄のパスモ(PASMO)、JR西日本のイコカ(ICOCA)、関西民鉄のピタパ(PiTaPa)、JR東海のトイカ(toica)をはじめ、全国各地でいろいろなICカードが使用されています。自動改札機の読み取り部に近づけるだけで各種の情報を読み書きできる非接触式のICカードに使われているのは、ソニーが開発した**FeliCa**（フェリカ）というカードシステムです。

カード内はコイルに巻かれたアンテナとICチップが内蔵されており、これを自動改札機に近づけると微少な13.56 MHzの周波数帯の短波電波で情報が送受信され、約0.2秒で処理が終了し、改札を通過することができます。1秒間に212キロビットという大容量の情報を交信できるため、それまでの磁気式のものに比べてはるかに大きな情報をやり取りできるほか、交通系以外の情報も多数蓄積できるので、市中での物販や企業の社員証といった幅広いシーンで利用が拡大しています。読み取り装置にかざすだけでも処理が可能ですが、確実性を上げるため「タッチ」を推奨しています。

ICカードの機能

ICカードには、乗車券としての**ストアードフェア機能**と**定期券機能**の両方を1枚のカードに搭載しているため、定期区間外へ乗り越しても、定期区間からの最も安い運賃で精算ができます。乗車実績に応じたポイント付与や割引サービスを導入する例もあります。

また、利用客がICカードを紛失した場合、本人からの申告により、センターサーバーに記録された個人情報などの申請内容に基づき、そのカードを使用不能にするネガデータをセンターサーバーから自動改札機に送信したり、再発行が可能になるといったセキュリティ機能もあります。

IC カードの大きさ

ICカードは、乗車券のように自動改札機の中を通す必要がないため、大きさは問題とならず、携帯電話やスマートフォンなどの携帯端末と一体で使用できるタイプもあります。ただし、カードタイプのものはクレジットカードなどと同様のサイズである横85.6mm×タテ54.0mm、厚さ0.76mmと定められています。これは、日本の**サイバネ規格**に準拠したものです。

チャージして繰り返し使用

ICカードには一定の金額をあらかじめ**チャージ**しておき、使用するたびに必要金額が引き落とされていく使用法が一般的です。1枚のカードにチャージできる金額には上限があるものの、繰り返しチャージすればずっと使い続けることができます。定期乗車券の書き換えも可能です。ただし、使用せずに10年間が経過すると失効する取り決めになっています。

所有権は事業者に帰属

ICカードは事業者が利用者に貸与しているもので、所有権は事業者に帰属しています。利用者はカードを貸与される際、**デポジット**と呼ばれる保証金を支払いますが、これは貸与終了時にカードを返却することを条件に返金される契約になっています。

ICカードの例

▼モノレールSuica(小児用)

▼nimoca(福岡地区)

▼icsca(仙台地区)

相互利用

地域内の複数事業者が同一ブランドで共通利用できるようにしているほか、仕事や旅行で異なる都市圏に訪れた場合でも手持ちのICカードが使える**相互利用**も広がっています。ただし、入金ができないなど利用にあたり制限があることに注意が必要です。

振替輸送

紙などの乗車券では、乗車予定の路線に運行支障が生じた場合、手持ちの乗車券のまま別な経路で目的地に到達できる**振替輸送**の対象となりますが、ICカードを含むストアードフェアシステムで乗車した場合は、振替輸送の対象外となります。これは、乗車時点ではどこで下車するかが明確でなく、事業者と利用者の輸送契約が確定していないからです。ただし、ICカード定期乗車券は区間が確定しているので、その区間内であれば振替輸送の対象となります。

相互利用できる交通系ICカード(10種類)

名称	カード発行会社
Kitaca(キタカ)	JR北海道
Suica(スイカ)	JR東日本
PASMO(パスモ)	㈱パスモ(関東圏各社局)
TOICA(トイカ)	JR東海
manaca(マナカ)	㈱名古屋交通開発機構・㈱エムアイシー(中京圏各社局)
ICOCA(イコカ)	JR西日本
PiTaPa(ピタパ)	㈱スルッとKANSAI(関西圏各社局)
SUGOCA(スゴカ)	JR九州
nimoca(ニモカ)	㈱ニモカ(西日本鉄道ほか)
はやかけん	福岡市交通局

(注)PiTaPaのみポストペイ(後払い)方式。その他はチャージ(前払い)方式。

鉄道事業者を含む主な地域別交通系ICカード

名称	使用できる主な鉄道事業者
SAPICA(サピカ)	札幌市交通局
ICAS nimoca(イカすニモカ)	函館市企業局
icsca(イクスカ)	仙台市交通局、仙台空港鉄道、仙台エリアのJR
ecomyca(エコマイカ)	富山地方鉄道
LuLuCa(ルルカ)	静岡鉄道
ナイスパス	遠州鉄道
Hareca(ハレカ)	岡山電気軌道
PASPY(パスピィ)	広島電鉄、広島高速交通
IruCa(イルカ)	高松琴平電気鉄道
ICい〜カード	伊予鉄道
DESCA(ですか)	とさでん交通
nagasaki nimoca(ながさきニモカ)	長崎電気軌道、松浦鉄道
でんでんnimoca(でんでんニモカ)	熊本市交通局
Rapica(ラピカ)	鹿児島市交通局
OKICA(オキカ)	沖縄都市モノレール

用途の広がるICカード

▼ICカードが鍵として使えるコインロッカー

▼マチナカでの買い物でも使用可能

COLUMN 東急電鉄玉川電車・三軒茶屋乗換券

（下高井戸➡二子玉川園方面、二子玉川園➡下高井戸方面の乗換券）

多摩川の砂利輸送と沿線旅客輸送を目的に1907年、渋谷～玉川が玉川電気軌道（玉川電車：玉電）として開通、その後1924年、玉川～砧開業、1925年、三軒茶屋～下高井戸（現世田谷線）が開業しました。1969年に砧～玉川（現二子玉川）～渋谷間がモータリゼーションのために、246号道路の拡幅と首都高速工事、現新玉川線建設により廃止されました。この乗換券は、廃止直前の二子玉川園～三軒茶屋、三軒茶屋～下高井戸の乗換券です。方面別に色違いで1 ～ 10番まで使われていました。

▼下高井戸➡二子玉川園方面乗換券

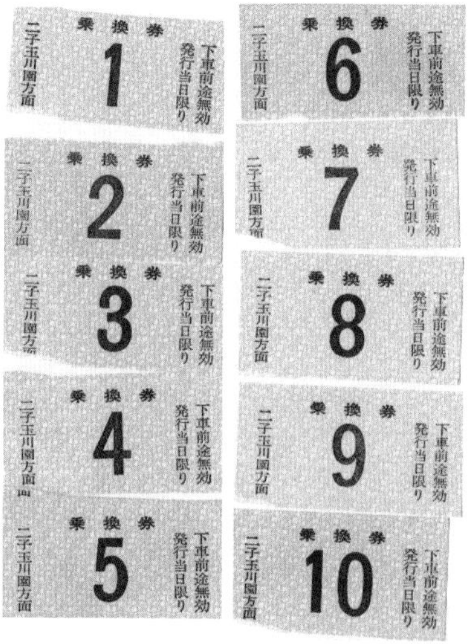

▼二子玉川園➡下高井戸方面乗換券

第6章

電気・信号設備

鉄道の運行を支える大切な技術に、各種の電気設備があります。ここでは、直流・交流のしくみから、最新の技術である無線式信号システムについてまで紹介していきます。

6-1 鉄道を支える電気設備

電気鉄道は、電気車を動かすための電力設備、安全に走らせるための信号設備や踏切保安設備、列車運行のために必要な情報伝達を行なう通信設備などから成り立っています。駅を快適にするための各種電気設備、経営に関する情報をオンラインで結ぶ情報システムなどもあります。

電車を動かすための設備

電気車の駆動は、最近まで牽引力が大きく、速度制御が容易な直流モータが用いられていました。このため、変電所で交流電力を直流電力に変換して、電車線を介して電車へ電力を供給しています。また、電気車まで交流電力を供給し、電車内で交流電力を直流電力に変換し、直流モータで駆動する方式もあります。近年はモータの省メンテナンスの観点から、電車内で直流電力を交流電力に変換して、交流の誘導モータ*を用いる方式が主流となってきています。

列車を安全に走らせる設備

列車は鉄道用信号機に従って運転します。鉄道用信号機は、進入番線を切り替えるためのポイントの開通方向や他の列車の位置などの条件と連動することによって、列車運転の安全を確保しています。また、道路との交差部分の安全を守る踏切保安設備、高速・高密度運転を支える運行管理システム、列車乗務員と地上との連絡を行なう列車無線なども、安全確保には欠かせない設備です。

駅を快適にする電気設備

旅客の駅構内での移動がスムーズに行なえるよう、2000年11月に交通バリアフリー法が施行されました。これにより、一定以上の利用客数がある駅ではエスカレータ、エレベータなどのバリアフリー設備や誘導ブロック、

---

*誘導モータ　電気車の駆動用モータとしてこれまで用いられてきた直流直巻モータは、速度制御が容易な反面、整流ブラシのメンテナンスに課題があった。近年のパワーエレクトロニクスの進歩により直流電力から電圧・周波数を自在に変えられる装置が開発され、交流モータを回すことが可能になったため、現在では、回転子に銅バーを差し込んだ鉄を用い、固定された電機子に交流電流を流すことにより、銅バーに誘導電流を発生させ、回転する磁場(固定子側の磁石が回転するイメージ)によって回転子が引きずられて回る誘導モータが主流となってきている。

音声案内装置などが義務づけられ、現在設置が進められています。

また、駅を快適に利用できるための設備として、各種照明設備や列車運行状況表示用の掲示器、乗車券や指定券の発券を行なう端末、放送設備やホームを監視するITV*なども設置されています。これらの設備の電源は、変電所から高圧配電線を介して配電されています。

■主な電気設備システム■

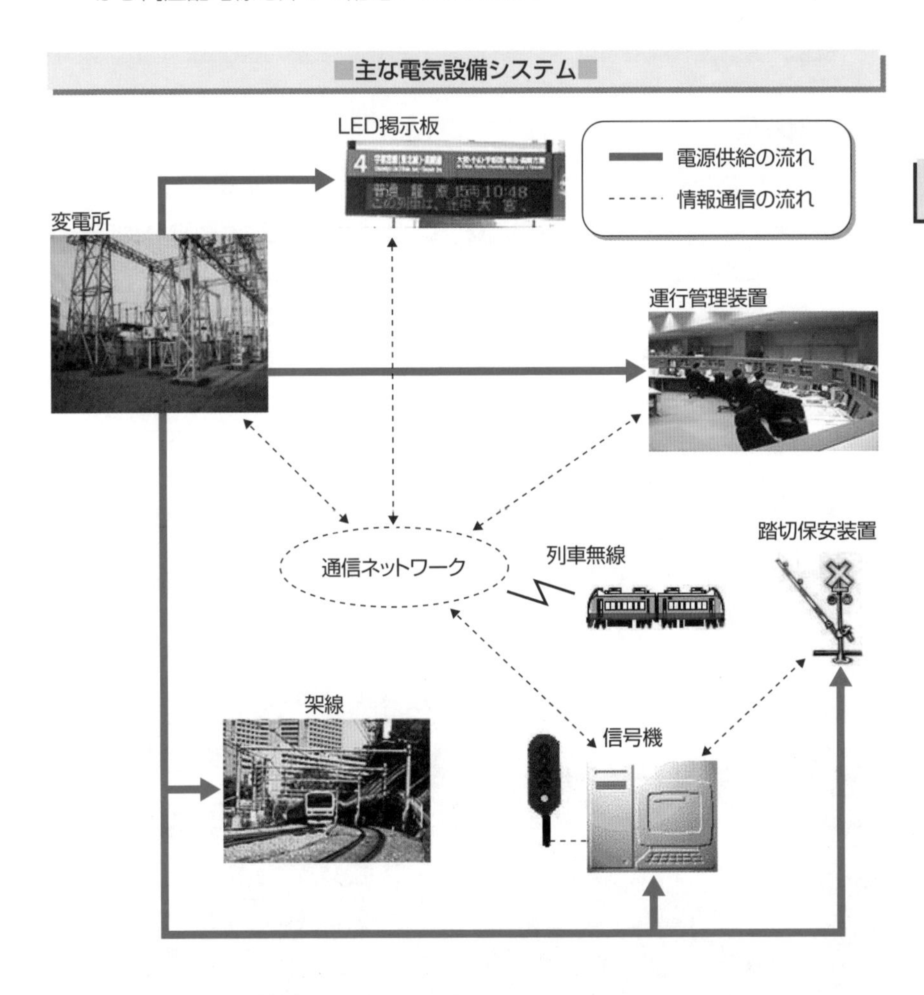

*ITV　ITVとは工業用テレビジョン(Industrial Television)の略称で、放送用テレビ以外の分野で用いられているテレビの総称。駅プラットホームにおける旅客流動、ダムの水位状況、商品販売の監視や作業状態の監視など、交通や教育・工業の広い分野で利用されている。

6-2 エネルギー系の電気設備

電気鉄道は、三相電力を直流や2組の単相交流へ変換する変電設備、この変換された電力を負荷である電気車や駅の照明などの諸設備・信号保安設備に電力を供給する電路設備、空気調和設備や電気掲示器といった電灯電力設備に支えられています。

変電設備

変電設備の機能のひとつは、電力会社などから受電した交流電力を直流き電回路の場合には、**シリコン整流器**、**サイリスタ整流器**＊や**PWM**＊**整流器**で一般的には直流1500Vに変換することです。交流き電回路の場合には、三相電力からバランスよく2組の単相に変換するところで、このために**スコット結線変圧器**、**変形ウッドブリッジ結線変圧器**や**ルーフ・デルタ結線変圧器**などを用いています。それは三相のバランスが乱れることを**不平衡**といい、誘導モータの回転に斑を生じたり、他の需要家に悪影響を及ぼすからです。これらの変換された電力は電路設備を経由して、電気車へ供給されます。

もうひとつの機能は、受電した特別高圧の交流を高圧配電用変圧器で高圧電力に降圧することです。高圧電力は配電線路を経由して、駅の諸設備や信号保安設備などの付帯電力に使われます。

■直流変電所の全景■

＊**サイリスタ整流器**　直流電気鉄道において回生車が発生する回生エネルギーの有効利用を図るためには、変電所の負荷電流が増減しても、変電所からの送り出し電圧を一定にして遠くの電気車に電流が流れるようにする定電圧制御が必要となるが、これはシリコン素子では制御できないため、サイリスタ素子を用いた整流器が用いられる。

電路設備

電路設備には、変電設備で変換された電力を電気車まで電力を供給するためのき電線路と、駅構内の照明やエスカレータ・掲示器など諸設備や信号保安設備へ電力を供給するための高圧配電線路があります。

電気車への電力供給は、トロリ線*やちょう架線*で構成された電車線路から、パンタグラフを経由して行なわれています。電車線路には、電気車の速度や集電電流の大きさにより、**シンプル架線**、**コンパウンド架線**（6-7参照）などの種類があります。

高圧配電系統の故障のうち、信号高圧の故障は列車の運行に支障を与えたり、電灯高圧の故障は夜間や地下街の停電で利用客に大きな危険を及ぼすため、1号回線、2号回線相互予備という信頼度の高い配電方式としています。

■シンプル架線■

電灯電力設備

電灯電力設備は、駅における照明、掲示器、エスカレータ、エレベータ、排水ポンプ設備、防災設備や放送設備などの負荷設備で、その種類は多岐にわたっています。

＊**PWM**　Pulse Width Modulation(パルス幅変調)の略称。直流電圧を入・切するパルスの持続時間を入力信号(半導体素子のオン時間、オフ時間)によって変えることにより、入力信号に比例した平均値を持つ交流出力を得ようとする方式。

＊**トロリ線**　電気車のパンタグラフに電気を送るための電線。トロリ線は電流を流すため、電気を通しやすく、パンタグラフと接触するために、耐摩耗性に優れ、機械的強度が強いことが必要。

＊**ちょう架線**　トロリ線の高さを一定に張るため、ハンガを用いてトロリ線の重みによる弛みを小さくし、パンタグラフ通過時の離線を防ぐための線条。安価でかつ機械的強度が強いことから、亜鉛めっき鋼より線が広く用いられる。

6-3 直流電化と交流電化

電気鉄道には、直流き電*方式と交流き電方式があります。直流き電方式は車両費用が交流に比べて比較的安価ですが、地上設備にかかる経費は高価で、変電所間隔は3～10km程度です。交流き電方式は車両費用が直流に比べて若干高価となりますが、変電所間隔は吸上変圧器（BT：Boosting Transformer）き電方式で30～50km、単巻変圧器(AT：Auto Transformer)き電方式で60km～100kmと長くすることができます。

直流電化

日本最初の電気鉄道は第4回内国勧業博覧会のため、1895年に京都電気鉄道（のちの京都市電）が6.4kmの路線で営業運転したことが始まりで、直流き電方式でした。理由は、速度制御が容易で起動時の回転力が大きい特性をもった直流モータのひとつである直流直巻電動機が使用されたからです。電車線の電圧は当時500Vが採用されましたが、その後、1923年に大阪鉄道（現在の近畿日本鉄道）で、1925年に国鉄で1500Vが導入され、以後の標準となりました。

■直流き電方式■

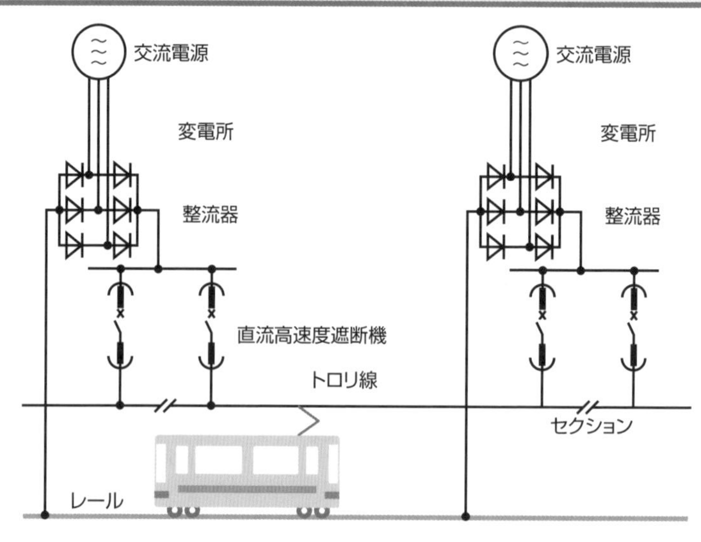

交流電化

交流電化は第二次世界大戦後の目覚しい復興と輸送量増大に伴い、直流電化が電気的にも経済的にも限界に達してきたため、国鉄では1953年に「交流電化調査委員会」を設置し、フランスで成功したシステムを参考に研究を進め、仙山（せんざん）線で各種試験を行ない、実用化の目途をつけました。それは「負き電線を有するBTき電方式」です。その後、1970年に鹿児島本線（八代（やつしろ）～西鹿児島間）でATき電*方式が実用化されました。商用周波数ATき電方式を開発・実用化したのは、世界で日本が初めてです。

国鉄/JRの電化の進展を下図に示します。交流電化は沿線の電話回線にノイズ（通信誘導障害）が入るため、次ページの図に示す各種き電方式でその対策を行なっています。

旧国鉄/JRの電化の進展

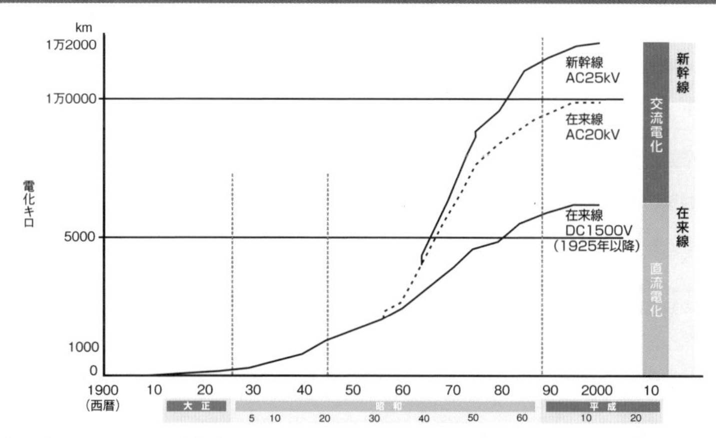

出典：明治39年～昭和60年：国有鉄道統計年表(平成7年2月交通統計研究所)、鉄道要覧、電気鉄道(鉄道電化協会)
平成2年～：電気運転統計、鉄道と電気技術(日本鉄道電気技術協会)

＊**き電**　変電所から電気車まで電力を供給することを「き電」という。その方式には、直流電力を供給する直流き電方式と、交流電力を供給する交流き電方式とがある。そのうち交流き電方式には、レールに流れる電流を負き電線、またはき電線に吸い上げて鉄道沿線の通信設備への悪影響(通信誘導障害)を低減させる、吸上変圧器(BT：Boosting Transformer)を用いたBTき電方式と、単巻変圧器(AT：Auto Transformer)を用いたATき電方式とがある。

＊**ATき電**　交流き電方式は当初、直流き電方式(変電所間隔約5～10km程度)に比べ、電圧が高く変電所間隔が長くできる22kVのBTき電(同約30～50km程度)で電化されたが、BTき電は、BTセクションでのアークによるトラブルが発生、その解消を図るため抵抗を用いたセクションが開発されたが、電車線構造が複雑になる難点があった。そこでアークが出るセクションがなく、BTき電よりき電距離の長いATき電方式(同約60～100km程度)が九州の鹿児島本線で研究開発された。その後、高速・大容量の列車を運行する山陽新幹線に導入され、それ以降の新幹線の標準き電方式になっている。

■各種の交流き電方式■

き電方式	種別	回路構成	記事
BTき電方式	標準形	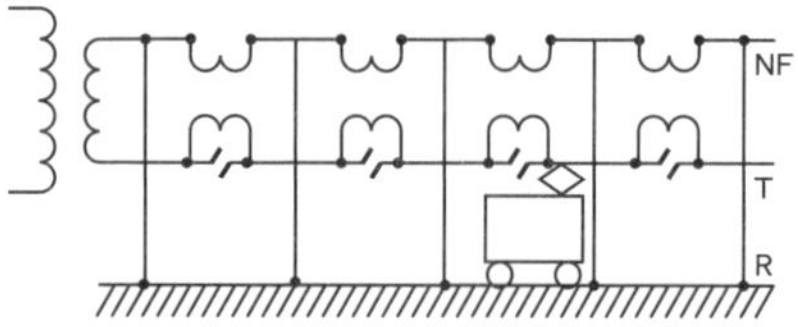 NF T R 大電流の場合、セクションアーク消弧対策が必要	在来線
ATき電方式	標準形 き電用Tr 中性点 非接地	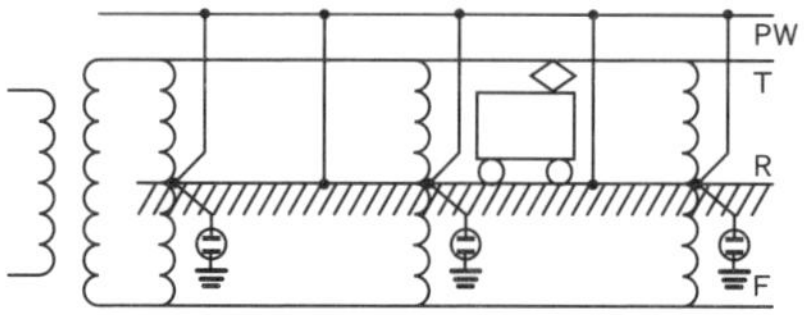 PW T R F レールは非接地またはGap接地	在来線 新幹線
	3巻線形 き電用Tr 中性点 レール接続	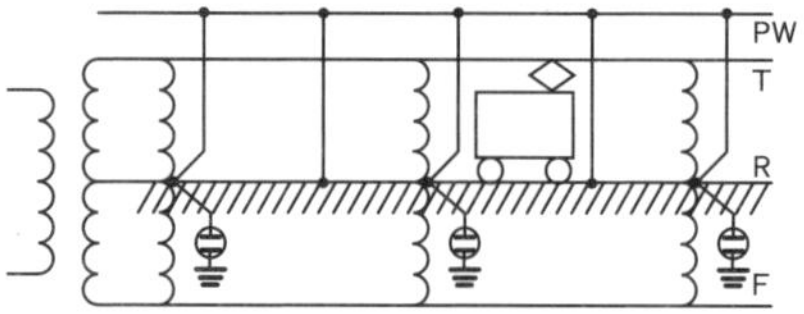 PW T R F レールはGap接地	東海道新幹線 (東京−新大阪)
同軸ケーブルき電方式	特殊区間 トンネル内等の狭隘区間	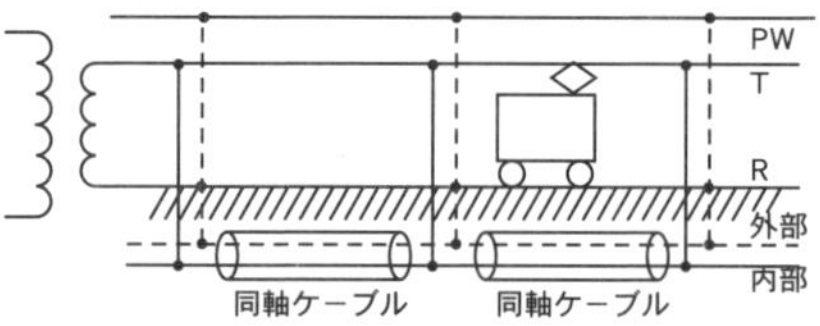 PW T R 外部 内部 同軸ケーブル 同軸ケーブル	東海道新幹線 (東京地区の一部) 東北新幹線 (東京地区の一部)

交流・直流突合せ設備

交流・直流突合せ点での電気車運転方式をどうするかについては、①車上切替方式（常磐線取手～藤代間ほか)、②地上切替方式、(黒磯駅構内直流化で解消。豊原方に車上切替方式を新設）③交流区間と直流区間に挟まれる区間を非電化にする方式（北陸線米原～田村間で導入。現在は解消）などの方法があります。

また、次の図に示すとおり、交流から直流へ進入する場合と、直流から交流へ進入する場合ではデッドセクション(dead section) *の長さが異なります。それは、通常その区間は惰行(だこう)が原則ですが、誤って力行(りっこう)のまま異電源区間に冒進したという厳しい条件を想定しているからです。

■異電区間への冒進を考慮したデッドセクション長の違い■

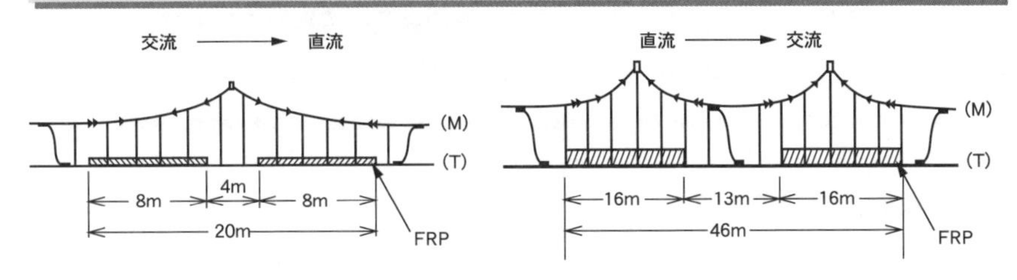

交流異電源（異相）突合せ設備

時速200km/h以上で高速運転されている新幹線では、変電所やき電区分所前の異相突合せ箇所に**自動切換えセクション**を設けて、世界で唯一、力行通過ができる制御軌道回路と自動切換開閉器を連動させる方式が用いられています。

■突き合わせ箇所での流れ■

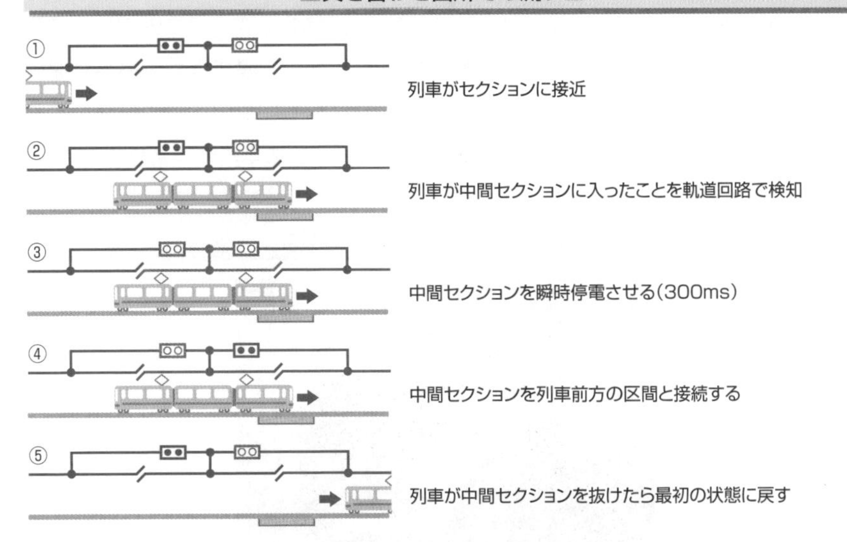

＊デッドセクション　電車線を電気的に区分するために設けられた無電圧区間。交流と直流、異なる電源の交流と交流の境い目では、無電圧区間を8m ～数10m程度に長く設ける必要がある。かつては樫の木で構成されていたが、現在ではFRPという電気を通さない材質で作られている。

6-4 直流漏れ電流低減策

直流き電方式は並列き電のため、電気車をはさむ変電所からだけでなく他の変電所からも電力を供給します。このため、レールから漏れた電流は供給した変電所まで大地を経由して戻るので、その範囲は広範囲におよびます。ここでは、この範囲を縮小した定電圧制御を紹介します。

つくばエクスプレス

常磐線の柿岡には地磁気観測所があり、ここでは地球磁気を観測しています。直流電気鉄道も交流電気鉄道も、レールから大地へ負荷電流の一部が「**漏れ電流**」となります。特に直流は、周期的に変化しないので観測に与える影響が大きく、観測所から35km圏以遠で直流電化が採用され、35km圏内は交流電化となっています（2-26参照）。

従来のシリコン整流器では定電圧制御が行えず、電気車を挟む両変電所ばかりでなく、隣接する変電所からも電力を供給します。このため、漏れ電流は供給した変電所まで戻り、地磁気観測に与える影響も広範囲となります。

つくばエクスプレスでは、電気車に電力を供給する変電所を限定し、広範囲の漏れ電流を低減するため、自励式PWM（パルス幅変調）変換装置を用いた**定電圧制御**で、漏れ電流の影響を最小限にしています。このほか、定電圧制御に他励式のサイリスタ整流器を用いている鉄道事業者もあります。

■つくばエクスプレスの定電圧制御■

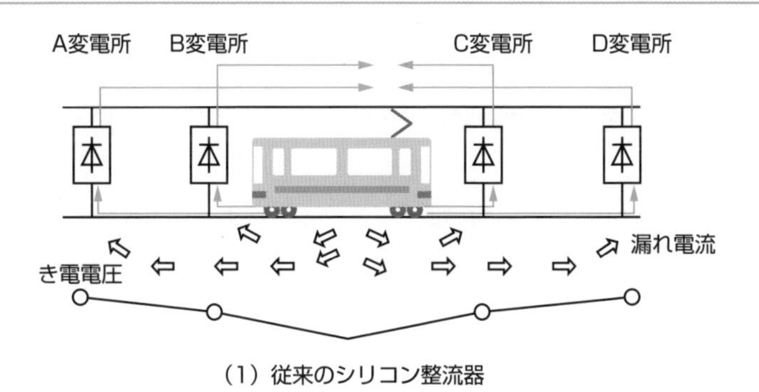

（1）従来のシリコン整流器

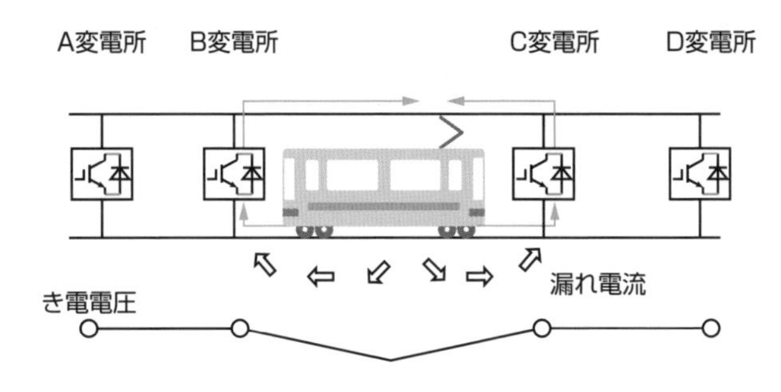

（2）つくばエクスプレスの定電圧制御

大地への迷走電流の流出を低減する方法

電気車へ供給された負荷電流の帰り道（帰線）も、電圧降下を生じます。迷走電流は、レール電圧が正の領域で大地に流出し、負の領域でガス・水道の地下埋設管から土壌へ流出して「電食」を発生させます。電食とは、金属体から土壌に電流が1A、1年間流出すると、鉄が9.13kgなくなる現象です。ガス・水道管は肉厚わずか5mm程度でその機能を維持しているので、ピンホールが開いてもその機能を失うことになります。このため各事業者は、定期的に埋設管の健全性を確認しています。

我が国の場合、地下埋設管から直接土壌へ流出しないよう、**選択排流器**や**強制排流器**を介して迷走電流を帰す方式を採用しています。一方、海外では、次ページの図(c)のレールと地下埋設管との間に迷走電流を集める金属製のマットを敷設し、土壌に迷走電流が流出しないよう、専用配線を設けて変電所へ帰す方式を採用している都市交通も見られます。

レールから土壌へ漏れ電流を生じている箇所では、すでに述べた電食が発生します。これに対して、漏れ電流が土壌から地下埋設管に流入している箇所は「防食」となります。防食では腐食は生じませんが、変電所近傍では逆に地下埋設管から土壌へこの電流が流出するため、地下埋設管に電食を生じます。

■レールの対地電圧と地下埋設金属の対地電位の相関■

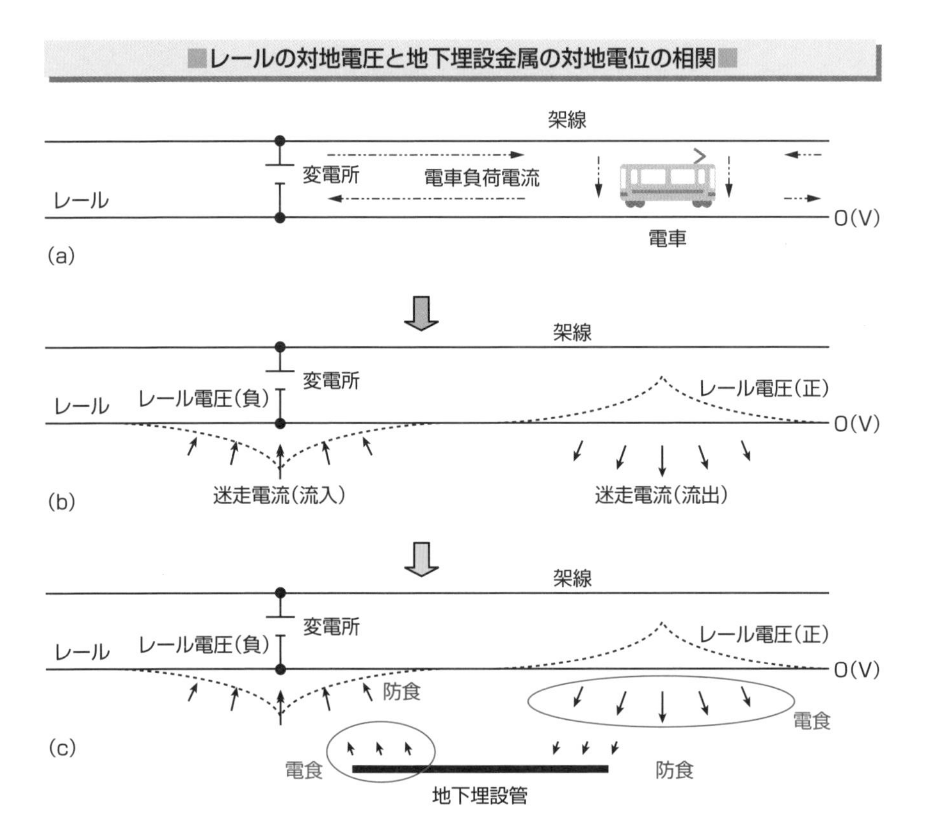

6-5 回生エネルギーと蓄電池

回生エネルギーを有効活用するためには、このエネルギーを消費する他の電気車の存在が必要です。単線区間では、この存在がなかったため、回生車を導入してもチョッパーと抵抗で消費していました。ここでは、単線区間に小メンテ性の高い回生車を導入した方式について紹介します。

回生エネルギーと蓄電池

省エネ・省メンテの面から、回生車が導入されてきました。回生車は、停止時に運動エネルギーを電気エネルギーに変換しますが、このエネルギーを消費する他の力行（りっこう、りきこう）車が存在しないと、「回生失効」という事象が発生します。

回生失効が発生すると、**電気ブレーキ**から**機械ブレーキ**へ切り替えることになり、この遅れを許容できない路面電車の事業者は、車両に発電抵抗を搭載したりしていました。連続下り勾配で回生ブレーキを使用する線区の事業者は、チョッパー＋抵抗で回生エネルギーを諦めていた時代もありました。その後、電気二重層キャパシティやニッケル・水素、リチウム・イオンなどの蓄電池も導入され、電圧降下対策やピーク・カットを目的に省エネが図られてきています。

また近年では、地下鉄で停電が発生した場合、最寄り駅までの電気エネルギーを蓄電池で移動させる目的で導入している鉄道事業者もあります。

ある鉄道事業者の回生失効対策の例

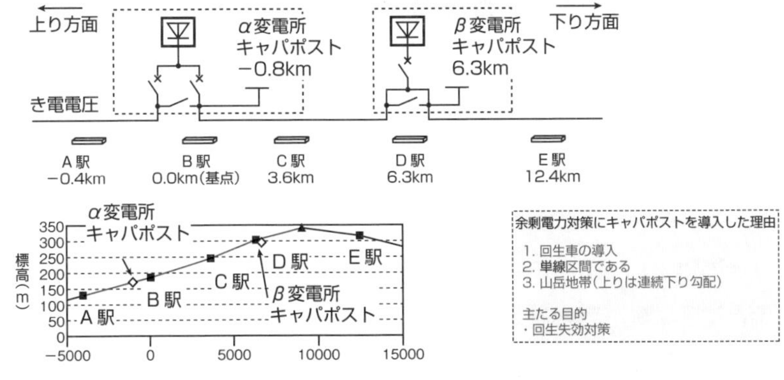

6-6 電源への影響低減策

交流き電の新幹線は、三相電源から大容量の二組の単相や単相を取り出すため、不平衡や電圧変動など、他の需要家への影響を考慮しなければなりません。このため、開業当初から特殊な結線の変圧器が使われてきました。近年、パワーデバイスや制御技術の進歩により、電圧変動、高調波対策もとられるようになってきました。

新幹線のき電用変圧器

「き電」とは、電気車に電力を供給することです。

ところで、新幹線負荷は単相25kV、800A/編成程度と大電力が必要です。電力会社（三相）への悪影響を低減するため、二組の単相をバランスよく（不平衡対策）取り出さなければなりません。このため各種結線の変圧器が導入されています。

①スコット結線変圧器（結線図を参照）

②変形ウッドブリッジ変圧器（結線図を参照）

変形ウッドブリッジ結線変圧器は、山陽新幹線ではじめて導入された結線の変圧器で、超高圧系で用いられています。超高圧系は、一次側のスター結線の中性点を接地する必要があります。

③ループ・デルタ結線変圧器（結線図を参照）

④**不等辺スコット結線変圧器（基地き電**用）

⑤**不平衡補償単相き電装置**（SFC：Single phase Feeding power Conditioner ）

長野車両基地で使用されています。

⑥**き電側電力融通方式電圧変動補償装置**（RPC：Railway static Power Conditioner）

⑥のRPCは、単に「電力補償装置」ということもあります。次項の「不平衡と電圧変動」で解説します。

■き電用変圧器の例■

▼スコット結線の電流分布

受電線間電圧：き電電圧＝1：1の場合

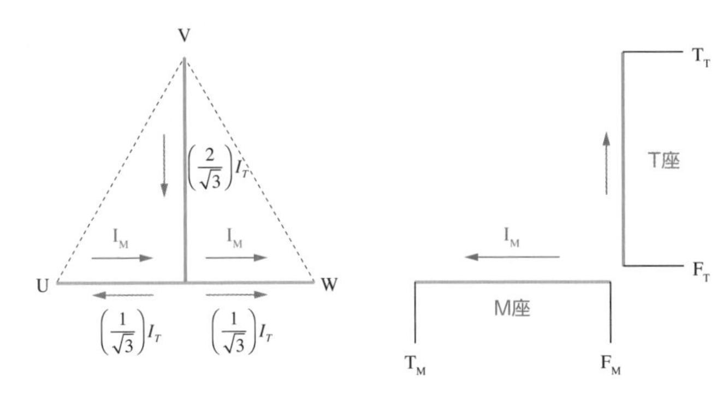

▼変形ウッドブリッジ結線の電流分布（B座負荷）

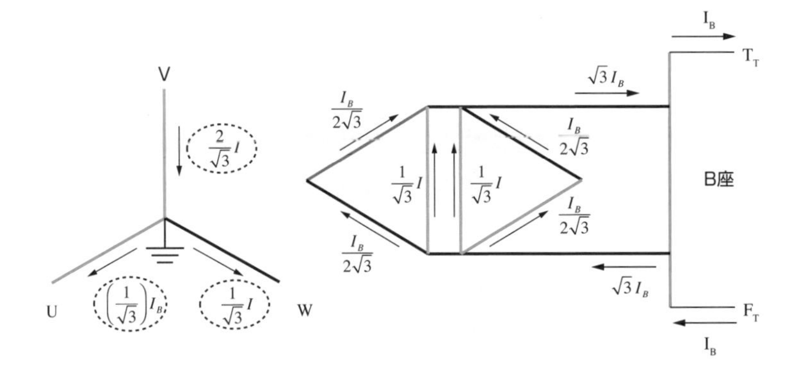

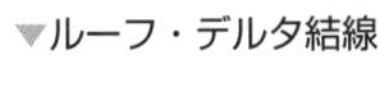

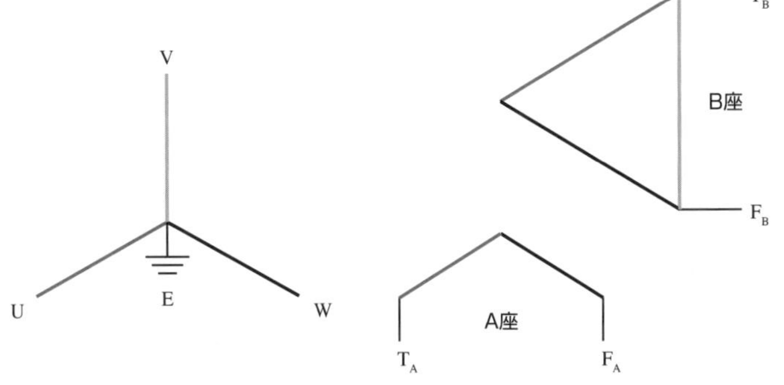

不平衡と電圧変動

三相電力系統から負荷容量が大きい単相電力を使用すると、その系統に接続されている回転機の過熱や照明のちらつきなどの悪影響で、三相側に「不平衡」や「電圧変動」が発生します。このため、新幹線は短絡容量の大きな電源を求めてきましたが、整備新幹線など各地へ延伸されると短絡容量の大きな電源が得られず、パワーエレクトロニクス技術を用いた補償装置が開発されるようになってきました。

ここでは一例として、**RPC**（Railway static Power Conditioner）を紹介します。盛岡以北の154kVの変電所における電源系統の安定化のため、T座とM座の60kV側で電源側のバランスをとるよう、大容量電圧駆動形自己消弧素子のGCT（Gate Commutated Turn-off thyristor、集積化ゲート転流型サイリスタ）やIGBT（Insulated Gate Bipolar Transistor、絶縁ゲートバイポーラトランジスタ）を用いたインバータで構成した補償装置が新八戸変電所と新沼宮内変電所に導入されました。ここで「自己消弧素子」とは、オン・オフを外部信号で切り替えられる素子を指します。

き電側電力融通方式電圧変動補償装置(RPC)

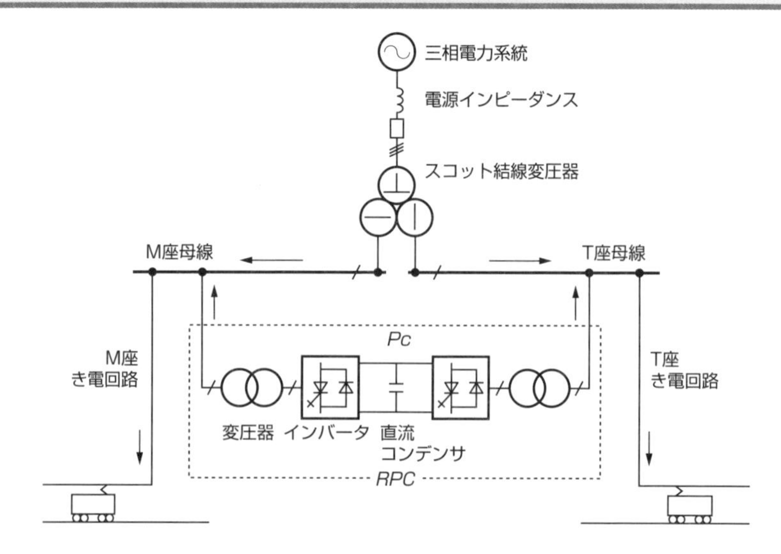

周波数と新幹線

日本の電源周波数は、富士川を境に東側が50Hz、西側が60Hzと分かれています。東海道新幹線（東京〜新大阪間）は、この周波数の異なる地域を走らせるため、60Hzに統一することになりました。このため、綱島と西相模に、電力会社の50Hzを60Hzに変換する**周波数変換所**がつくられています。当時の0系新幹線車両の制御方式は低圧タップ切換方式で、電動機は直流直巻電動機でした。その後、制御方式もサイリスタ制御、VVVFインバータ方式となり、電動機も直流直巻電動機から誘導電動機となりました。制御素子もVVVFインバータ方式からGTO（Gate Turn-Off thyristor、ゲートターンオフサイリスタ）、IGBTとなってきました。

北陸新幹線では、東京電力50Hz、中部電力60Hz、東北電力50Hz、北陸電力60Hzと、3回も周波数が切り替わっています。

■北陸新幹線の進歩：東海道新幹線との違い■

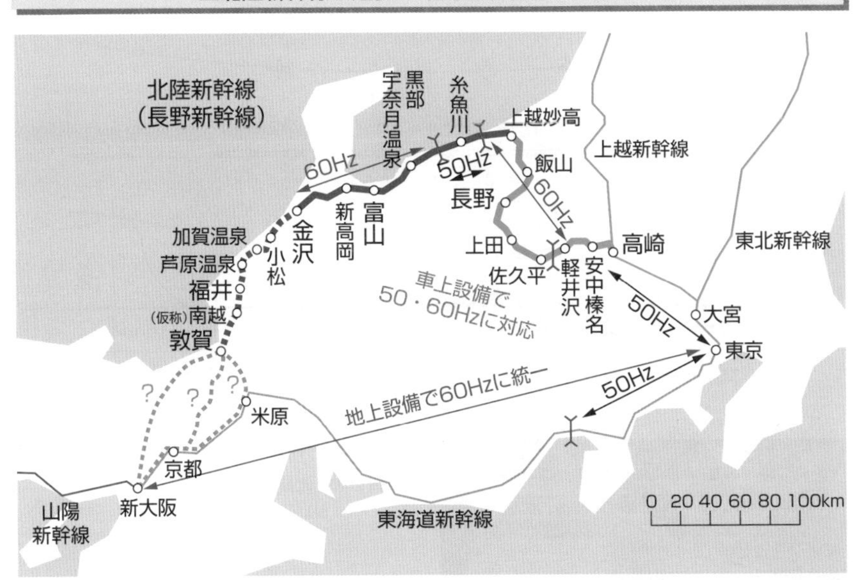

ミニ新幹線

在来線に新幹線（時速200km/hを超える高速鉄道）が乗り入れているのが、「ミニ新幹線」と呼ばれているもので、山形・秋田の2路線があります。

同じ交流き電でも、レールの幅（在来線が1067mm、新幹線が1435mm）、き電電圧や車両の幅が異なります。このため、軌間については、狭軌車両が乗り入れている線区では3本のレールが敷設されています。き電電圧については、在来線が20kV、新幹線が25kVと異なるため、その境界には「交交デッドセクション」が設けられています。電気車に搭載されている主変圧器と主制御器は、両電圧に対応した複電圧仕様となっています。電源が切り替わった際、地上側に設置された「地上子」（線路内に設置する装置）からの信号を主変圧器の三次巻線が受信すると、補助電源装置の切換用タップが自動的に作動します。

■交交デッドセクション■

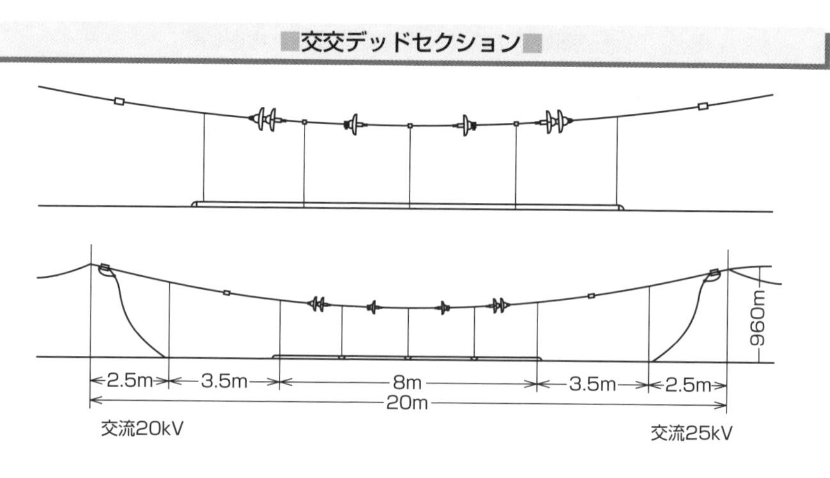

◀ミニ新幹線「つばさ」(400系)
2010年に営業運転を終了した

画像提供：JR東日本

6-7 電車線設備

電気車はパンタグラフなどの集電装置を使って電力を集電していますが、このパンタグラフに電力を供給する線状がトロリ線です。トロリ線とそれに付属する金具、トロリ線を支持する柱などを総称して電車線設備といいます。電気車の営業速度はトロリ線の波動伝播速度*の70～80%の速度とされています。

低速区間と高速区間の設備の違い

路面電車や在来鉄道の低速区間の設備は、トロリ線1本のみで構成される直吊架線やシンプル架線が多く使用されています。

高速区間ではトロリ線、補助ちょう架線とちょう架線の3本線状からなるコンパウンド架線があります。

■直吊架線とコンパウンド架線■

▼直吊架線

▼コンパウンド架線

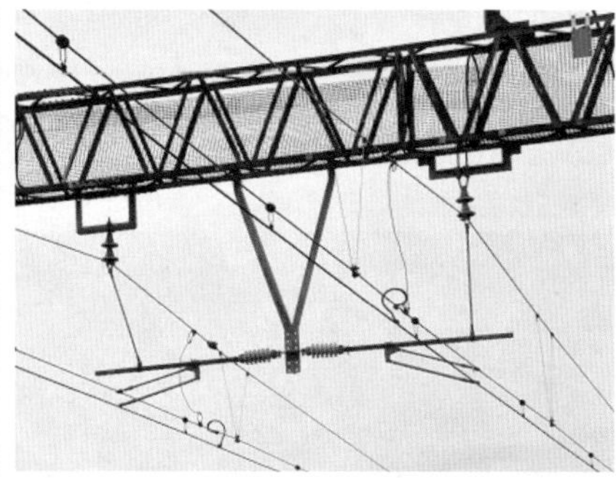

JR在来線・民鉄の主な電車線設備

き電ちょう架線方式は東京や大阪のJRで用いられている方式で、き電線にちょう架線の機能を統合することで、線条数を少なくし、設備の簡素・統合を図ったものです。

また、トロリ線やき電線など加圧部をすべてビーム*（支持物）の内側に入れることで、保守作業の機械化を容易にすることができます。

■き電ちょう架式架線■

地下鉄の主な電車線設備

地下鉄においては、地上を走る他社の路線との相互乗り入れがなく、パンタグラフを搭載する必要がない場合は、台車に集電靴を設け、レールの横に集電用レールを設備した第三軌条方式を採用している路線もあります。また、他社の地上路線と相互乗り入れを行なうために車両にパンタグラフを搭載している場合は、その多くが剛体電車線方式で集電しています。

■第三軌条方式と剛体電車線方式■

▼第三軌条方式

▼剛体電車線方式

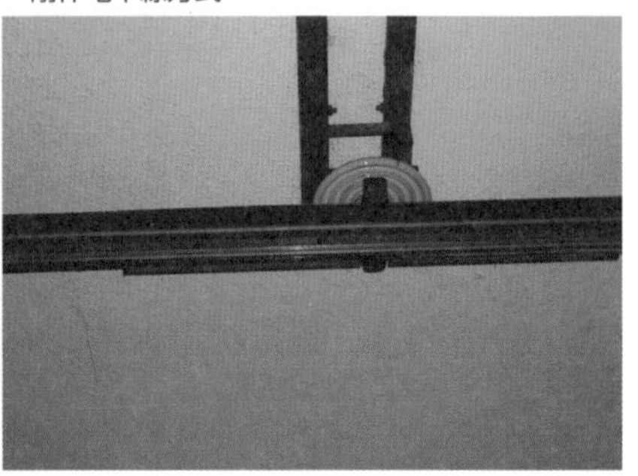

＊**波動伝播速度**　電気車がパンタグラフによってトロリ線を摺動しながら走行するとき、パンタグラフ点から発生する波が前後に伝わる速度。電車の走行スピードが波動伝播速度に近づくと、パンタグラフが架線から離れ、良好な集電を損なう離線という現象が生じる。

＊**ビーム**　複線や複々線区間の複数の電車線を構成する電線類が碍子（がいし）で支持できるように、線路方向を横断した支持物。機械的強度を保つ観点から、鋼製のものや、近年では鋼管が広く用いられる。

6-8 エネルギー系電気設備の制御と監視

電気鉄道は変電設備と電路設備、高圧配電設備を接続した独特な電力系統を構成しています。この電力系統が系として電気運転の目的に沿うように制御・監視しているシステムが指令（司令）設備です。

設置の義務

法令上でも、指令設備の設置が義務づけられています。すなわち、「鉄道に関する技術上の基準を定める省令」には「被監視変電所及び開閉所は、監視及び制御することができる機器を備えた監視所を有し、かつ事故、災害及び故障発生時に対処することができるものでなければならない」と定められています。

制御

制御とは、指令所から現地変電所の遮断器などの機器を「入り」「切り」することで、変電所から電路設備へ電力を供給したり、夜間、電気車を運転しないときや、保守作業を行なうときに電力の供給を停止したりすることです。

監視

監視とは、設備の開閉状態、保護継電器動作や電力機器の故障の有無など、設備の状態を把握することです。この監視と制御は表裏一体をなすもので、正しい監視ができないと正しい制御はできません。なぜならば、監視情報に基づき現地の状態を判断して制御を行なうからです。

最近の指令設備

技術の発達とともにコンピュータが指令設備に導入されると、制御・監視卓にはCRT*などの画面装置が取り付けられ、定型的な制御は自動化されました。さらに最近では「親装置」が現地変電所との伝送情報処理までをすべてコンピュータで処理するようになり、制御・監視卓、情報処理装置および伝送装置を含めた電力系統制御監視指令システムへと変貌してきています。

＊CRT　Cathode Ray Tubeの略称。かつてのテレビに用いられていたブラウン管のことを指し、明暗の度合いを順次電流の強さに変えて送られてきた画像を、蛍光物質が塗られた表示面に再現する装置。

■制御・監視システムの情報の流れ■

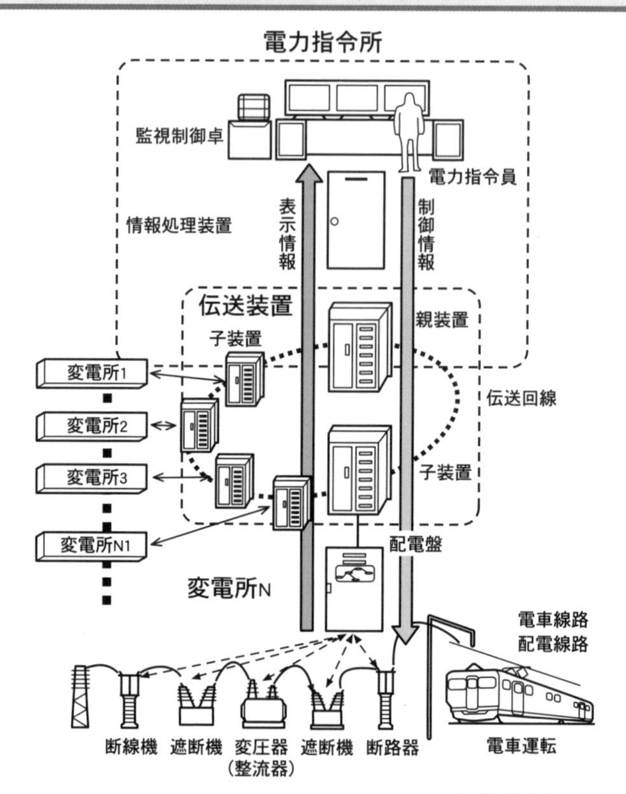

提供：株式会社明電舎

6-9 変電所の保守

鉄道事業者は電力設備（変電所）の機能を維持するために、定期的にメンテナンスを行なっています。

検査周期と自主検査

鉄道事業者は、鉄道営業法や国土交通省が定めた「鉄道に関する技術上の基準を定める省令」を受けて実施基準を定め、告示に定められている必要事項に従って機器ごとに保全種別、検査（保全内容）や具体的な検査周期を定めて実施しています。なお、検査には法定検査のほかに、機器の寿命などを判断するために行なっている自主検査もあります。

保全種別

電力設備(変電所)のメンテナンスは、現在、検査周期を定めた時間基準保全で行なっています。これは、定期検査およびオーバーホールの実施時期、設備の取替時期などをあらかじめ定めて実施するものです。

検査（保全内容）

検査には、保全の細則を定めた巡回検査、定期検査や自主検査があります。これらの検査には検査内容、基準値が定められています。

ある事業者の沸騰冷却式シリコン整流器を例に紹介しますと、次のとおりです。

巡回検査は、運転状態での冷媒圧力*の適否、ブッシングの変色・汚損の有無、異音・異臭の有無などを、目視など主に人の五感に頼って定例的に実施する検査です。

定期検査は、設備を停止したうえで、ブッシングの清掃や亀裂・損傷の有無のチェック、主回路端子・制御回路端子の弛緩の有無の確認、絶縁抵抗測定などを行なう検査です。設備の老朽度・設置環境・使用実態などを考慮して周期の短縮を図ることもあります。

＊冷媒圧力　沸騰冷却自冷式シリコン整流器は、半導体素子を冷却する純水(=冷媒)を通常の大気圧力で沸騰するように圧力を低くして用いているため、この圧力を管理することが必要となる。

自主検査は、機器の基本機能の良否を判定するために行なう検査であり、整流素子劣化試験、整流素子特性試験や絶縁耐力試験などがあります。整流器の余寿命判定や、事故時の使用可否判定などは随時検査で行ないます。

オーバーホールは機器製作メーカーによる検査で、パッキンなど劣化する部品はこの検査で取り替えているほか、必要により機器の塗装もこれに合わせて実施しています。

法定検査は定められた周期を逸脱しないように計画し、実施されています。

将来の保全

今後は時間基準保全(TBM：Time Based Maintenance)から、各種センサーや保全情報収集装置などを活用し、機器の状態を継続的に把握して保全を行なう状態基準保全(CBM：Condition Based Maintenance)への転換が想定されています。

■シリコン整流器（沸騰冷却）の保全の考え方■

保全種別	検査（保全内容）	周期
巡回検査	1. 冷媒圧力の適否 2. 冷媒漏れの有無 3. 温度上昇異常の有無 4. 腐食・損傷の有無 5. ブッシングの変色・汚損の有無 6. 異音·異臭の有無 7. 示温ラベルの変色の有無 8. 分担電圧表示灯の良否	1～2回/月
定期検査	1. ブッシングの清掃・亀裂・損傷の有無 2. 外箱・付属装置の状態確認 3. 主回路端子・制御回路端子の弛緩の有無 4. 保護継電器の動作確認 5. 絶縁抵抗測定 6. 示温ラベルの張替	1回/(1～5年)
自主検査	1. 整流素子劣化試験 2. 整流素子特性試験 3. 絶縁耐力試験	必要の都度
オーバーホール	屋外機器塗装	塗装と組み合わせる。 1回/(15～20年)
	1. 内部点検 2. パッキン取替 3. 付属部品取替 4. 必要により素子取替 5. 各種試験	
取替	機器取替	経年30年を基本

6-10 安全運行を支える信号設備

列車は自動車と違って、線路上の危険を簡単には避けることができず、またブレーキをかけても急には止まることができません。このため、さまざまな信号設備を使って列車運行の安全を守っています。信号設備は大きく分けて次の3つのグループに分類されます。

列車自体の安全を守る設備

列車の衝突防止のための代表的な信号装置として、閉そく装置、信号機があります。列車の行き違いに必要な分岐器を転換させる装置である電気転てつ機もこのグループに入ります。これらの設備は密接に関わりあっており、どこかに不具合があるときには、安全を確保するために自動的に赤信号に制御する仕様（**フェールセーフ***）となっています。

また、運転士の信号見落しや速度超過に対して、自動的にブレーキをかける制御を行なう**ATS**（Automatic Train Stop*、3-4参照）の地上装置もこのグループに属します。

■安全を守る設備例①■

電気転てつ機

「土」字形の本体に2本の棒が接続されており、写真の奥側「土」の短い方の棒（動作カン）で動力を伝えて分岐器を転換させる。手前側の棒（鎖錠カン）は分岐器が不正に転換しないようにロックするために用いられる。

■安全を守る設備例②■

ATS-P地上子（ちじょうし）

信号現示に伴う進入可能位置情報を微弱電波で車上に伝送し、情報を受信した車上装置はそれに基づいて自動的にブレーキ制御する。1つの信号機に対して手前側に3～4個の地上子（標準的な閉そく信号機の場合、手前側600m、180m、85m、30m）が接続され、地上子通過毎に情報を更新する。情報更新の際に車上装置で「チン」というベルが鳴る。

線区全体の安定輸送を守る設備

朝のラッシュ時には2分おきという高頻度で運転されることもある電車ですが、それぞれの列車は行先も異なり、途中駅での折返しや追い越しなどもありますから、1本の列車が何らかの理由で遅れると他の列車にも影響が波及し、線区全体のダイヤが混乱してしまいます。このような影響を最小限に抑えるために線区全体の運行状況を総合的に監視するのがこのグループの信号設備で、代表的な設備が列車集中制御装置 **CTC**（Centralized Traffic Control。3-5、6-16参照）や自動進路制御装置 **PRC**（Programmed Route Control）です。

車や人と列車との間の安全を守る設備

鉄道とは異質の世界から発生する危険が、突如鉄道の世界と交わる場面があります。それが踏切やプラットホームなどです。これらの場所で不意に発生する危険をどのように最小化するか、というのがこのグループに属する信号設備の特徴で、踏切警報機、踏切遮断機、踏切障害物検知装置、ホームの列車非常停止装置などがあります。

＊**フェールセーフ**　装置の故障や操作ミスなどをあらかじめ想定し、それらが発生の際、最も被害が小さくなるように設計する考え方。

＊**ATS**　ATSは和製英語であり、国際的にはATP（Automatic Train Protection system）と呼ばれることが多い。

6-11 軌道回路と閉そく装置

鉄道において最も危険な事故は、列車どうしの衝突事故です。これを防止するための「列車間の安全を確保する方法」として最も広く用いられているのが「閉そくによる方法」です。

閉そくの概念

「閉そく」とは一般的には「ふさがった状態」のことを意味しますが、鉄道においては、列車の安全を確保するための空間的な単位、あるいはそれによる 安全確保の方式のことを指しています。駅の構内では後述のように連動装置という別システムで安全を確保しているので、**閉そく装置**は一般的には駅と駅との間（駅間）の安全の確保を行うものと位置づけられます。当初は閉そく装置といえば主に単線区間における上下いずれか片方の列車に対する区間占有を行なう装置のことを指していましたが、現在では複線・単線にかかわらず駅間における列車位置をリアルタイムに把握し、在線区間には他列車が入れないように信号制御を行なうシステム全体を指すことが多くなっています。

列車の位置把握を行なう軌道回路

閉そくの基本は列車の在線位置をリアルタイムに把握することです。最も一般的な手法はレールを使った電気回路（**軌道回路**）による方法です。

軌道回路は電源、送信装置、レール、受信装置、およびそれらを接続するケーブルから構成されており、送信・受信装置に電源装置、信号機制御部を加えたものを通称「閉そくユニット」と呼び、一般的には金属製のボックスに収納し信号機付近の線路近傍に設置されています。

■軌道回路■

送信装置から出された電流がレール経由で受信装置に届けば「在線なし」、届かなければ「在線あり」と判定する。
レールには電車を動かす電気が変電所へ帰る電流（電車電流）も流れているが、「レール絶縁」と「インピーダンスボンド」によって軌道回路電流と電車電流が振り分けられるようになっている。
軌道回路長は短いもので30m程度、長いものは数kmにおよぶ。

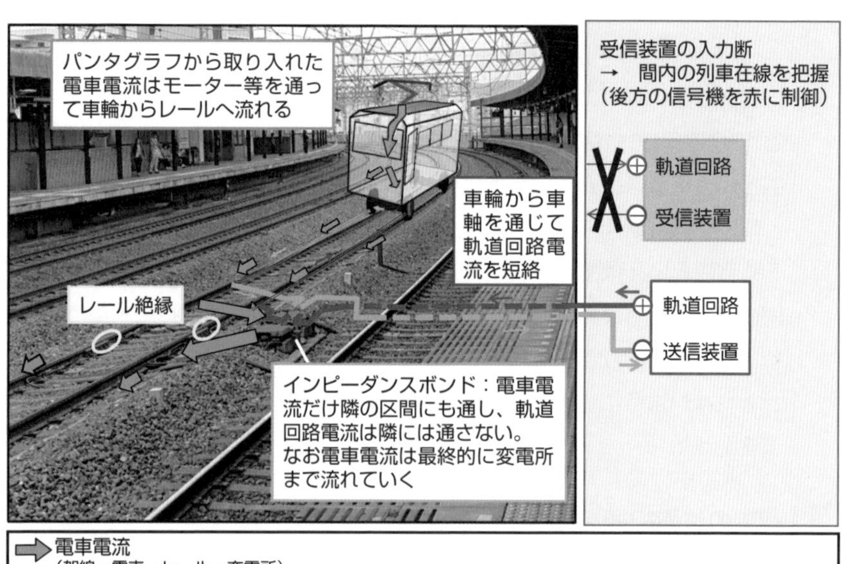

※軌道回路は一般に交流電流なので＋－はないが、ここでは便宜上、＋（赤）、－（青）で表現

いろいろな閉そく方式

● 自動閉そく式（複線）

もっとも一般的な方式です。図で先行列車が軌道回路「下1T」（TはTrackの意）に在線しているときは、それぞれの信号機付近に設置された閉そくユニットにより下り第1閉そく信号機は停止現示、下り第2閉そく信号機は注意現示に制御されます。

■自動閉そく式の仕組み（複線区間　3現示の例）■

下り3　下り2　下り1

下り線　下1T

上り線

● **自動閉そく式（単線）**

　同じ線路を上りと下りで共用している単線区間では、もう少し複雑です。隣接する駅の信号扱い担当者どうしの取り扱いにより、運転方向の「上り」「下り」を先に決めます（CTC区間は指令員が一人の操作で行なう）。列車の正面衝突を防止するため、一方の駅から列車が出発したら、もう一方の駅に到着するまではたとえ誤って運転方向を反対方向に変更しようとしてもロックがかかって変更できない仕組みになっています。方向が決定した後は、複線の場合と同様に在線位置によって信号が制御されます。

■自動閉そく式の仕組み（単線区間　3現示の例）■

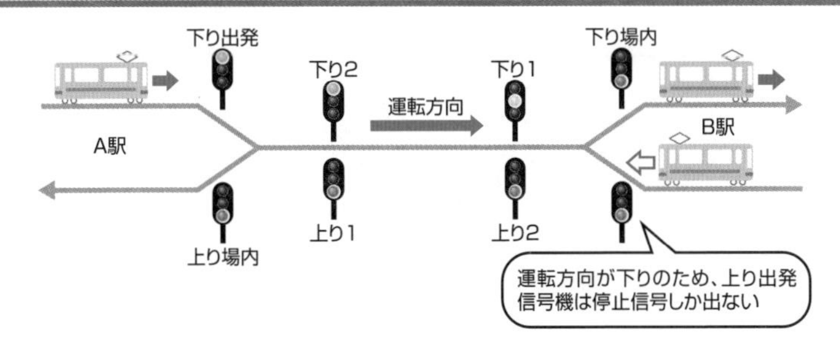

● **車内信号閉そく式**

　自動閉そく式の考え方の発展形で、列車速度を指示する信号電流を地上装置からレールに流し、受信した車上でそれを表示したものを信号機とみなす方式です。車内信号閉そく式は、後述の自動列車制御装置 ATC（Automatic Train Control）と一体のシステムとなっているため、後で紹介します。

6

電気・信号設備

● 特殊自動閉そく式と非自動閉そく方式

地方ローカル線の多くでは、コストダウンのため駅間の軌道回路を省略した「**特殊自動閉そく式**」が使われています。この方式では、出発信号機から次の駅の場内信号機までの長い区間がひとつの閉そくとなっています。

このほか、ごく一部のローカル線区では、タブレットと呼ばれる円盤状の金属を次の駅まで運転士が所持することで閉そくを確保する「**タブレット閉そく式**」などの非自動閉そく方式が使われています。

■閉そく等の方式一覧■

	閉そくによる方法				列車間の間隔を確保する装置による方法	動力車を操縦する係員の注意力による方法
	自動			非自動		
方式名	自動閉そく式	車内信号閉そく式	特殊自動閉そく式 （軌道回路検知式、 電子符号照査式）	・タブレット閉そく式 ・スタフ閉そく式 等々（詳細略）	ＡＴＣ方式（通称）	状況により、指導通信式、伝令法など各種（詳細略）
適用線区	在来線の主要幹線 （複線・単線）	・都市部の通勤線 ・以前の新幹線	・単線ローカル線 ・路面電車の単線部	・超閑散路線 ・専用線等	・現在の新幹線 ・都市圏高密度線区 （特に地下区間）	装置故障等の緊急時
信号方式	色灯信号 （3～6現示）	車内信号	色灯信号 （2～3現示）	色灯信号 （2～3現示） 腕木信号 （国内は１線区のみ）	車内信号	駅員の手信号＋運転士等の注意力
代表的な保安方式	ATS-S（改良版） ATS-P など	ATC （アナログ）	ATS-S(改良版)	ATS-S(駅構内のみ)	デジタルATC 無線式信号システム （ATACS、CBTC等）	速度制限 (25 ～ 35km/h)
代表的線区	東海道線、中央線、 小田急線、阪急線、 大阪メトロ	名古屋地下鉄 京都地下鉄 沖縄都市モノレール	【軌道回路検知】 山田線、宮崎空港線 【電子符号照査】 釧網線、境線 上毛電鉄	名松線、津軽鉄道、銚子電鉄(一部)、神奈川臨海鉄道	【デジタルATC】 各新幹線 山手線、東京メトロ 札幌地下鉄・福岡地下鉄 【無線式】 仙石線、埼京線	

6-12 信号機の種類

鉄道用信号機には、地上に設置されていて電球の色や白色灯の並び方で情報を表すものや、運転席の上のパネルに表示するもの等、いろいろな形状のものがあります。また形状とは別に、その役割によっても分類できます。

形状による分類

最も一般的な信号機である**色灯式信号機**は、赤色（R）、橙黄色（Y）、緑色（G）の3色の電球を使って列車進入の可否、あるいはその速度を示します。点灯による運転士への指示を「**現示**」と呼び、道路信号機と同様にR、Y、Gの3現示が基本となっています（ローカル線の一部にはR、Gの2現示のところもある）。都市部など列車頻度が高い線区では、必要により2灯同時点灯のYY（警戒）、YG（減速）を加えて、4現示・5現示としているところもあります。さらに特殊な現示としてGG（高速）を使って6現示としているところもあります。

一方、複数の白色電球を用いて、点灯球の並び方によって停止、進行、制限などを現示するのが**灯列式信号機**で、中継信号機や入換信号機などに使われています。

色灯式、灯列式いずれも、以前は白熱電球が用いられていましたが、最近では長寿命・省電力のLEDが用いられることが多くなりました。

■いろいろな信号機①■

出発信号機（東海道線品川駅）

1本の柱に複数の信号機が設置されているときは、本線の信号機を一番高くする。写真は本線である東海道下り（右手前）が進行現示、横須賀下り（右から2番目）が停止現示。

役割による分類

同じような形状の信号機でも、それぞれに別々の役割があり、その役割によって運転取扱も異なります。

分岐器が設置されている駅には、**場内信号機**と出発信号機が設置されています。場内信号機は駅構内への進入を許可するための信号機、出発信号機は駅構内からの進出を許可するための信号機で、駅長（またはCTC指令）が操作したときだけ進行を現示し、それ以外のときは停止を現示しています。

駅間にあるのが**閉そく信号機**で、6-11で説明した閉そくユニットに接続して設置されています。閉そく信号機は場内信号機や出発信号機と同じような形状をしていますが、番号の入った札のようなものが信号機にくっついています。これが「閉そく信号機識別標識」で、次の駅に近づくたびにこの番号が1つずつ小さくなっていきます。「1」の閉そく信号機（第1閉そく信号機）の次に現れる信号機が次の駅の場内信号機になります。

いろいろな信号機②

閉そく信号機

5灯型色灯信号機のYY（警戒）現示。複々線区間（中央急行線、中央緩行線）において線区を区別するため、緩行線を意味する「緩」が表記されている。数字の「25」は第25閉そく信号機であることを示す。黄色い△マークは信号喚呼（かんこ）位置標（次の信号機を確認する位置であることを示す）。

灯列式信号機を役割で分類すると、代表格が**中継信号機**と**入換信号機**です。中継信号機は、本体信号機が進行現示のときは縦一列、停止現示のときは横一列、減速／注意／警戒のいずれかの現示のときは斜め一列の現示（「制限現示」）となります。大きな駅や車両基地などで入換を行なうときに用いられるのが入換信号機で、おむすび形の機構の中に白色灯が3つあり、停止のときは横に2灯、進行のときは斜め2灯が点灯します。

■いろいろな信号機③■

中継信号機

制限現示（斜め点灯）により本体信号機（前方の信号機）が減速/注意/警戒のいずれかの現示であることを示す。△マークの信号喚呼位置標の位置で本体信号機を確認する。

■いろいろな信号機④■

入換信号機

横2灯点灯で停止、左下・右上2灯点灯で進行を現示。

特別な信号機

　通常の信号機は、赤・橙黄色・緑や白色の電球・LEDが点灯することで情報を乗務員に伝えますが、中には違った形で情報を伝えるものもあります。徐行信号機のように電球を用いない表示板形式もあります。

■特別な信号機■

特殊信号発光機

赤色灯の回転（左）または点滅（右）により踏切やホームでの異常を知らせ、運転士に緊急停止を指示する。

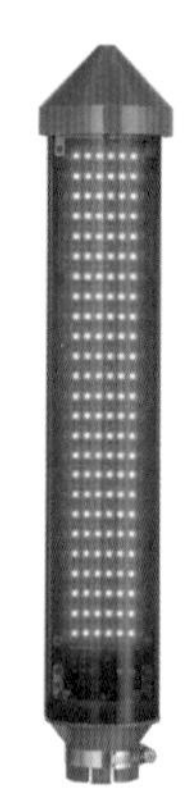

徐行信号機（左）と徐行解除信号機(右)

当該区間での45km/h徐行を指示している。列車の最後尾が徐行解除信号機通過後に通常速度に戻す。

6-13 車内信号方式とATC

ATCの本格導入は、東京オリンピックが開催された1964年です。それ以降もデジタル化によって関連技術は進んでおり、2002年施行の国土交通省令で新しい概念が導入されています。

ATCとは？

ATC（自動列車制御装置）は、自動閉そく式の発展系である車内信号閉そく式と一体のシステムとして開発されました。地上からレール等を用いて流される指示速度信号を受信して数字や記号で現示する装置を車内信号機と位置づけています。列車の速度が車内信号現示速度を超過しているときは、当該速度になるまで自動的にブレーキがかかる仕組みになっています。本格的に導入されたのは、1964年に開業した東海道新幹線で、その後各地の地下鉄や都市部の高密度運転線区、新交通システムなどに導入されました。

■車内信号方式の車内信号■

埼玉新都市交通伊奈線で使用されている多段ブレーキ制御方式のATCの車内信号機の表示。20km/h信号を現示している。その他にも、滅灯しているが、×・0・30・40・60の表示が薄く見える（×は「バッテン」と読み、絶対停止を指示する現示）。

（写真出典：Wikipedia「自動列車制御装置」）

新しい「ATC方式」

●「列車間の間隔を確保する装置による方法」に基づく「1段ブレーキ」

近年のデジタル技術を用いた新しいATCでは、多段階にブレーキがかかる従来のATCと異なり、1段ブレーキ（目標点までに列車を停止させることができれば途中段階の速度は問わない）という新しい概念を用いているため、旧来の「閉そくによる方法」ではなく、2002年施行の国土交通省令で定められた概念「列車間の間隔を確保する装置による方法」と位置づけられています。新しいATCでも運転席の速度計周辺に指示速度が表示されていますが、各段階の指示速度がそれぞれ現示とみなされる従来形のATCとは異なり、信号現示は「停止」（赤色）、「進行」（緑色）の2現示だけであり、速度指示灯は現示ではなく指示表示の位置づけです。

「列車間の間隔を確保する装置による方法」は法令に記載された用語ですが、長くてわかりにくいため、新しいATCの方式を「ATC方式」と呼ぶこともあります。

●主流はデジタル信号

ATC方式にはいろいろなタイプがありますが、多くのタイプはレールに流す軌道回路電流に重畳させてデジタル信号電流を流す方式です。このデジタル信号電流にはこの先列車が進入可能な範囲を示す情報が含まれており、これを受信した車上装置が適切な速度を計算するという仕組みになっています。次に述べる無線式信号システムはATC方式の発展形と位置づけることができます。

ATC方式は東海道新幹線、東北新幹線をはじめとする各新幹線で採用されており、JRの在来線では山手線、京浜東北線などで、また多くの地下鉄線でも使われています。

6-14 無線式信号システム

21世紀に入って急速に普及が進んでいるのが無線式信号システムです。法令上の分類では、前項の「列車間の間隔を確保する装置による方法」（通称「ATC方式」）の一種と位置づけられていますが、19世紀末の軌道回路の発明以来行なわれてきた「レールを伝送路とした列車位置把握」から初めて本格的に脱却した画期的なシステムです。

無線式信号システムの基本と分類

無線式信号システムは欧州・米国・日本などでそれぞれ独自に開発された経緯があり、引用規格体系の違いもあってさまざまな方式がありますが、基本的な考え方は、各列車が自分の位置を常時把握してそれを無線でシステムに伝送し、システムは他列車との位置関係や次の区間への進入可能範囲などの情報を無線で各列車に送ることで、列車間の間隔制御を行なうというものです。情報を受信した列車では自車両のブレーキ性能に合わせた制御を行なうため、安全の確保と効率的な運転の両立が可能となります。

● 電波特性によって3つに分類

無線式信号システムは、使用する無線電波の特性の違いによって、ETCSグループ、CBTCグループ、ATACSという3つのグループに大きく分類されます（次ページの表「無線式信号システムの分類」参照）。

電波は一般に周波数が大きくなると伝送可能な情報量が飛躍的に大きくなりますが、まっすぐにしか飛ばず、物陰には届かないため、線路近傍では数百mごとにアンテナが必要となります。一方、周波数が小さいと多少の物陰でも電波は回り込んで届くため、アンテナは数kmごとで十分ですが、伝送可能な情報量が少なくなります。

各システムは、それぞれの電波特性にマッチした機能を有しています。

無線式信号システムの分類

	ETCS グループ	CBTC グループ	ATACS
周波数帯と種別	900 MHz帯	2400 MHz又は 5000 MHz	300 MHz帯
	携帯電話用の一部を鉄道用に割当	無線LAN用汎用波(免許不要)	列車無線用専用波
電波到達距離と障害物特性	3 ~ 16km 多少の障害物可	0.1 ~ 0.5km 障害物不可、直進範囲限定	3 ~ 5km 多少の障害物可
基地局アンテナ	小型(20cm級)	超小型(5cm級)	中型(50cm級)
基地局イメージ	数駅毎に1局	電化柱4 ~ 5本毎に1局	数駅毎に1局
開発箇所と引用規格体系	欧州:ERTMS(EU 内の鉄道標準規格)	米国・カナダ:IEEE(米国主体の電気情報工学系の標準規格)	日本:JIS(国際標準への適合に向けた手続中)
長所	・中・高速列車も対応可 ・電波妨害の心配が少ない ・欧州統一規格で国際列車対応 ・実情にあわせLv1、Lv2とステップアップ可能、Lv2から無線使用	・無線中断の影響が比較的小 ・画像など大容量情報も伝送可能 ・鉄道ではなく電子業界規格準拠のため、最新動向反映が容易 ・電波資源が豊富	・中・高速列車も対応可 ・電波妨害の心配が少ない ・踏切制御、臨時速度制限などオプション機能が豊富 ・抜群の安定稼働率
弱点	・無線中断による輸送混乱の恐れ ・無線方式が通信事業者依存 ・電子技術進歩に後れをとる傾向 ・電波資源が有限	・中・高速列車には不向き ・電波障害の恐れ(混信、妨害等) ・稼働率が若干低い ・他線区との相互乗入が困難	・無線中断による輸送混乱の恐れ ・画像等の大容量伝送は不可 ・日本独自規格で国際知名度低 ・既存車両の改造費が高額 ・電波資源が有限
軌道回路	Lv.3段階になれば不要だが現状は併用	不要と謳われているが、実際はほとんどの線区で併用されている	列車制御用としては不要(レール破断検知用として存置)
現状	・最終形であるLv3の実用化タイプは未完成(2019年末現在) ・Lv1 ~ Lv.2は欧州で広く導入済 ・国際標準化を図るも欧州以外では難航	・世界中の地下鉄・都市鉄道で広く導入済、新興国の新設鉄道ではデファクトスタンダード化の様相 ・最高速度の多くは60 ~ 85km/h ・日本の地下鉄丸ノ内線で計画中	・仙石線・埼京線導入済 ・欧州では未完成のETCS Lv.3要求事項を満たしているとされる

無線式信号システムの仕組み

日本で初めて無線式信号システムが実用化されたのは、2011年10月使用開始のATACS（Advanced Train Administration and Communications System）で、仙石線（あおば通～東塩釜間　約18km）で運用が開始されました。ATACSはその後2017年11月に首都圏の埼京線（池袋～大宮間23.5km）でも使用開始されています。

ATACSの基本的な仕組みは以下のようになっています。

（1）各々の列車は自分の位置を常に算出し、無線でその情報を地上に送信する。
（2）地上装置はすべての列車の位置を把握し、各列車に対してそれぞれ進入してもよい範囲を無線で送信する。
（3）各列車は受信した情報をもとに、今後進んでいく自列車進路上の位置と許可速度を計算し、それに基づいてブレーキ制御を行なう。
（4）駅構内の進路制御は基本的には後述の連動装置によるが、連動装置内での列車位置把握は車上から送信された位置情報に基づく。

列車位置の算出は、列車に搭載した計器で移動距離を割り出して移動距離分を加算していく方法で、実際の地点と算出値の誤差を修正するため、所々で地上側設置の装置との照合により位置の補正を行ないます。列車の移動距離を計測する計器は、車軸の回転から計算する方式と、ドップラーレーダーを用いる方式のいずれかが採用されています。ATACSでは車軸回転を用いた方式が採用されています。

■無線式列車制御システムATACS■

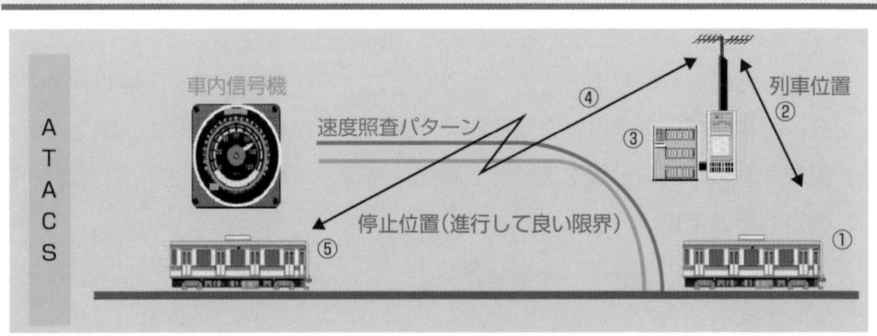

〔出典：2017年10月3日、JR東日本プレスリリース「埼京線への無線式列車制御システム（ATACS）の使用開始について」〕

6 電気・信号設備

無線式信号システムの長所と短所

無線式信号システムは、既存の閉そく方式と比べて以下のような長所があります（方式によって若干異なるがATACSの場合を例にとる）。

- 列車の時隔短縮：固定閉そく区間に縛られない**移動閉そく方式**のため、列車速度や車両ブレーキ性能に合わせて列車間隔をもっと詰めることが可能
- 安全性向上：踏切やホーム上の異常に対し自動的にブレーキ作動するため安全性が向上、また運転席へのブレーキ原因明示により運転再開判断が迅速化
- 線路内設備の簡素化：軌道回路等の線路内設備が不要となり、保守・工事従事員の安全性と作業能率が共に大幅に向上
- 踏切遮断時間の改善：列車の速度に合わせ踏切遮断時間を最適化
- 災害時の速度規制措置の迅速化：強風・強雨・地震等の発生時において、CTC指令員等の操作による臨時速度制限機能が可能

一方、欠点としては、以下のような項目が挙げられています。

①軌道回路によるレール破断検知ができなくなるため、代替手段が必要。
②アンテナの損傷、車上装置故障などのトラブルが発生すると、線区内すべての列車が一時的に運転不能となる。
③システム上、すべての列車長が同一という前提で列車間隔を計算するため、標準より両数の多い列車は運転できない。
④対応車上設備非搭載の車両は線区内に入線できない（万一誤って入線すると付近の列車がすべて自動的に緊急停止となる）。
⑤同一周波数帯をターゲットとした違法妨害無線に対しての脆弱性がある。

これらの短所の解消のため、軌道回路によらないレール破断検知装置の開発、異常時バックアップ運転機能の充実、列車長可変対応機能、車上装置非搭載車両の一時的入線対応機能の開発、無線の暗号方式強化などの検討が進められています。

6-15 「出発進行」の意味

子供が鉄道ごっこをするとき、必ずといってよいほど「出発進行！」と掛声をかけますが、鉄道の世界ではこれは「出発して進行する」の意味ではなく「出発信号機が進行を現示している」という意味です。では、出発信号機などに進行を現示するのはどういうしくみなのでしょうか？

たくさんの条件が整って初めて進行を現示

6-12で紹介したように、分岐器がある駅には出発信号機と場内信号機があります。出発・場内いずれも、進行現示にするためには、まずはすべての電気転てつ機を列車が通る方向に転換させる必要があります。次に、進入範囲に別の列車がいないこと、付近の踏切の遮断棒が完全に下がっていることなどのたくさんの条件のチェックも必要となります。また、自分の進路上の地点に別の番線から列車が進入してくることも防がなければなりません。このように複雑な条件をチェックし、信号機や電気転てつ機を安全に制御するためには、フェールセーフ理論に基づいた専用システムが必要です。これが「連動装置」と呼ばれるものです。以前は数百～数千個ものリレー（継電器）からなる**継電連動装置**が多く使われていましたが、1980年後半にはコンピュータを用いて制御する**電子連動装置**が登場し、中規模以上の駅では電子連動装置が主流となっています。

連動装置①

継電連動装置の制御盤
駅係員が制御盤の中の「てこ」と呼ばれるスイッチを扱って進路制御を行なう。

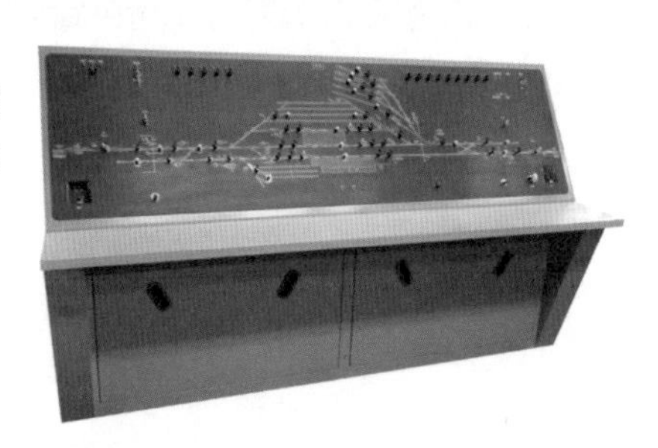

■連動装置②■

電子連動装置の制御盤
列車在線状況や設備状態をコンパクトなディスプレイに表示する。通常時は自動的に進路が制御される。

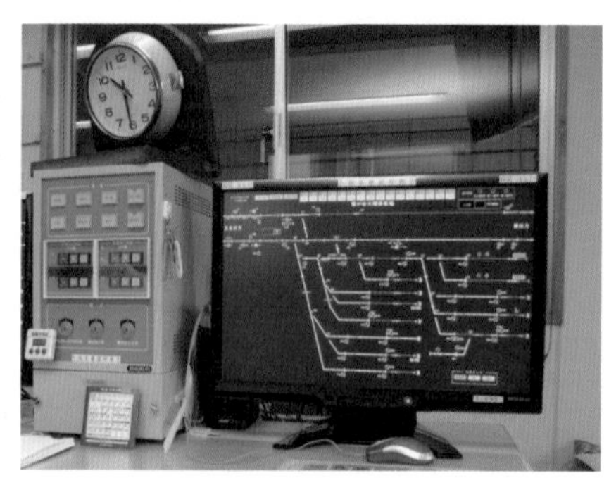

駅構内の信号機制御のルール

各駅の信号扱所に設置されている連動装置操作盤で場内信号機や出発信号機などの「進路」を取り扱い、必要な条件がすべて揃ったときに初めて、進行現示を出すことができます。また、進路の取り扱いの多くは人手を介さずコンピュータ化されています。なお、後述のCTC導入線区では、進路の扱いはCTC指令員（またはCTCの上位に接続されたコンピュータ）によって行なわれています。

いったん信号機に進行を現示した後でも、何かのトラブルによって条件がひとつでも満たされなくなったときは、安全確保のため、その信号機は自動的に停止現示になります。

また、進行現示の信号機に対してそれに支障する別の進路を誤って設定しようとしても設定できないようになっています。このような機能を鍵と錠前の関係に例えて「鎖錠」(Interlock)と呼び、鎖錠の集合体ともいえる連動装置は英語でInterlocking Systemといいます。

6-16 運行管理システム

1つの線区の中でも途中で折返す列車、他線区に乗り入れる列車、基地に入区する列車など、同時にさまざまな種類の列車が走っており、その管理は大変複雑なものになります。これらの管理は一般的に輸送指令員によって行われますが、そのために欠かせないのが運行管理システムで、列車の在線位置をリアルタイムに把握し、それぞれの列車に対する信号を設定するために各駅の連動装置を通じて遠隔制御します。

線区をまとめて集中管理するCTCシステム

各駅の連動装置を集中して一括制御し、線区全体の管理を行なうのがCTCシステムです。CTCシステムは、CTC指令に設置されたCTC中央装置と各駅の連動装置ごとに設置されるCTC駅装置、これらを結ぶ専用の通信回線で構成されており、連絡用設備として指令電話装置や列車無線装置なども設置されています。

近年ではCTC中央装置に接続し、各駅の信号機制御を自動的に行なう**PRC**（Programmed Route Control）システムが大半の線区で導入されています。さらにPRCの発展形として、列車ダイヤ乱れ時にAI機能を用いてダイヤの正常化を行なったり、保守作業扱いを一体管理することによって、保守作業の着手ミスによる列車脱線事故や保守作業員の触車事故・防止する機能なども備わったシステムもあります。

■CTCシステムの様子■

CTC表示盤

初期タイプの大表示盤形式。左手前の制御盤を使って手動で進路制御を行なう。

6-17 踏切保安設備

新幹線などを除き、ほとんどの路線は道路との交点である踏切が設置されています。 踏切は設置されている設備によって第1種、第3種、第4種がありますが、このうち踏切保安設備が設置されているのは第1種(警報機、遮断機付き)と第3種(警報機付き)です。

踏切の種類

踏切の種類は、遮断機・警報機付きの第１種、警報機付きの第３種、遮断機も警報器もない第４種の3つに分けられます。特定の時間帯だけ係員が遮断操作を行なう第2種踏切は、日本国内では1985年までに姿を消しました。

国内の全踏切の9割弱を占める第1種踏切には、踏切警標、踏切警報機、踏切遮断機、踏切支障報知装置が設置されています。また自動車交通量が多い踏切を中心に、踏切で立ち往生した自動車を検知すると特殊信号発光機を作動させる**踏切障害物検知装置**が設置されています。

■日本の踏切個所数■

	第１種	第３種	第４種	合計
JR・3セク	18,699	482	1,526	20,707
民鉄	11,422	257	1,258	12,937
合計	30,121	739	2,784	33,644

〔出展：平成29年度鉄道統計年報(国土交通省)〕

■第1種踏切■

警報機（警報灯・方向指示器)、踏切遮断機、踏切支障報知装置（非常押しボタン）が設置されている。

踏切支障報知装置のボタンを押すと、特殊信号発光機または信号炎管が作動し、運転士に緊急停止を指示する。

6-18 通信設備

安全運行を情報伝達の面から支える鉄道通信設備は、無線設備系、有線設備系、端末設備などに分類され、複数箇所への同時伝達、高速移動体への通信、回線切断時の自動迂回構成などの特性が求められます。

携帯電話の普及以前からある移動体通信の列車無線

列車無線とは、列車の乗務員と地上の指令員などの間で通話を行なう移動体無線設備です。個人用携帯電話が普及しはじめたのは1990年代後半からですが、列車無線の歴史はもっと古く、1960年には特急こだま号で空間波方式の列車無線が実用化され、その後の東海道新幹線へと展開されました。

● LCX（漏洩同軸ケーブル）やデジタル多重化の利用

列車無線は一般に無線基地局のアンテナからの空間波を用いていますが、高速走行区間やトンネル、ビル密集地帯などでは電波が伝わりにくいため、線路沿いに張られた漏洩同軸ケーブル(LCX)を利用してケーブルから電波を出す方式を採用しています。最近ではデジタル多重無線方式の導入により音声品質が飛躍的に向上し、無線データ伝送機能を活用した付加機能なども実現されています。

● 防護無線

非常時の列車防護専用に用いられている無線が**防護無線**です。脱線など非常事態発生時に乗務員がボタンを押して緊急無線信号を発報し、隣接線区の列車乗務員に知らせて多重衝突を防止するためのもので、発報箇所から半径1000m以上電波が届く仕様になっています。防護無線は1962年に発生した多重衝突事故（三河島事故）がきっかけで開発が進められたといわれています。

■運転台に組み込まれた防護無線■

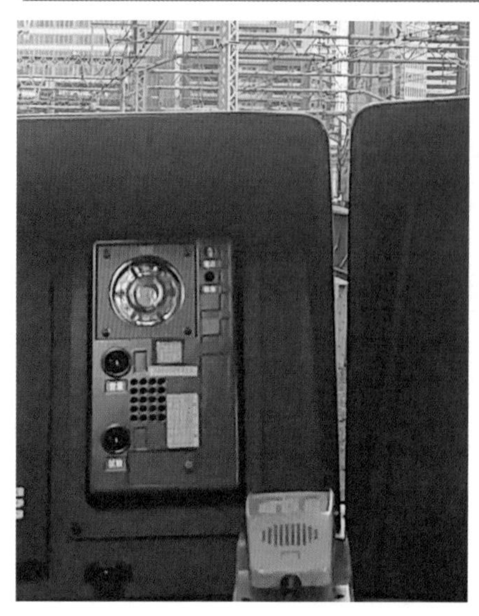

危険発生時に乗務員がボタンを押すと緊急停止を指示する無線が周囲1000m範囲に発報される。
信号機の一種と位置づけられ、受信した列車はいったん緊急停止し、指令等の指示が出るまでは運転再開してはならない。

中央下部に見えるのは列車無線送受話器

今なお健在な有線設備系の専用回線網

指令と駅、駅と保守区所など、鉄道においては常に電話連絡が不可欠です。このため、鉄道事業者の多くは専用の回線網を持っており、鉄道専用の電話通信装置が多数接続されています。

これらを結ぶ回線は、以前はメタリックケーブルと専用の極超短波無線（SHF）によっていましたが、1990年頃から光回線化が進み、ローカル回線等を除いてその多くが光ケーブル方式に置き換えられました。

また、伝送方式も従来の搬送装置方式から、インターネットプロトコル（IP）方式への変更が進み、動画などの大量データ伝送で駅業務などの近代化に貢献しているとともに、営業販売、変電、信号、土木設備監視などの他部門のシステムを結ぶ基幹回線としても用いられています。

一方で、運転士や設備保守従事員の緊急連絡用に用いるため「保安通信設備」として一定距離（約500m）ごとに設置が義務づけられていた沿線電話は、列車無線や一般用携帯電話の普及によりその役割を終えたため、撤去されているところもあります。

防災系通信設備

鉄道運行において、天災は非常に大きな危険要素となります。大地震による施設倒壊・津波到来、大雨による洪水・土砂崩壊・橋脚損傷、突風や竜巻などが発生すると大事故につながります。これらの危険を未然に防止するために、各鉄道事業者では防災系システムの構築を進めています。それぞれの設備を担当する部門の装置をつなぐ回線網を整備するほか、通信部門直轄として風速管理システムの保守・管理を行なっています。

● **風速計**

風速計は強風が吹きやすい河川橋梁や山間部高架橋などに設置されており、所定の風速を超えた強風が吹くとCTC指令盤に警報を表示し、指令員から運転士への通告により徐行運転または運行抑止を行ないます。デジタル無線を用いて自動的に通告が行なわれているところもあります。

風速計

風速計（写真左：全景、写真右：拡大）
強風が吹く区間に設置されている。一定以上の風速が観測されると警報出力し、CTC指令員が運転規制（徐行または運転中止）を無線通告する。写真は新幹線仕様で風向きと風速の両方を測定する風向風速計（在来線仕様は半球状の風杯で風速のみを測定する風杯型風速計方式）。

その他の通信設備

このほかにも、鉄道敷地内での安全確保やサービス向上のために、さまざまな通信設備が設置されています。

旅客ホームに設置されている設備として、駅構内の安全を監視するITVカメラ、車掌のドア扱い時に陰になって見えない位置を映し出すITVモニター、30秒ごとに送られる信号で一斉に針が動くホームの電気時計、発車間際になったことをベルやメロディで知らせる発車ベルなどがあります。

駅舎内には、早朝深夜のシャッター開閉を遠隔操作で行なうシステム、大画面ディスプレイシステム（通常時には企業広告を、列車運行異常時には鉄道運行情報を表示）などが設置されています。また外国人観光客などの要望に応えて、駅構内で使用できる無料Wi-Fiの整備も進んでいます。

■ホームITVモニター■

以前はブラウン管式だったが現在ではほとんどが液晶方式となり、軽量化・省スペース化が進んだ。

線路

線路は、さまざまな構造物や軌道材料からできています。単線・複線の機能、踏切、橋りょう、トンネル、軌道など、いろいろな角度から総合的に線路について調べていきましょう。

7-1 在来線と新幹線の線路

200km/h以上の高速で走る新幹線とこれまでの最高が160km/hの在来線では、軌間（ゲージ）や曲線半径など鉄道を構成している線路の基準が大きく異なっています。また、在来線上を通過する輸送量（規模と重量）により線路等級が区分されています。

在来線

1964年10月1日に世界初の高速鉄道である**東海道新幹線**が開業しました。それまで新幹線がない時代には「在来線」という言葉や定義はありませんでしたが、新幹線の誕生に伴い、新幹線と従来の国鉄（当時）路線を区分する用語として「在来線」を使うようになりました。

在来線は、その多くが狭軌（軌間1067mm）で建設された普通鉄道です。普通鉄道にはJRの在来線や民鉄線、地下鉄などが含まれ、現在は路面交通を除く最高速度160km/h以下で走行する鉄道を指しています。

なお、秋田新幹線と山形新幹線などは、「新幹線」と呼んでいても、現在の線路では主たる区間を列車が200km/h以上では走行できないため、在来線（普通鉄道）に分類されます。

日本の鉄道の軌間（7-4参照）は1435mm、1372mm、1067mm、762mmがあります。また単線と複線、電化と非電化に分類されます。

新幹線

全国新幹線鉄道整備法（1970年）では、新幹線鉄道を「その主たる区間を列車が200km/h以上の高速度で走行できる幹線鉄道」と定義しています。

これを実現するために、標準軌（軌間1435mm）を採用して、最小曲線半径や線路間隔などの建設基準を高規格としています。また道路や他の鉄道とは必ず立体交差とし、踏切を設けない構造になっており、交流電化されています。

営業している新幹線には、東海道新幹線（東京～新大阪）、山陽新幹線（新大阪～博多）、東北新幹線（東京～大宮～新青森）、北海道新幹線（新青森～新函館北斗）、上越新幹線（大宮～高崎～新潟）、北陸新幹線（高崎～金沢）、九州新幹線（博多～鹿児島中央）があります。

■軌間別の路線延長(2020年)■

種別	軌間 (mm)	距離 (km)	比率 (%)	備考
JR在来線、民鉄、公営	1435	2013	7.5%	・路線延長は営業キロ ・貨物専用線は除外
	1372	96	0.3%	
	1067	21507	80.0%	
	762	27	0.1%	
	計	23643	87.9%	
路面電車・LRT	1435	123	0.5%	
	1372	23	0.1%	
	1067	108	0.4%	
	計	254	1.0%	
新幹線	1435	2997	11.1%	・主たる区間を列車速度が200km/h以上
合計		26894	100%	

注）秋田新幹線、山形新幹線、越後湯沢～ガーラ湯沢間、博多～博多南間は、在来線(軌間1435mm)に計上

線路の分類

鉄道線路には、たとえば東海道本線や山手線などの路線名がついています。また、線路の輸送量や列車速度などの重要度により、線路を分類しています。このうち年間の通過トン数による等級に基づいて鉄道構造物の**設計荷重***、レール種類やまくら木本数、**道床厚**（どうしょう）などの軌道構造が決まっています。

■在来線の線路等級と設計荷重の関係■

線路区分	年間の通過トン数*（1軌道あたり）	現在の設計荷重	【参考】旧線路種別	【参考】旧設計荷重（橋りょう）
1級線	2,000万トン以上	EA*-17～EA-10の機関車荷重またはM*15などの電車荷重	特甲線	KS*-16(KS-18)
2級線	2,000万～1,000万トン		甲線	KS-16
3級線	1,000万～500万トン		乙線	KS-15
4級線	500万トン未満		丙線	KS-12
簡易な線	－		簡易線	KS-10

＊**設計荷重**　鉄道構造物などの設計計算で前提として用いる荷重。
＊**通過トン数**　線路上を1年間に通過する旅客列車と貨物列車の通過重量の累計。
＊**EA荷重**　電気機関車の荷重記号。（例）EA-17は、EF65電気機関車がモデル。
＊**M荷重**　電車の荷重記号。（例）M-15は、15トン/軸×4軸/両＝60トン/両（乗客を含めた全重量）。
＊**KS荷重**　蒸気機関車の荷重記号。（例）KS-16は、動輪が16トン/軸の場合。

7-2 線路の構造物

鉄道線路は、列車が走行する通路の総称で、土木構造物と軌道、電気設備から構成されています。軌道上に列車の走行空間を確保するだけでなく、列車制御のための設備が配置されています。電気車の場合は、地上から電力を供給する設備も必要になります。

土木構造物

土木構造物は、列車と**軌道**・電気設備の荷重を支える基礎部分です。大きく分類すると、土構造物(盛土と切土)と橋りょう、トンネルがあります。

● 土構造物

土または岩石を材料として地盤面より高く盛り上げた構造物を盛土、また原地盤を切り取った部分を切土(切取)といいます（7-7参照)。

● 橋りょう

一般に河川や道路、他の鉄道などを上空で横断する構造物を橋りょうと呼んでいます。橋りょうは桁部分を上部工、それを支える橋台と橋脚、それらの基礎を下部工といいます（7-8参照)。

● トンネル

山岳トンネルと都市トンネルに大きく分けられます。山岳トンネルの施工は主にNATM（New Austrian Tunnelling Method：新オーストリアトンネル工法）で掘削します。また都市トンネルではシールド工法や開削工法などの工法があります（7-9参照)。

メモ トンネルの呼称は、以前では隧道と呼称していました。

軌道

軌道は、道床とまくら木・レール・レール締結装置などから構成され、列車の荷重を直接受けるところです。道床には、バラスト（砕石）を使用するものと、弾性まくら木直結軌道やスラブ軌道などのバラストを使用しない直結系の軌道があります（7-10参照)。なお、弾性まくら木直結軌道では環境に配慮し、騒音等の低減を図るようにバラストを散布しています。

電気設備

鉄道線路に使用される電気設備は、エネルギー系と列車制御・通信系設備に大別されます。「**強電**」ともいわれるエネルギー系の電気設備は、電気車が運行するための電力を供給します。したがって、電化路線だけにあります。これに対して、「**弱電**」とも呼ばれる列車制御・情報通信系電気設備は、列車を安全に運行するためのもので、各種の情報を伝達する役割を持っています。

■高架区間の鉄道施設■

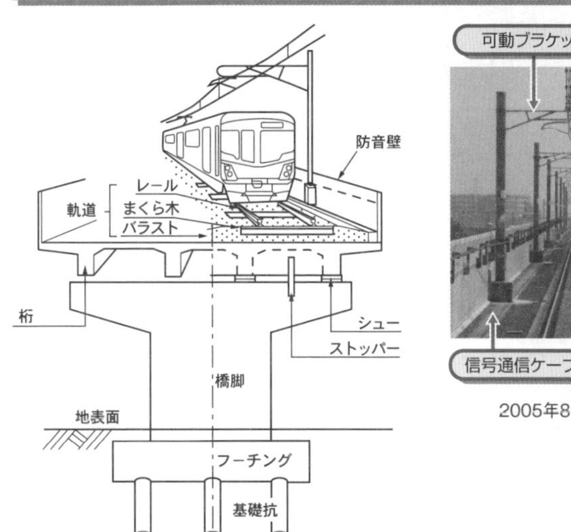

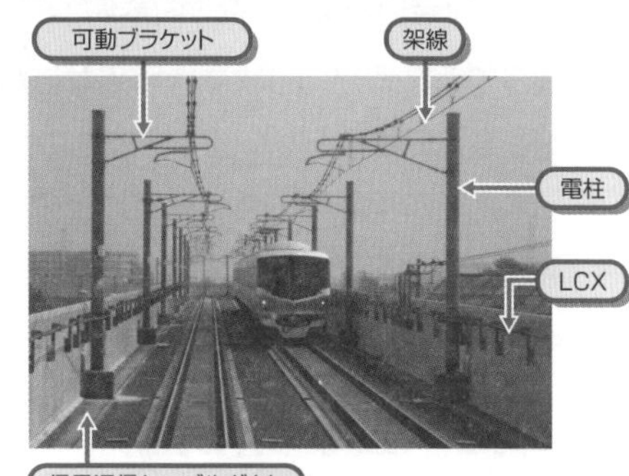

2005年8月に開業したつくばエクスプレス

■トンネル(シールド)区間の鉄道施設■

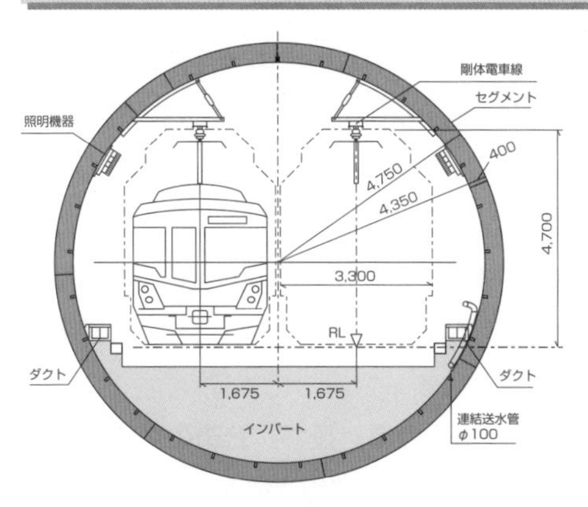

出典：東鉄工業KK

7-3 車両限界と建築限界

線路上には、列車が安全に走行でき、旅客と鉄道職員の安全を守るための空間を確保しなくてはなりません。そのために車両と地上構造物に対して設けられた限界をそれぞれ車両限界、建築限界といいます。

車両限界と建築限界の定義

レールの上を列車が安全に走行するためには、車両の大きさ以上の空間を確保する必要があります。水平な直線軌道に静置した車両の断面形状の外郭線が越えてはならない上下・左右の限界を車両限界といいます。

また、車両限界の外に一定以上の間隔をもたせ、列車の走行、旅客と鉄道職員の安全に支障を及ぼすおそれがないように定めたものを建築限界といいます。鉄道構造物は、この建築限界を支障して作ってはいけません。

車両限界と建築限界の実例

普通鉄道の多くの路線では、車両限界幅を3000mmと定め、左右に400mmを加算して建築限界の幅を3800mmとしています。1980年代以前に建設された線路では3800mmでしたが、その後、車両の冷房化が進み、窓が部分的に開く程度の車両が採用されるようになってからは、車両限界幅3000mmの左右に200mmを加算して建築限界幅を3400mmとする路線も増えてきました。

なお、小断面車両を使用しているリニア地下鉄(東京の大江戸線など)は、車両限界幅が2500mm、建築限界幅が2900mmと小型になっています。

曲線区間における建築限界の拡幅

車両が曲線区間を通過するとき、軌道中心に対して車両の両端部は曲線の外側に、車両中央は曲線の内側に**偏倚**(へんい)するので、曲線の内外ともに建築限界を拡幅する必要があります。

この建築限界の拡幅の量W(mm)は、車両の幅と長さ、台車の間隔などによって路線ごとに変わります。車両長20mの場合、**曲線半径**をR(m)とすると、W(mm)＝(22,500 ～ 24,400)/R(m)を用いて計算します。

車両限界と建築限界(直線区間)

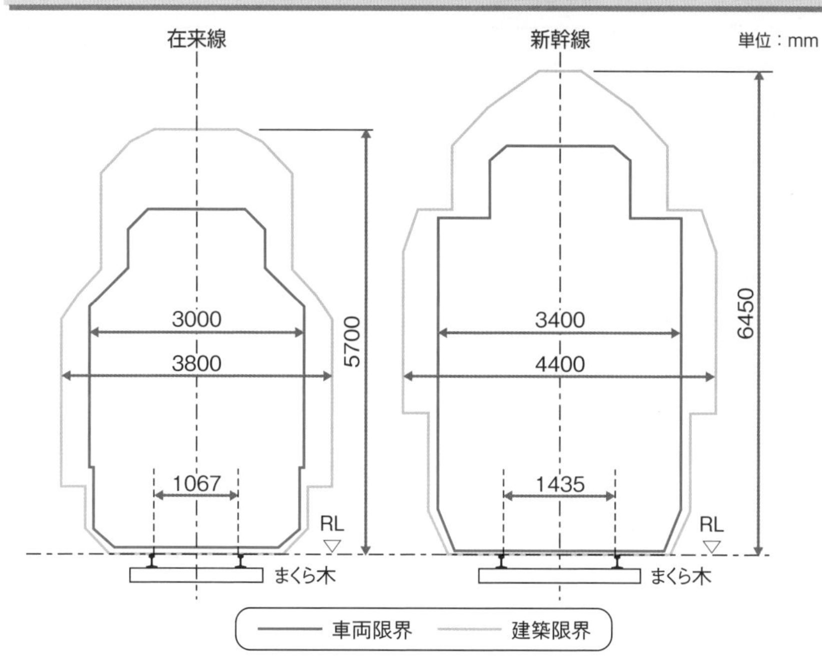

(注)レールレベル(RL:Rail Level)は、レール踏頂面の高さを示します。

曲線区間における車両偏倚の考え方

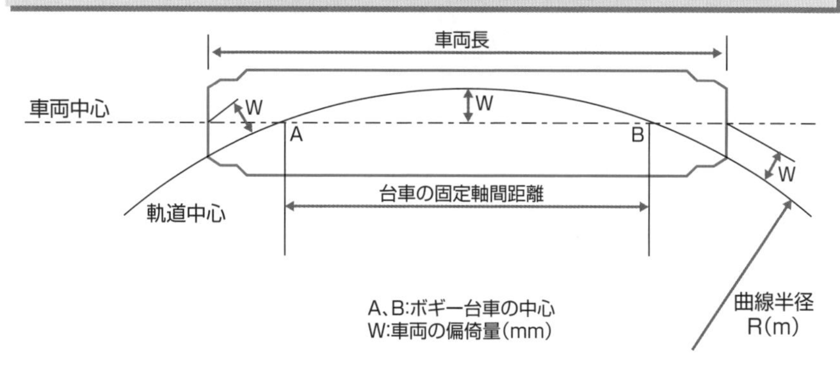

7-4 軌間

線路の基本的な基準のひとつが軌間(ゲージ)です。JRでは、新幹線で1435mm、在来線で1067mm（新在直通区間を除く）を採用しています。軌間が異なると、原則として列車は直通運転できません。

軌間の定義

鉄道の**軌間(ゲージ)**は、「軌道中心線が直線である区間におけるレール頭部(レール面からの距離が14mm以内の部分に限る)間の最短距離」をいいます。その後、一部のJRでは軌道検測車の測定位置が実質的に約16mmとなっているため、14mm以内にするか16mm以内かは、JR各社により決められています。

軌間の種類

世界の標準的な軌間は1435mm(4フィート8インチ1/2)で、これを標準軌と呼んでいます。新幹線もこの軌間を採用しています。これに対して、日本の鉄道の代表的な軌間は1067mm(3フィート6インチ)であり、標準軌より狭いので狭軌と呼んでいます。また、標準軌より広い軌間を広軌と呼びます。日本にはこのほか、762mm(ナローゲージと呼ばれる軽便軌間)、1372mm(いわゆる馬車鉄軌間で路面電車に多い)の計4種類の軌間があります。

三線軌

3本のレールを使った線路を三線軌といい、軌間の違う2種類の車両が走行できます。日本には、1067mmと1435mmの三線軌があります。

JR東日本の秋田新幹線（奥羽線）の神宮寺～峰吉川間において複線のうち1線が三線軌になっています。また民鉄線では、箱根登山鉄道の入生田（いりうだ）～箱根湯本間の単線区間と京浜急行の逗子線金沢八景～神武寺間(車両製造工場への車両の入出用)の複線のうち1線が三線軌です。

新幹線では、新幹線と在来線が複線で三線軌になる北海道新幹線の青函トンネルとその取付け区間があります。

メモ　青函トンネルの延長は約54kmですが、三線軌になる区間（奥津軽いまべつ駅付近から木古内駅付近）は約82kmです。

日本の鉄道の軌間

軌間	路線
762mm	四日市あすなろう鉄道、三岐鉄道、黒部渓谷鉄道(冬期休止)
1067mm	JR各線、民鉄線、公営、路面電車、LRT(ライトレール)
1372mm	民鉄線、公営、路面電車、LRT(ライトレール)
1435mm	新幹線、民鉄線、公営、山形新幹線、秋田新幹線

世界の鉄道の軌間(10-9参照)

軌間の呼称	mm	フィート表記	使用例
広軌	1676	5'6"	インド、パキスタン、アルゼンチン
	1668	5'6"	スペイン、ポルトガル (1676mmを車両の走行安定のために狭めたもの)
	1600		アイルランド、オーストラリア、ブラジル
	1524	5'	フィンランド
	1520	5'	ロシア、中央アジア諸国、モンゴル (1524mmを車両の走行安定のために狭めたもの)
標準軌	1435	4'8"1/2	ヨーロッパ、日本の新幹線・民鉄、中国、韓国
狭軌	1372	4'6"	日本の民鉄
	1067	3'6"	日本(JRの在来線・民鉄)、台湾、インドネシア
	1000		タイ、カンボジア、マレーシア、ケニア(メーターゲージともいう)
	914	3'	グアテマラ、コロンビア

(注1)このほか、762mm、750mm、600mmなどの軌間がある。
(注2)'はフィート、"はインチを表わす。

軌間の定義

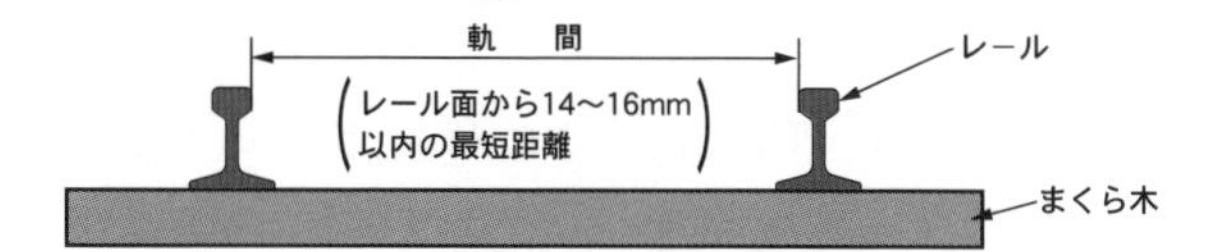

三線軌

7-5 単線と複線

輸送量が増えてくると、列車を増発しなくてはなりません。輸送量が少ないうちは単線でも対応が可能ですが、都市圏や幹線鉄道では、複線が必要になってきます。さらに輸送量が多い大都市圏では複々線の路線もあります。

単線

単線では、運転方向が異なる列車が同じ線路の上を走行するので、閉(へい)そく区間内(駅と駅との間)には1列車のみの通行が許され、駅で行き違いをします。このため、駅間に列車があると、反対方向に向かう列車は駅で待機することになり、列車本数が増えると対向列車を待つ時間も増加します。したがって、単線では1日あたりの列車本数は往復約80本が限度となっています。

複線

複線は、単線に比べて行き違いもなく、列車のスピードアップも可能で、列車本数は大幅に増加します。列車の速度と駅間距離・停車時間・信号設備・分岐器などによって運行可能な列車本数は異なりますが、最大2分間隔とすれば片道約30本/時になります。

複々線

複々線(線路が上り線・下り線2本ずつ)は、大都市圏の通勤・通学路線のような大きな輸送力が必要な区間に設けられます。JR線では東海道線や中央線などに、また東京と大阪の民鉄線にもあります。たとえば、JRの複々線では快速電車と緩行電車を合計して片方向約55本/時と、複線の約2倍の列車本数が運行可能になります。

複々線には列車の運行上、線路別と方向別の配線があります。線路別の配線は、**快速電車**と**緩行電車**に分離して運転を行ないますが、快速から緩行への乗り換えなどには不便なことがあります。一方、同一方向に快速電車と緩行電車が走る方面別配線の場合には、同じホームで乗り換えができるため便利です。しかし、朝のラッシュ時間帯にはホームに乗客が集中することがあります。

配線の違い

単線の配線例

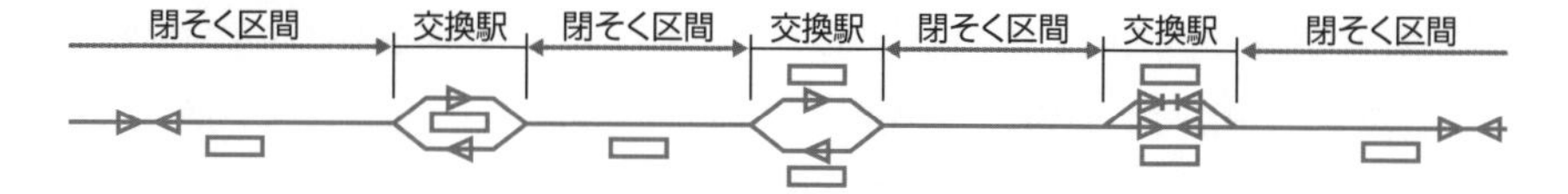

複線の配線例

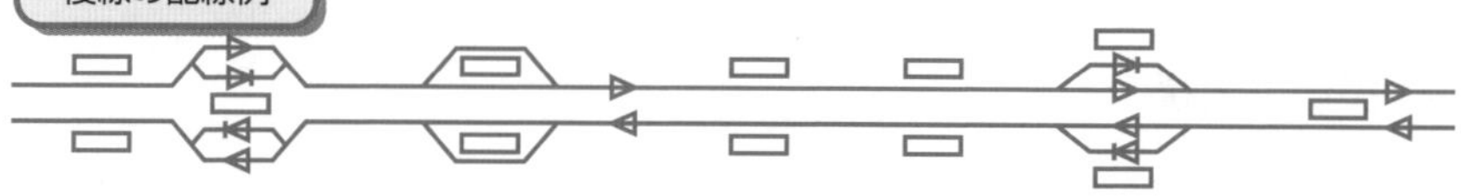

複々線の配線例

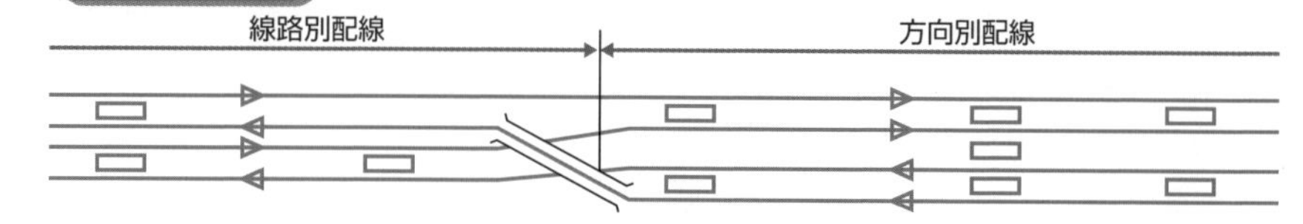

(注)図中の矢印は、列車の運転方向を示す。

軌間別の複線・単線延長(2020年)

種別	軌間(mm)	複線(km)	単線(km)	合計(km)
JR 在来線、民鉄、公営	1435	1464.5	548.3	2012.8
	1372	91.8	3.7	95.5
	1067	7436.5	1万4070.4	2万1506.9
	762	0	27.4	27.4
	計	8992.8	1万4649.8	2万3642.6
路面電車・LRT	1435	117.9	5.2	123.1
	1372	22.9	0.2	23.1
	1067	60.2	48.2	108.4
	計	201.0	53.6	254.6
新幹線	1435	2997.1	0	2997.1
合計		1万2190.9	1万4703.4	2万6894.3

(注)延長は営業キロで、線路延長とは異なる。なお、複々線の延長(複線に含まれる)は約479km。
出典:国土交通省のホームページ

7-6 踏切

鉄道と道路とが同一平面で交差する部分を踏切といい、一般的に鉄道の優先通行が認められています。踏切事故は、死傷者を伴う重大事故となる危険性が高く、「開かずの踏切*」に代表される踏切問題は、踏切遮断による道路交通渋滞の慢性化、鉄道による地域分断など社会問題化しています。

踏切の現状

全国には約3万3000か所*の踏切が存在し、東京都内には約1,050か所*あるとされています。特に都市部の踏切は、渋滞の発生による周辺道路ネットワークの交通流動の悪化、環境負荷増大なども加わり、社会・経済活動に深刻な影響を及ぼしています。このため、国土交通省では、踏切対策を重要施策の1つとして取り組んでいます。

メモ 踏切道改良促進法が1961年（昭和36年）に制定され、東京都内では2018年（平成30年）までに、395か所（約112km）の踏切が順次廃止されています。さらに都内を含め、全国で立体交差が促進されています。

踏切の安全設備

踏切の通行を安全に保つために、次のような踏切保安設備が設けられています。

● **踏切遮断機**

列車が踏切に接近してから通過し終わるまで道路交通を一時遮断する装置です。腕木式、引戸式、昇降式などがあります。遮断機の操作には自動と手動があり、軌道回路を用いて遠隔制御ができる自動式が一般的です。

● **踏切警報機**

列車が踏切に接近するとき、道路を通行する人や自動車に警告する装置です。一般的には音響とせん光を併用したものを用います。

踏切の種類と踏切保安設備

踏切には、遮断機や警報機の有無などにより、次の4種類があります。

---

* **開かずの踏切**　ピーク1時間の遮断時間が40分以上の踏切を指す。
* **約3万3000か所**　2017国土交通省
* **約1,050か所**　2019東京都建設局

4種類の踏切と保安設備

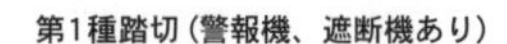
第1種踏切（警報機、遮断機あり）

第2種踏切（警報機、一定時間の遮断機あり）

第3種踏切（警報機あり、遮断機なし）

第4種踏切（警報機、遮断機なし）

出典：(社)日本民営鉄道協会『大手民鉄の素顔』をもとに作成。

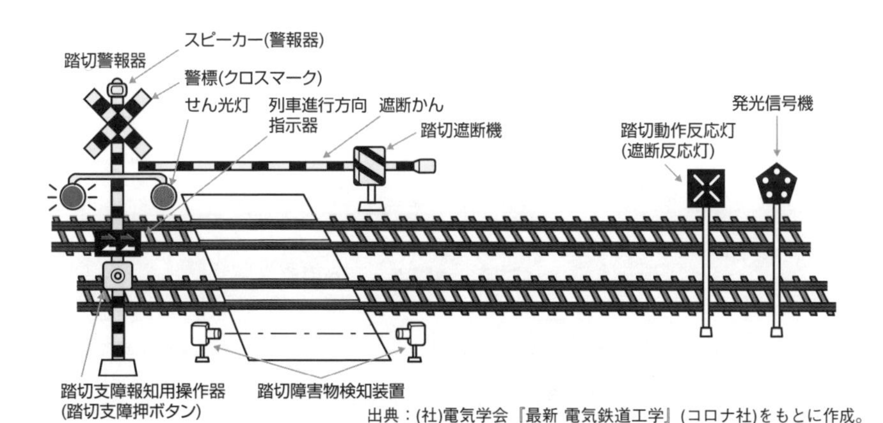

出典：(社)電気学会『最新 電気鉄道工学』(コロナ社)をもとに作成。

ソフト・ハード両面からできる踏切対策例

①連続立体交差化（鉄道を連続に高架化もしくは地下化にする）、②単独立体交差化（交差道路を線路上方もしくは地下道にする）、③踏切拡幅、④カラー舗装（歩車道を明確化にする）、⑤歩行者等立体横断施設の整備（エレベーター等の設置により利便性の向上を図る）、⑥自由通路の整備（駅設備を利用して整備する）、⑦駐輪場・駅前広場の整備、⑧ボラード*の設置による交通転換。

＊**ボラード（bollard）**　岸壁に設置して船を繋留したり、道路や広場などに設置して自動車の進入を阻止したりする目的で設置される、地面から突き出した杭。

7-7 土木構造物

鉄道車両はレール上を走行します。列車の安全で安定した走行を支えるのが軌道です。その軌道の下にあるのが「路盤(ろばん)」と呼ばれる土木構造物です。土木構造物は、鉄道システム全体を支える土台・基礎であり、それぞれの地形・地質、気象、周辺環境に応じて、さまざまな形式で設置されています。

ルート(路線の線形)の選定

鉄道は線状で長いものですが、本来良好な線路とは、直線で平坦に近いものです。速達性に有利であり、運転経費や保守費も安くなるからです。しかし、自然の地形や地質を容易に変えたり移したりはできません。日本は山地・丘陵が国土の大部分で、細長く急峻な地形であるため急流河川が多く、気象的にも各地域で特性を有します。さらに都市部では、大規模な構造物やライフラインが鉄道の導入空間を制限しています。そのため、鉄道のルートは路線の使命を念頭に置いて、可能な限り大きな曲線と緩い勾配で各種条件をクリアしつつ、最適な駅位置とルートを選定していきます。

ルート検討時の着眼点と評価項目

着目点	評価項目の例
線形	・路線の延長　・急勾配区間の延長　・急曲線の数 ・施工基面の平均高さ、平均深さ　・交差の条件
駅・車庫の位置	・駅の数　・他路線との接続、乗り換え　・駅前広場の確保 ・他交通機関との接続、連絡　・車庫立地要件の確保
用地取得	・用地取得と建物補償の難易　・民地通過の延長、面積
都市計画	・都市計画道路の有無　・公共施設の立地状況
関連事業	・街路事業　・区画整理事業　・再開発事業などとの調整
工事、技術	・概算建設費の大小　・既設構造物との交差　・地下埋設物の移設 ・トンネル、橋りょうの数、規模
環境	・騒音、振動、日照などの影響　・文化財の有無

構造物の種別

ルート(路線の線形)により、**施工基面**が設定され、地形に即した構造物が選定されます。鉄道は線状に連続した施設であることから、地形の変化を極力平準化するため、トンネル・土構造物・橋りょう・高架橋など多くの形式種類の構造物によって構成されます。このうち、トンネル区間以外を「明かり区間」と呼んでいます。

明かり区間

● 土構造物

自然の地形を切り取ったり（**切土**）、**盛土**をして**路盤**をつくります。このときできる斜面を**法面**といいます。なお、用地面積を小さくするために、盛土補強土擁壁などが使われることもあります。この**補強土擁壁**のほかに、L型、逆T型や石積み土留め擁壁などの土留壁があります。

土構造物の分類

盛土	地面上に土を盛りたてて土堤にし、その上に線路を敷設するもの
素地	平らな地面そのままの状態で、その上に線路を敷設するもの
切土	地面を掘り下げて、その上に線路を敷設するもの

土構造物の構成

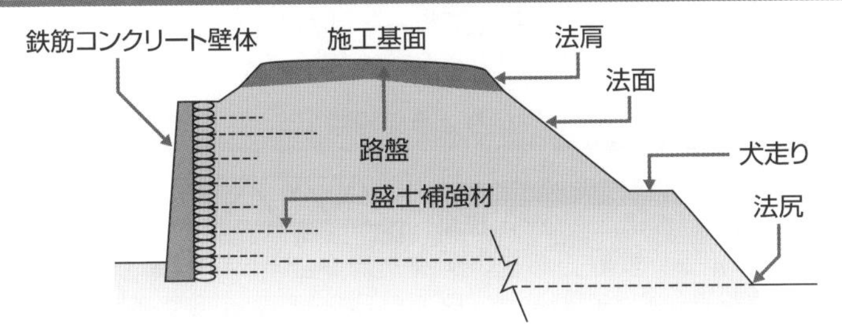

● 橋りょう・高架橋（7-8参照）

河川や海、道路、他の鉄道などと交差するために周囲の地表面より高い位置で路線を通す構造物です。このうち高架橋は、河川や道路を跨がず、地表面より連続的に高い位置に線路を敷設する場合に用いる橋りょうを指します。

7-8 橋りょう

橋りょうとは、鉄道が河川や海、他の施設と交差する場合、周囲の地表面より高い位置で通過するために設置する土木構造物です。交差する各施設の管理者などとの協議により、橋りょうの設置条件が整理され、橋りょうの形式や材料、施工法などの検討が始まります。橋りょうは、その目的・位置づけ、構造形式、材質により分類することができます。

橋りょう構造の種類

構造によって、主に以下のように分類されます。どの形式にするかは、地形や周辺環境、施工法、工事費などによって選定されます。

- **桁橋**　梁（はり）構造で荷重を受け、鋼桁や鉄筋コンクリート（ＲＣ）桁などを水平に架け渡したものです。
- **トラス橋**　部材を三角形につないだ骨組み構造を連続させて主桁としたものです。
- **アーチ橋**　主構造の一部にアーチ作用を持つものです。
- **ラーメン橋**　桁橋の変形であり、桁と橋脚を一体として剛結したものです。
- **吊橋**　鋼製ケーブルを主体として、橋床を吊り下げる構造のものです。
- **斜張橋**　主桁を塔から斜め方向に斜張材で吊り下げたものです。斜張材をコンクリートで包んだものを斜版橋といいます。

■橋りょうの種類■

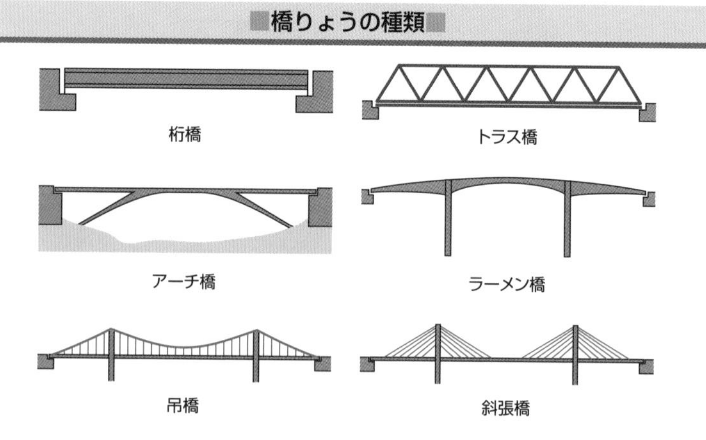

橋りょうの用途別分類

種類	特徴	略記号
橋りょう	河川、湖沼、海などを渡るもの	B
橋りょう（線路橋）	他の鉄道線路を跨ぐもの	Bi
橋りょう（架道橋）	道路を跨ぐもの	Bv
橋りょう（跨線橋）	他の鉄道や道路、歩道などが鉄道線路の上を跨ぐもの	Bo
高架橋	上記のような交差物を跨ぐものではなく、地表面より連続的に地表面より高い位置に設けるもの	Bl

さまざまな橋りょう

▼下路ワーレン連続トラス橋

▼ブレーストリブタイドアーチ橋

▼上路プレートガーダー橋

▼下路ダブルワーレントラス橋

橋りょうの構造

橋りょうの構造物は大きく「**上部工**」と「**下部工**」に分けられます。**桁**(けた)*を上部工と呼び、桁より下にある**橋台**や**橋脚**、その基礎などが下部工です。

■橋りょうの基本構造■

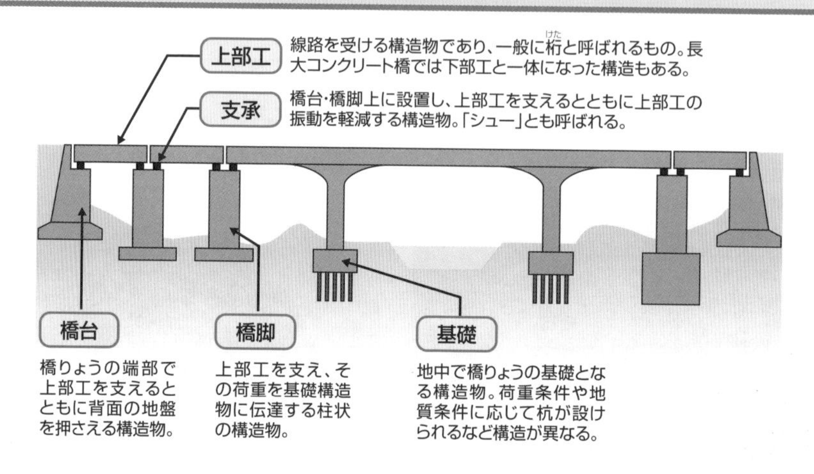

基礎構造物

下部工である基礎構造物は、上部工の荷重条件、支持地盤の条件などに応じて、**直接基礎**、**杭基礎**、**ケーソン基礎**、**鋼管矢板井筒基礎**(こうかんやいたいづつ)、**連続地中壁基礎**(れんぞくちちゅうへき)など現地に適した構造が選定されます。

■基礎構造物の種類■

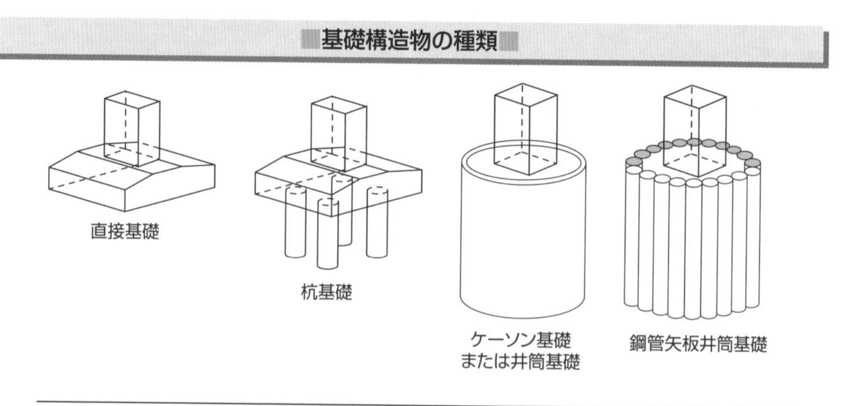

＊**桁**　桁の材料による分類もある。たとえば鉄筋コンクリートのRC橋、プレストレストコンクリートのPC橋、鋼と鉄筋コンクリートを使った合成桁、トラスやガーダーなどの鋼橋がある。

桁の構造

桁（上部工）の構造

側面図

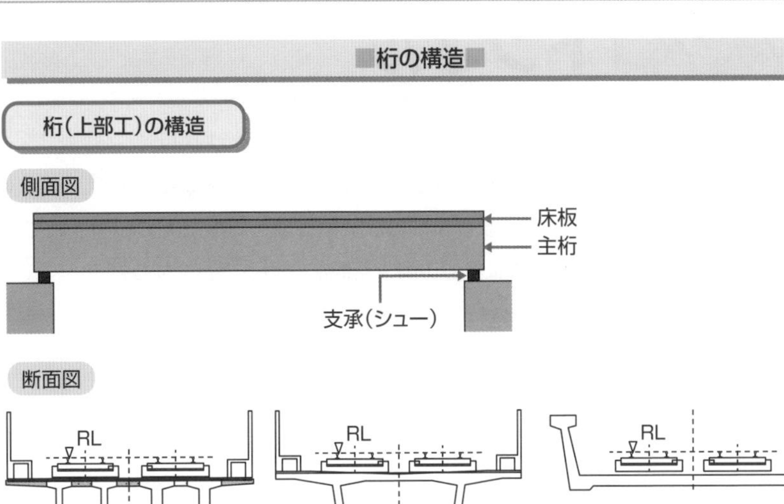

断面図

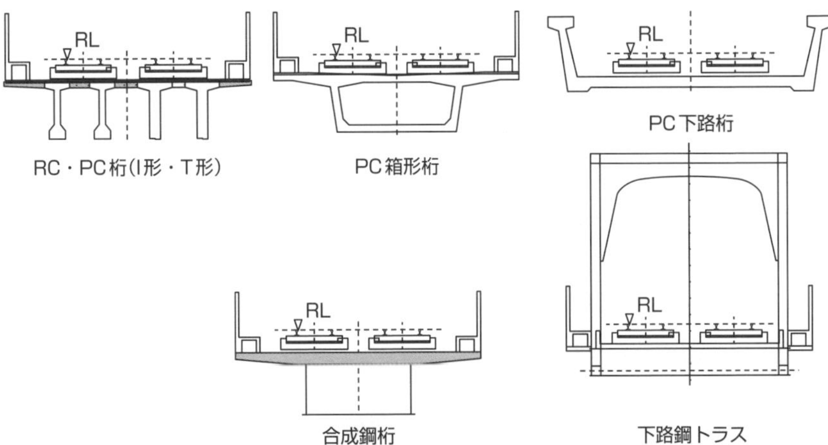

新旧の橋りょう

▼旧餘部（あまるべ）橋りょう

▼新餘部（あまるべ）橋りょう（出典：香美町）

7-9 トンネル

周囲の地表面より低い位置で列車を走らせるための構造物がトンネルです。山岳部では山を掘削し、都市部では地下に筒状の構造物をつくります。都市部では地上の空間がすでにさまざまな施設や住居などで高密度に利用されているため、地下鉄として地下に鉄道の導入空間を求めることになります。

トンネルの定義と種類

「トンネルとは、計画された位置に所定の断面寸法をもって設けられた地下構造物で、その施工法は問わないが、仕上がり断面積は2m^{2}以上のもの」と経済協力開発機構（OECD）では定義しています。

日本においてトンネル工事が始まったのは、江戸時代初期といわれています。当時はノミやツルハシを使って人力で施工していました。現在、トンネルの工事はほとんど機械によって行なわれています。その施工方法によって、**山岳トンネル**と**開削トンネル**、**シールドトンネル**、**沈埋トンネル**と、大きく4種類に区分できます。

■トンネルの種類■

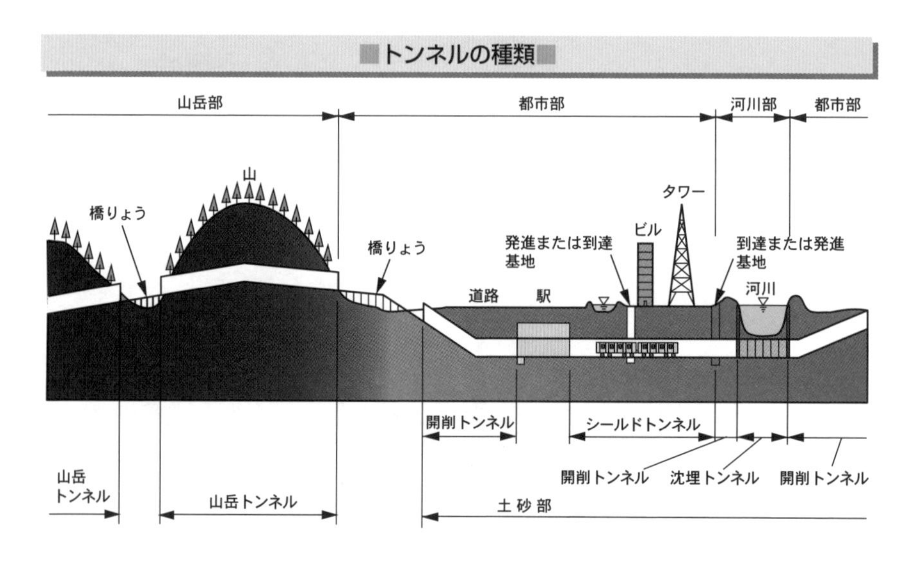

山岳トンネル

山岳部で用いられる**トンネル工法**の主流で、爆薬を用いた発破、あるいは掘削機械などにより掘り進むものです。掘削中の地山(じやま)を支える作業(支保作業)は、鋼製アーチ支保工と矢板で内側から支持する方式が長年採用されてきましたが、現在はNATM(ナトム)（New Austrian Tunnelling Method）が主流になっています。NATMでは、地山に直接コンクリートを吹き付けて地山の緩みを防ぎ、必要に応じて鋼製支保工を建て込み、補強としてロックボルトを打ち込みます。

山岳トンネル工法

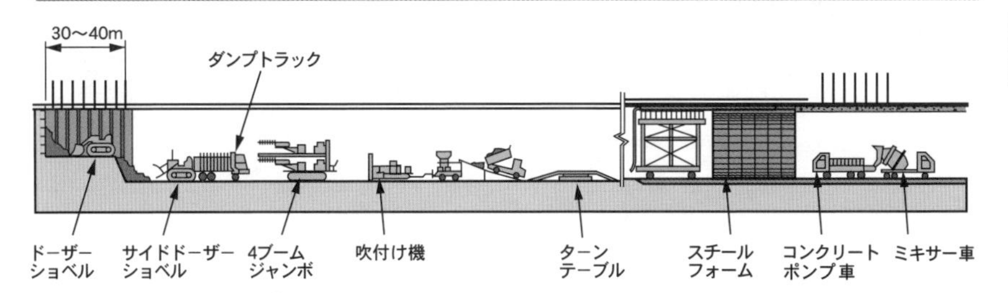

NATMによる山岳トンネル工法

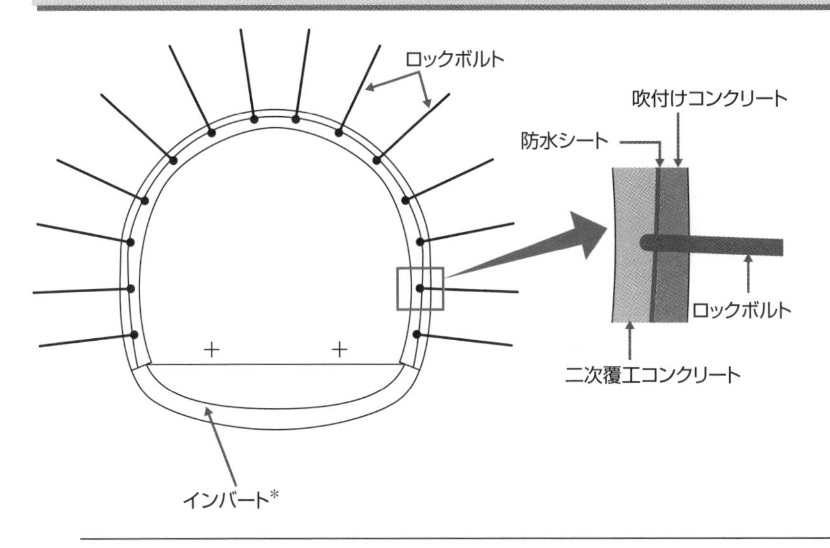

＊**インバート（invert）** 掘削断面の底部に打設する逆アーチ状のコンクリート。

開削トンネル

地表面から掘削するオープンカット工法です。地表からあらかじめトンネルの周囲に土留壁を設置し、土留壁で囲われた部分を切りばりや腹起こしなどの仮土留工で支えながら掘り下げていきます。所定の深さまで掘り終えたら、鉄筋コンクリート(RC)造のトンネル本体を構築します。完成後、トンネルの上部を土砂などで埋め戻し、移設した支障物や地表面を復旧します。地下鉄の駅部の建設にはこの工法が多く用いられます。

開削トンネル工法

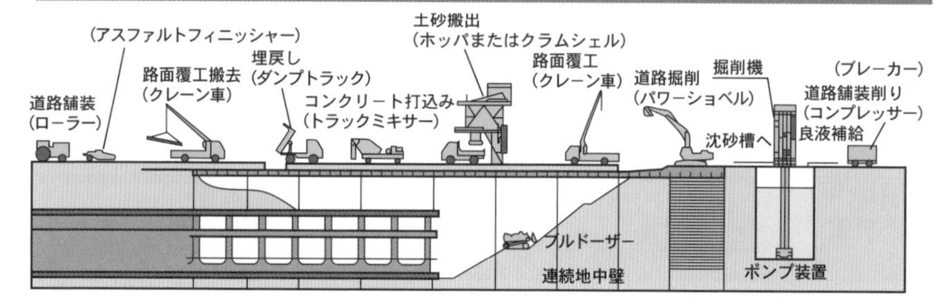

シールドトンネル

シールドマシンと呼ばれる掘削機械によりトンネルを構築する工法で、地下鉄の駅間トンネルの主流になっています。シールドマシンで地山を掘削、推進させ、セグメントと呼ばれる鉄筋コンクリート（RC）製や鋼製のピースによって構成されたリング状の覆工材でトンネル内壁を構成します。シールド工法は地表から発進・到達できないため、**立坑**が必要です。道路トンネルでは、地表面よりシールドを発進・到達する工事例があります。

シールド工法

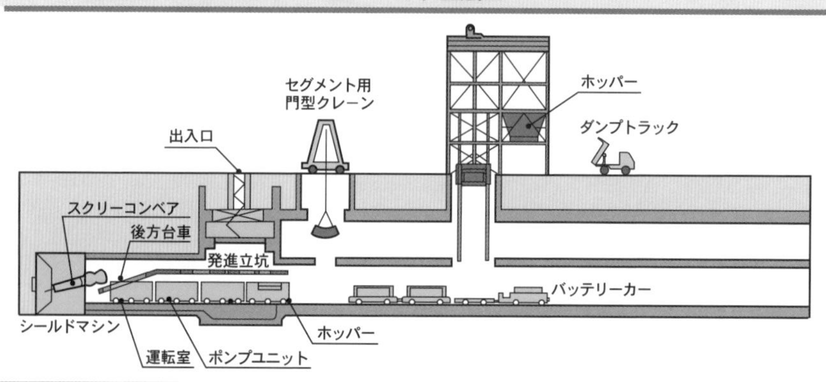

沈埋トンネル

河川や海などの水底にトンネルを建設する場合に用いられる特殊な工法です。トンネル構造物をあらかじめ適当なサイズに分割し、地上において製作しておきます。沈埋函（ちんまいかん）と呼ばれるこのコンクリート製もしくは鋼製（外枠）の構造部を所定の位置まで曳航し、水中に沈設してトンネルをつくります。

埋沈トンネル工法

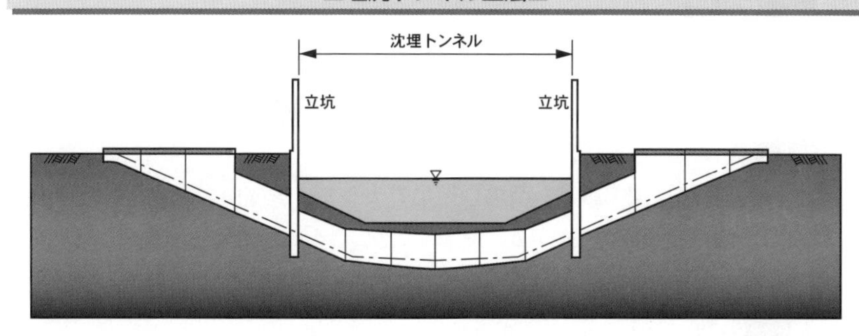

さまざまなトンネル

▼単線シールドトンネル

▼手前は開削箱形トンネル、奥は複線シールドトンネル

7-10 軌道

鉄道車両は、軌道に乗り、それに案内されて走行します。その軌道は、レールやまくら木、道床(どうしょう)などから構成されます。路盤上に軌道材料を設置(軌道を構成)することで、おなじみの線路の形が見えてきます。

軌道の役割

軌道は列車の走行路を確保し、進行をガイドするとともに、走行に伴う衝撃や荷重を支えます。さらにその下にある路盤や構造物に力を均等に分散して伝える役割も担っています。

さて、鉄道は鋼の車輪と鋼のレールで人やモノを運搬します。その理由は主に4点あります。

● 摩擦係数

鋼の摩擦係数は非常に小さいため、少しの力で多くの重い車両を動かせます。省エネルギーにも有効です。しかし、滑りやすいため、停止するまでの距離が長く、急勾配に弱いという弱点もあります。

● 案内特性

車輪の**レール**に接する面に**フランジ***を設けると、曲線区間でも安全走行が可能です。この案内特性により、レールの敷設方向に従って複数の車両を連結して同時運行ができます。

● 導電性

車輪・レールとも電気を通す性質を持つ鋼製です。そのため、信号設備に活用できる軌道回路が構成できます。

***フランジ** 車輪がレール上を回転しながら進む際、脱輪しないように誘導するために、車輪の外周に連続して設けられた突起部分(輪縁)。

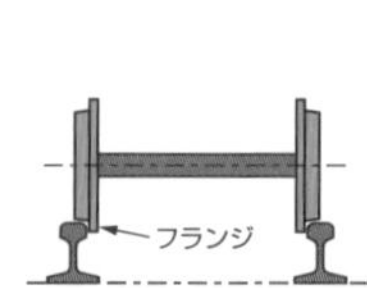

● **堅固性**

鋼製は堅固です。定員以上の旅客や長大な貨物列車の荷重でも鉄道は耐えられます。自動車のようなパンクの危険性やAGT（新交通システム）にみられる定員制限は基本的にはありません。

軌道構造

軌道を支える路盤（ろばん）の表面を**施工基面**（せこうきめん）と呼び、その高さ(標高)を**施工基面高**(**F.L：Formation Level**)といいます。路盤の上に道床を敷き、道床には**まくら木**を並べて、その上にレールを固定します。レール上面の高さ(標高)は**レールレベル**(**R.L：Rail Level**)と呼ばれています。

施工基面からレールまでが軌道であり、F.LとR.Lは鉄道の建設・保線作業における高さを管理するうえでの重要な基準になります。

軌道構造

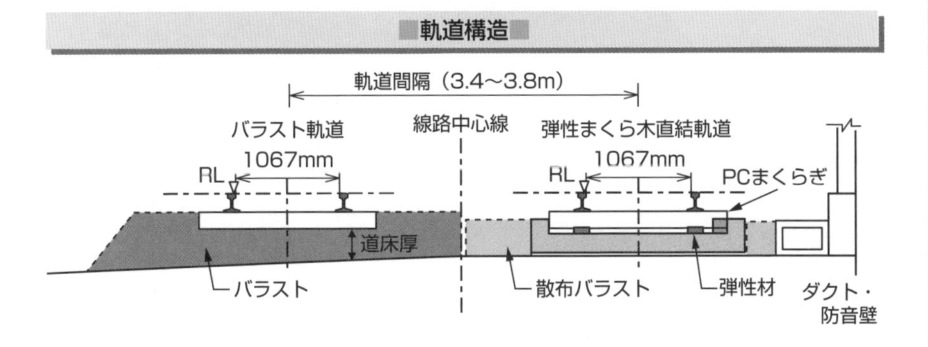

さまざまな軌道

▼弾性まくら木直結軌道(左手前)とバラスト軌道(右奥)

▼ラダーまくら木軌道

バラスト軌道

道床の材料に砕石(バラスト)を用いた軌道です。砕石は角(かど)があるため、敷設した際に互いにかみ合い、繰り返し作用する列車荷重をまんべんなく路盤に伝えます。しかし、列車荷重を相当数の回数受けると角が欠損し、丸くなります。その結果、レールの沈下や不陸(ふりく)が生じるため、定期的なバラスト入れ替えや突き固めなどの維持管理作業が必要です。道床厚は、線路等級や**まくら木**種別、路盤の状態などによって異なりますが、レール直下のまくらぎ下面の道床厚が200～250mm（新幹線では200～300mm）程度です。

バラスト軌道の構造

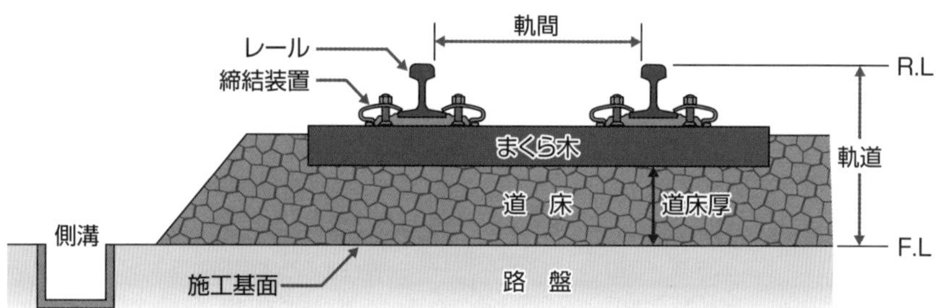

弾性まくら木直結軌道

プレストレストコンクリート（PC）まくら木の底面と側面にゴム板のような弾性材料を貼りつけ、そのまくら木を路盤コンクリートに固定した軌道構造です。路盤の変位の少ない箇所で使われる省力化軌道の1つです。

弾性まくら木直結軌道の構造

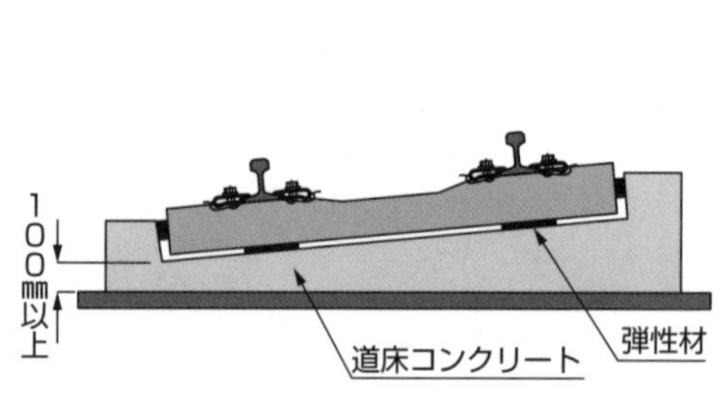

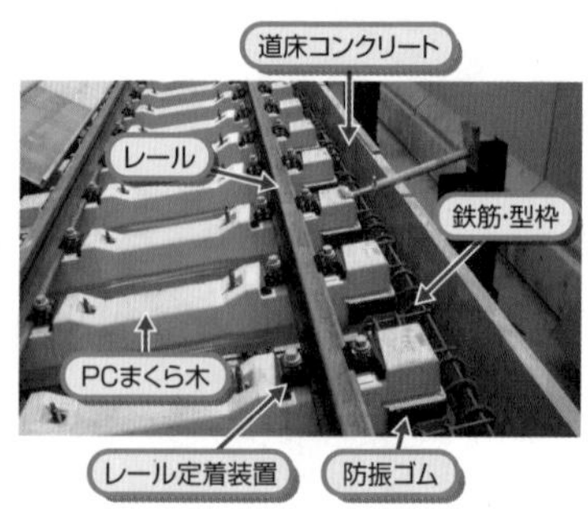

スラブ軌道

バラスト軌道は、高さの管理・保線作業に手間がかかるため、省力化軌道が開発･実用化されてきました。その代表がスラブ軌道です。鉄筋コンクリート（RC）製の路盤をつくり、その上にコンクリート版(軌道スラブ)を並べ、路盤と軌道スラブの間に**セメントアスファルトモルタル(CAモルタル)**を充填し軌道スラブとレールを締結します。主に高速運転を行なう新幹線に使用されています。

ロングレール

レールの「継目をなくす」発想から、ロングレールがつくられるようになりました。レールが長くなれば温度変化の影響が大きくなると心配されましたが、レールが道床にしっかりと固定されていれば、伸縮するのは両端部に限られ、中間部は伸びが抑えられます。

ロングレールどうしの継目は、先端を尖らせたレールで、レールの伸縮に対し隙間が発生しない構造(エキスパンションジョイント)にしています。

■ロングレールの伸縮継目(EJ)例■

▼伸縮継目(Expansion Joint)新幹線用

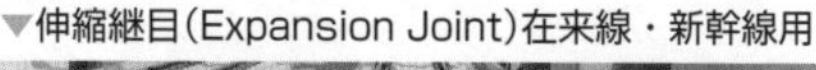

▼伸縮継目(Expansion Joint)在来線・新幹線用

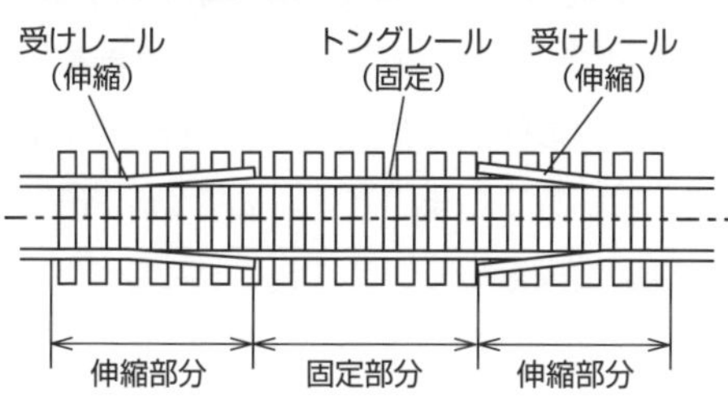

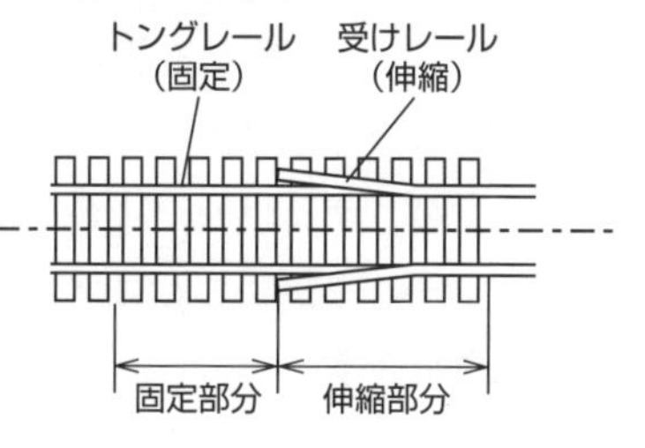

7-11 軌道材料

レールは1mあたりの重さで区別し、まくら木は使用材料で呼ばれます。レールとまくら木を固定する金具（締結装置）にもさまざまなタイプがあります。

レール

● レールの種類

レールの種類は、37kg、40kgN、50kgN、60kgなどがあります。末尾の「N」はNewの略で、JISにより品質が見直されたものです。30kg、50kg、50kgTは、現在では生産が打ち切られ、JISからも削除されています。50kgTは、東海道新幹線の開業当初に開発・採用されたものですが、山陽新幹線の建設を機に60kgレールに交換されています。

● レールの長さ

レールは長さ25mを標準としています。これを**定尺**（ていじゃく）**レール**と呼びます。25m未満は**短尺レール**、定尺レールを溶接して長くしたものは**長尺レール**、さらに長くなるとロングレールと呼ぶようになります。

■レールの長さによる分類■

ロングレール	200m以上のレール
長尺レール	25mを超えて200m未満のレール
定尺レール	25mレール
短尺レール	5m以上で25m未満のレール

● レールの継目

レールは鋼製のため、季節や朝夕の温度差により伸縮します。このため、レールどうしの間にある継目に隙間を設け、そこに継目板を取り付けます。

なお、レールには信号を作動させるための**軌道回路**としての機能もありますが、隙間がある継目ではその回路が途切れてしまいます。そこで、電線で両方のレールを接続して回路が切れない工夫をしています。これをレールボンドと呼びます。

■レールの継ぎ目とレールボンドの例■

▼軌道回路を構成する電線が付属している

ガードレール

脱線防止や脱線時の重大事故を防ぐ目的で本線レールに並行して敷設されるものです。橋りょう上のものを橋上（きょうじょう）ガードレール、築堤上のものは安全レールといいます。急勾配の曲線、橋りょうなどの重要構造物には脱線防止のためガードレールを敷設し、踏切道には踏切ガードレールが設置されます。

まくら木

まくら木は、レールを締結して位置を定め、軌間を一定に保ち、そのうえレールからの列車荷重を道床に均等に分散・伝達する役目を担います。まくら木は、使用材料により次の種類があります。

また、使用目的によって、並まくら木、分岐まくら木、継目まくら木、橋まくら木などに区分もできます。

● **木まくら木**

日本において、かつては木材が比較的安価に調達でき、加工も容易なことから木製が広く用いられてきました。木材には防腐剤を染み込ませて使います。近年は木材の価格が高騰したのに加えて、ロングレールの採用により高い強度が求められることから、その数は減少しています。

● PCまくら木

プレストレストコンクリート(PC)製で、木まくら木と比べて、重量が重く、長寿命で安定性が高いです。道床横抵抗力*が大きいため、ロングレールに適しています。

● 合成まくら木

PCまくら木の欠点として自由に加工ができないことがあります。このためレールの継目部分や分岐器部分など複雑な構造の場所では加工しやすい木まくら木が用いられてきましたが、これに代わるものとして合成まくら木が開発されました。合成まくら木は、腐朽しない材料であるウレタン樹脂とガラス繊維からつくられており、高強度、高寿命、加工性を備えています。重量、弾性、二次加工の容易性は、木まくら木とほぼ同等で、機械的強度が高いため、交換が困難な橋まくら木や分岐まくら木に多く使用されています。設置箇所は、分岐器区間や橋りょうまくら木（従前は木製）に多く使用されています。

● 鉄まくら木

木材資源の不足から20世紀のはじめにヨーロッパで普及しました。日本においては木まくら木の腐食処理技術の進展とPCまくら木や合成まくら木の開発により、それほど使用されていません。

■まくら木の設置本数(25mあたり)の例(電車専用線・設計荷重M-15)■

軌道構造	レール種別	マクラギ本数	締結装置	敷設区間
直結	60kg	40本/25m	直結4K形	高架橋・橋りょう
直結	60kg	40本/25m	パンドロール	トンネル
バラスト	60kg	43本/25m	パンドロール	切土・盛土・トラス橋
バラスト	50kgN	38(31)本/25m	パンドロール	入出区線や電留線など

* **道床横抵抗力**　道床抵抗力のうち、まくら木の左右移動に対する抵抗力。

締結装置

締結装置は、レールをまくら木に固定する金具で、軌間を保持するものです。さらに軌道に加わるさまざまな方向の荷重や振動に抵抗して、これらを下部のまくら木や道床、路盤に分散して伝達します。列車通過直後のレールの浮き上がりを防止する役目もあります。

● **一般締結**

木まくら木には、犬釘やネジを使用します。剛性的にレールを押さえるものです。

● **二重弾性締結**

レールを弾性的に押さえるものです。列車の振動荷重を吸収するために、レールの下に軌道パッドを敷いたり板バネなどで押さえたりします。

二重弾性締結装置の例

▼締結装置

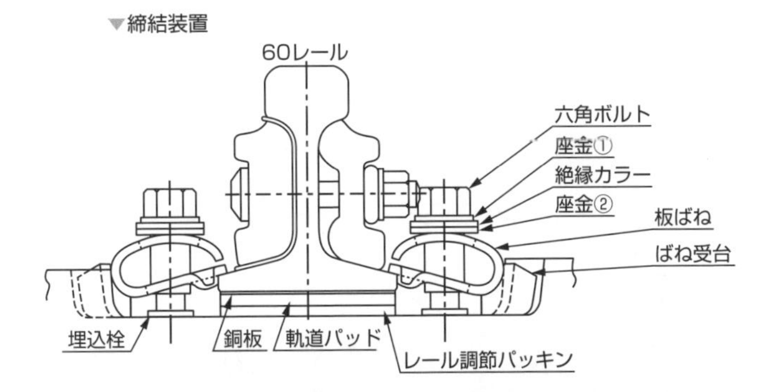

▼クリップ(パンドロール)の例

7-12 分岐器

列車は、レールの敷設された方向に従って走行します。列車の進路を変更するため、停車場内で1つの軌道から2つ以上の軌道に分ける装置を総称して分岐器(ポイント)といいます。分岐器を動かすことを「転換する」、列車の進行方向をつくることを「進路を構成する」といいます。

分岐器の構成

分岐器は、**ポイント部**と**リード部**、**クロッシング部**で構成されます。分岐器の構造上の弱点は、車両の衝撃が発生する「トングレール*へ車輪が乗り移る箇所」と「クロッシング部での欠線部」です。この部分には、まくら木の本数を多く設置したり、通過時の列車速度の制限なども必要です。

● **ポイント部**

トングレールが移動することにより、車両の進行方向を振り分けます。転てつ棒が左右両レールの間隔を保っており、転換装置によって転換します。

● **リード部**

ポイント部とクロッシング部をリードレール*が連絡します。

● **クロッシング部**

- **固定クロッシング**

  V字形のノーズレール*とX形のウイングレール*があります。車輪が通過するときにノーズレールの先端に車輪が当たります。

- **可動クロッシング**

  ノーズレールとウイングレールとの間の欠線部をなくすために可動レールを設けたもので、新幹線などで使われています。

＊**トングレール(tongue rail)**　ポイント部に用いられる先端がとがっていて転換されるレール。
＊**リードレール(lead rail)**　トングレール後端とクロッシング前端とをつなぐレール。
＊**ノーズレール(nose rail)**　クロッシングを構成する先端の頭部がとがったレール。
＊**ウイングレール(wing rail)**　クロッシングを構成する前端側の曲がった翼形のレール。

■分岐器の構成■

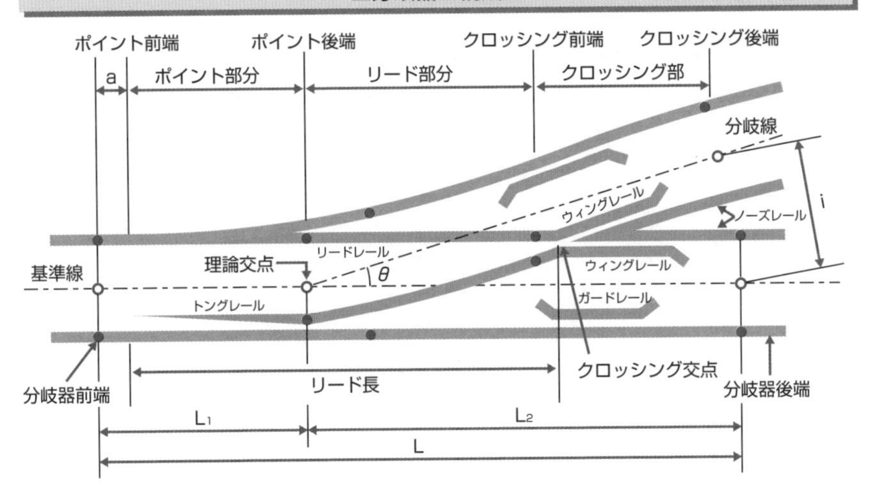

■片開き分岐器の寸法の例(60kgレール、一般用)■

番数	θ	L1(m)	L2(m)	L(m)	i(m)
8	7°09′	9.463	11.389	20.852	1.420
10	5°43′	11.083	13.735	24.818	1.370
12	4°46′	12.692	16.568	29.260	1.378
16	3° 34.5′	15.519	22.345	37.864	1.394

分岐器の対向と背向

車両が分岐器を通過する場合、ポイント部からクロッシング部への方向で進入するとき、車両は分岐器に対して「**対向**(たいこう)」であるといいます。逆に列車の進行方向が分岐器のクロッシング部からポイント部へ向かうことを「**背向**(はいこう)」といいます。

■分岐器の対向と背向■

列車

対向の場合

列車

背向の場合

分岐器の番数

1つの軌道が2つに分かれる場合、その距離が1mになったとき、線路方向に何m進んだかの数値を「番数」と呼んでいます。たとえば、10m進む間に2つの軌道が1m離れていれば「10番分岐器」といいます。

$$N=\frac{1}{2}\cot\frac{\theta}{2}=\frac{1}{b}$$

（N：分岐器の番数[整数]　θ：クロッシング角
b：軌道間隔が1mになるまで進んだ距離[m]）

■クロッシング角■

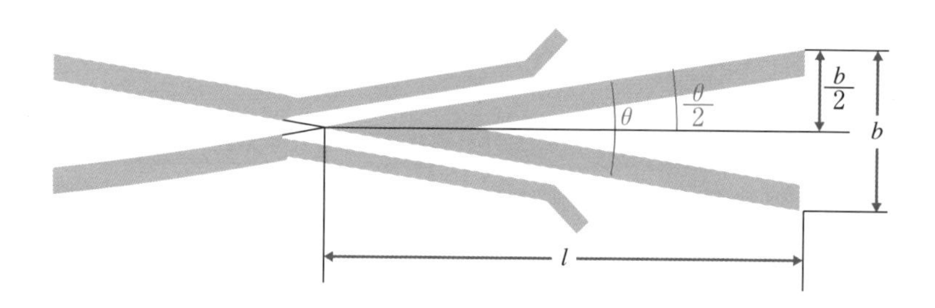

分岐器の種類

● **単分岐器**

- **片開き分岐器**：　1軌道から2軌道に分岐する際、直線から直線と曲線へ分岐するもの
- **両開き分岐器**：　1軌道から2軌道に分岐する際、別々の曲線に分岐するもの
- **曲線内方分岐器**：曲線軌道から曲線軌道に分岐するもののうち、半径方向が同じもの
- **曲線外方分岐器**：曲線軌道から曲線軌道に分岐するもののうち、半径方向が反対のもの

● **複分岐器**

1軌道から3軌道以上に分岐させるもの

● **ダイヤモンドクロッシング**

2線が平面的に交差するために用いるもの

● **渡り線**

上り線から下り線へ列車を移動させる場合など、並行した2本の軌道相互の接続に用いるもの

● **シーサースクロッシング(交差渡り線)**

渡り線2組を組み合わせ、どの方向からも対向で入線が可能としたもの

分岐器の種類

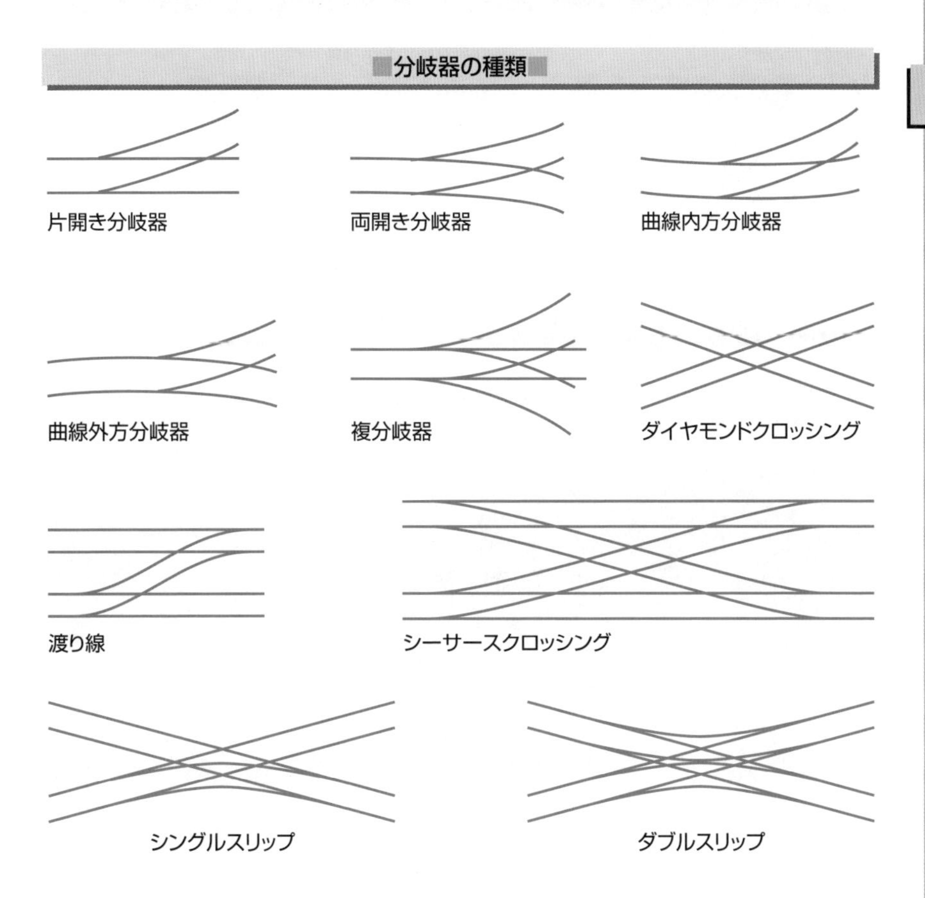

片開き分岐器

▼片開き分岐器、遠方にシーサースクロッシング

▼在来線での高速用分岐器38番分岐(Max160km/h)

▼トラス橋の橋上にある分岐器と合成まくら木

▼特殊な分岐器(シーサースクロッシングと片開き分岐器との併設)

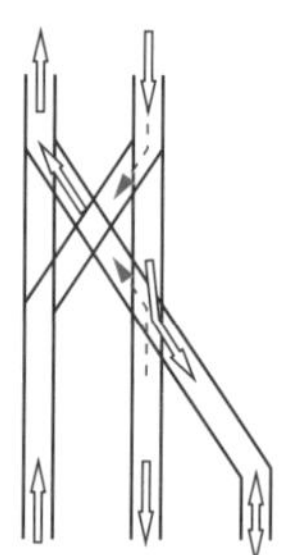

シーサースクロッシング

▼シーサースクロッシング

▼本線と車両基地線分岐付近のシーサースクロッシング

7-13 線路の平面線形

鉄道線路は、平面的に見ると、直線と曲線で構成されています。線路の線形は、運転や営業、線路保守などの面で有利なため、原則として経過地を直線的に結びます。しかし、実際にはさまざまな支障があり、原則通りにはいきません。そこで、実際の線路はいくつかの数値を持つ線形の組み合わせが連続したものとなります。

平面曲線

平面曲線は、円曲線と緩和曲線で構成され、その組み合わせによって単曲線や複心曲線などに区分されます。また、分岐器に近接した曲線は分岐附帯曲線といいます。

● **単曲線**

円の中心が1点で構成される一般的な曲線です。

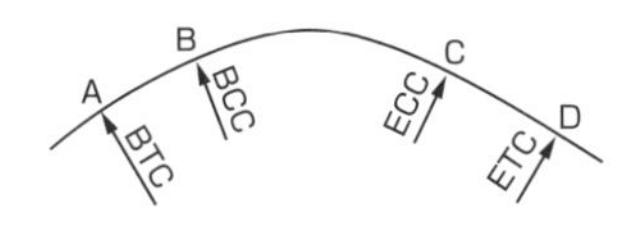

A　緩和曲線始点=BTC
B　円曲線始点=BCC
C　円曲線終点=ECC
D　緩和曲線終点=ETC

● **このほかの曲線**

・複心曲線

K　中間緩和曲線始点=BIT
L　中間緩和曲線終点=EIT

・反向曲線

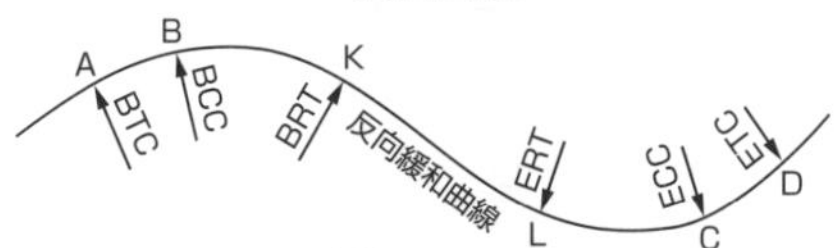

K　反向緩和曲線始点=BRT
L　反向緩和曲線終点=ERT

複心曲線：半径が異なる2つの円の中心が線路の同じ側にある曲線です。

反向曲線：半径が異なる2つの円の中心が線路の両側にある曲線です（S字カーブとも呼称される）。

・全緩和曲線

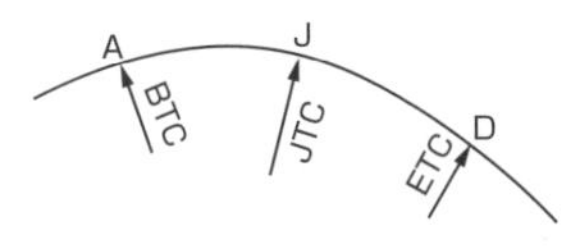

A　緩和曲線始点=BTC
J　緩和曲線接合点=JTC
D　緩和曲線終点=ETC

全緩和曲線：円曲線がなく、全体が緩和曲線の接続によって構成されている曲線です。

● **分岐附帯曲線**

分岐器内および分岐器の前後に接続する曲線です。

曲線半径

曲線半径の大小は、運行速度に直接影響します。高い速度の要請が強いほど大きな半径が求められます。

● **本線の曲線**

普通鉄道の曲線半径は160m以上ですが、急曲線の通過を考慮した構造を有する車両のみが走行する区間にあっては、当該車両の曲線通過性能に応じた数値とすることができます（鉄道に関する技術上の基準を定める省令の解釈基準）。

在来線の本線では、たとえば設計最高速度の80%程度の曲線通過速度を目安として最小曲線半径が定められます。速度と曲線半径は、列車の転覆や乗り心地などから定まるカントにも関係します（列車の転覆とは、推定脱線係数比＝限界脱線係数／推定脱線係数）。

曲線通過速度の目安（設計最高速度と最小曲線半径の例）は、次のとおりです。

設計最高速度 (V km/h)	V>110km/h	110km/h≧V >90km/h	90km/h≧V >70km/h	70km/h≧V	最小半径
最小曲線半径 (m)	600	400	250	160	100

● **ホームに沿う曲線**

ホームに沿う曲線では、一定の長さを持つ車両がホームに接続しないように間隔を広げる必要がありますが、曲線の内側の場合は車両端部に、外側の場合は車両中央部に大きな離れが生じることになります。そこで、乗降客の安全を確保するため、車両との離れの限界は20cm程度までとされています。

車両とホームの関係

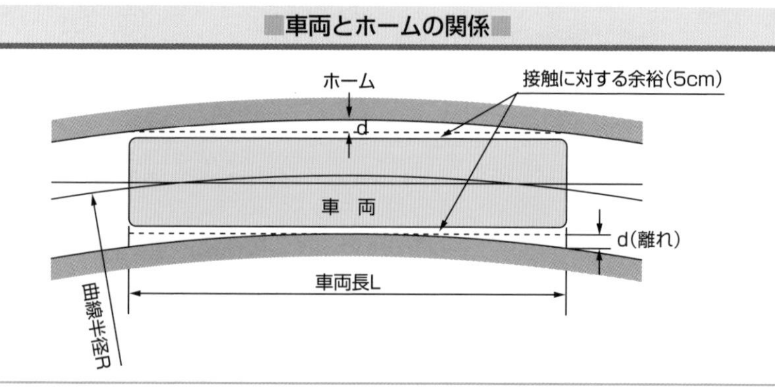

平面曲線の表示に使われる略語

日本語	略語	英語
緩和曲線始点	BTC	Begin of Transition Curve
円曲線始点	BCC	Begin of Circular Curve
円曲線終点	ECC	End of Circular Curve
緩和曲線終点	ETC	End of Transition Curve
中間緩和曲線始点	BIT	Begin of Intermediate Transition Curve
中間緩和曲線終点	EIT	End of Intermediate Transition Curve
反向緩和曲線始点	BRT	Begin of Reverse Transition Curve
反向緩和曲線終点	ERT	End of Reverse Transition Curve
緩和曲線接合点	JTC	Joint of Transition Curve

緩和曲線

直線部から曲線部へ、また曲線部から直線部へ入るときの線形の急変に伴うさまざまな影響を緩和するため、その接続部分に挿入する曲線です。次に説明するカントやスラックの逓減（ていげん）部分でもあることから、その長さは乗り心地や安全面を加味して検討されます。緩和曲線の形状は、**3次放物線**、**クロソイド曲線***などがありますが、高速走行の新幹線では**サイン半波長逓減緩和曲線***を採用しています。

緩和曲線の形状

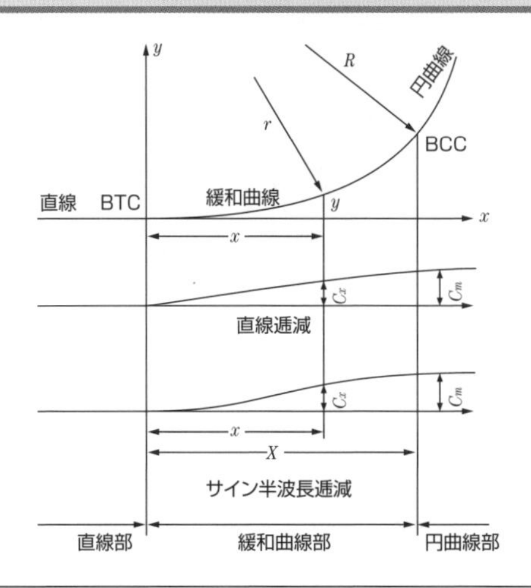

＊**クロソイド曲線**　曲率が緩和曲線始点からの距離に比例して変化する曲線。道路の緩和曲線に一般的に用いれる。

＊**サイン半波長逓減緩和曲線**　曲率が緩和曲線からの距離に対してサイン半波関数で表わされるもの。緩和曲線の始終端での曲率の変化が連続的であり､車両の運動に与える影響が小さい。

カント

列車が曲線を通過するとき、遠心力が外側に働き、そのままでは車両の転覆や乗り心地悪化の原因になります。線路に対しても輪重や横圧が偏り、軌道へ悪影響を与えます。

● カント量

この影響を防止するため、走行速度に応じて外側のレールを内側のレールより高くすることを「カントを付ける」といい、その高さを「カント量」と呼びます。カントは曲線区間のみであるため、緩和曲線の全長において緩和曲線の曲率に合わせて逓減(ていげん)します。

● カントの付け方

在来線のカントの付け方は、「内側レールを0（ゼロ）点とし、外側レールをカント量○○mm」高くしていますが、新幹線では、内側レールを「カント量」の1/2低くし、外側レールを1/2高くする（プロペラカント）方法です。

■曲線中を走行する車両のバランスモデル■

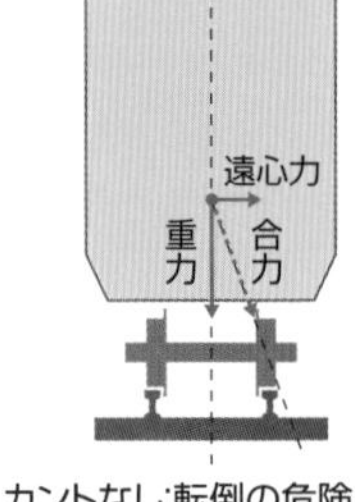

カントなし:転倒の危険あり

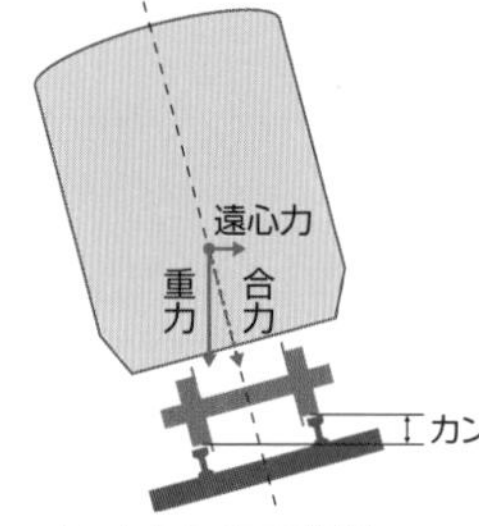

カントあり:安定走行

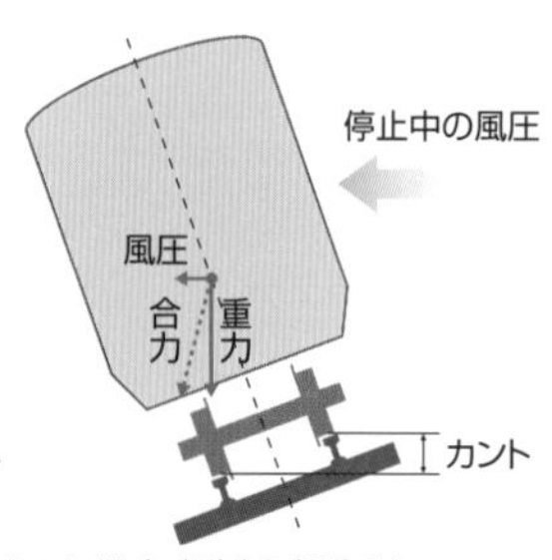

カント過大:転倒の危険あり

● 最大カント(C)

曲線中で停止した場合の内側転覆に対する安全性や乗り心地から定まる最大のカント量です。在来線の最大カントは105mmとされています。

● **均衡カント(Co)**

列車の曲線通過時、車両に作用する遠心力と重力の合力が、車両の重心方向と一致するカント量です。

● **設定カント(Cm)**

実際に設定するカント量です。

● **カント不足量(Cd)**

均衡カントと設定カントの差で、車両の種類・性能によって許容カント不足量が決められています。

スラック

車両が曲線区間を走行するとき、車輪は曲線に沿って方向を変えながら移動し、車軸は曲線中心に向かいます。しかし、2軸、3軸の台車では車軸が平行に剛結されているため、曲線区間を走行するためには軌間を少し広げる必要があります。この曲線区間で内側のレールを内方に移動して軌間を拡大することをスラックといいます。

■スラックの形状■

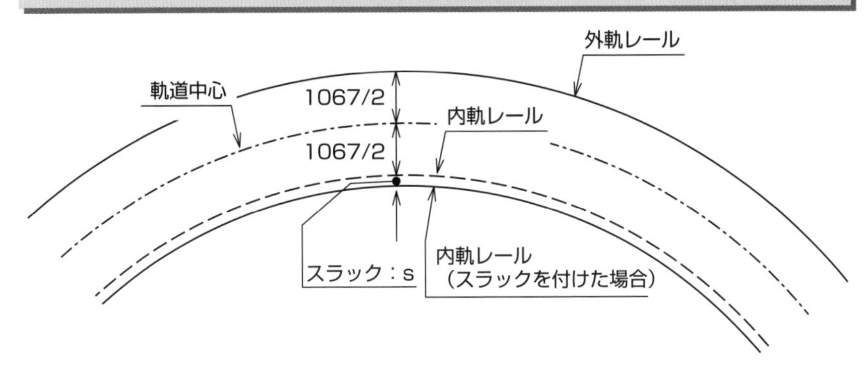

7-14 勾配と縦曲線

鉄道路線は平坦(水平、レベル)が理想です。しかし、平坦な線形を第一としてルートを設定し、結果的に長大トンネルや長大橋りょうなどの構造物をつくることは現実的ではありません。そこで、実際の地形や導入空間といった制約を考慮して最適な線路縦断を設定し、勾配(こうばい)区間が設けられるのです。

勾配の表示

勾配は、水平距離1000mあたりの高さの変化量を千分率(‰、**パーミル**)で表示します。

■i‰の勾配■

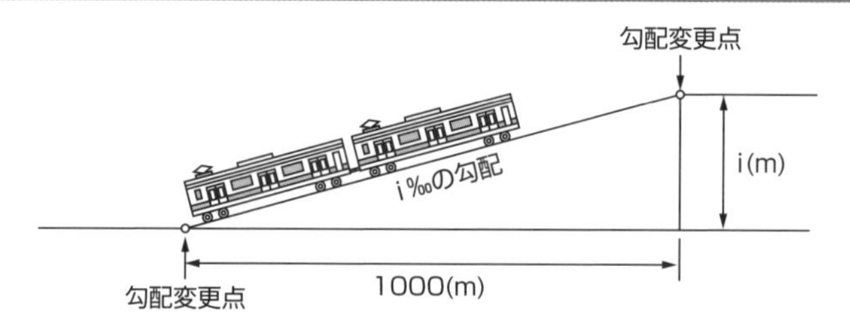

勾配の影響

線路の勾配は、列車の通過速度や機関車の牽引重量を制約するなど、輸送能力に直接影響を及ぼします。また、線路の保守や車両の運転にかかる手間や費用にも大きく影響します。しかしながら、山岳部や郊外では主に地形(山、谷、河川など)、都市部では地上･地下にある多数の施設との交差があります。地下から地上へのアプローチなどもあり、急勾配とせざるを得ない個所が多く存在します。

最急勾配

在来線の場合、設計最高速度の区分に応じて、また機関車牽引列車走行線路においては設計牽引重量の区分によって定められています。機関車牽引列車が走行しない線路でやむを得ない場合は、速度にかかわらず35‰までとされています。

なお、リニアインダクションモーター推進方式による列車のみ運転する線路においては、60‰までです。

新幹線の場合は、動力分散式の電車列車で出力が大きい割に小型軽量化の電動機が使用されているため、勾配区間走行時の主電動機の連続負荷による温度上昇が決定要因となります。そこで、東海道新幹線の計画時点において、「最急勾配と延長」、「ある区間の平均勾配の限度」、「一勾配の最小延長」について検討され、最終的に15‰とされました。その後、車両性能の向上などを勘案し、条件つきで35‰まで可能と緩和され、北陸・九州新幹線で採用されています。

なお、駅など列車停止区域における勾配は、5‰以下とされています。条件によっては10～25‰以下に許容されているところもあります。

縦曲線（じゅうきょくせん）

線路の勾配が変化する箇所*では、凸形の場合押された車両が、凹形の場合は引かれた車両がそれぞれ浮き上がり、脱線の危険性があります。特に凸形で平面曲線と競合する場合、遠心力による車両の浮き上がりのチェックが必要です。また、高速走行では凸凹にかかわらず垂直加速度が大きくなり、乗り心地にも影響します。これらの悪影響を緩和するために、勾配が変化するところに縦曲線を挿入します。縦曲線の半径は、たとえば在来線の場合は3000m以上としています。

縦曲線

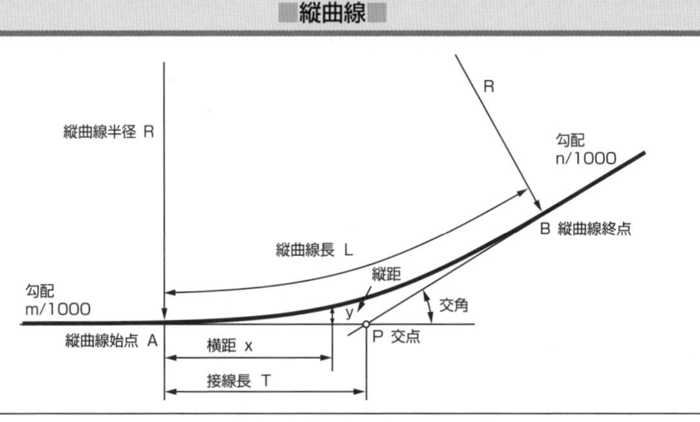

*線路の勾配が変化する箇所　上図「P交点」（○印）の位置を勾配変更点と呼称する。

7-15 線路の管理と保守

バラスト軌道では、列車荷重を繰り返し受けることにより、バラストの沈下や移動が起き、軌道変位が発生します。これにより乗り心地が悪化するだけでなく、脱線事故にもつながることもありますので、定期的な検測を行ない、適切な時期に補修をする必要があります。

軌道変位の種類

線路の状態を管理する指標としての軌道変位には、軌間と水準、高低、通り、平面性の5種類があります。これらの軌道変位の検測は、走行しながら測定することが可能な軌道検測車を用います。軌道以外に電気関係の検測も可能な車両を電気・軌道検測車といいます。

● **軌間変位**

左右のレール内側間隔の変位をいい、正規の軌間に対する増減量を＋－で表わします。

● **水準変位**

左右のレール高さの差をいいます。この水準変位は、起点を背にしたときの左側レールを基準にし、右側レールの高さを＋－で表わします。

● **高低変位**

線路方向のレール頂面の凹凸をいいます。一般に長さが10mの糸をレール頂面に張り、その中央部におけるレールと糸との垂直距離によって表わします。凸形の変位が＋、凹形の変位が－です。

● **通り変位**

線路方向のレール側面の凹凸をいいます。一般に長さが10mの糸をレール側面に張り、その中央部におけるレールと糸との水平距離によって表わします。軌間の外方に変位している場合を＋、逆の場合を－で表します。

● **平面性変位**

JRの在来線では、線路方向5m間における水準の変化量をいいます。つまり、平面に対する軌道のねじれの状態を表わします。

■軌道変位の種類■

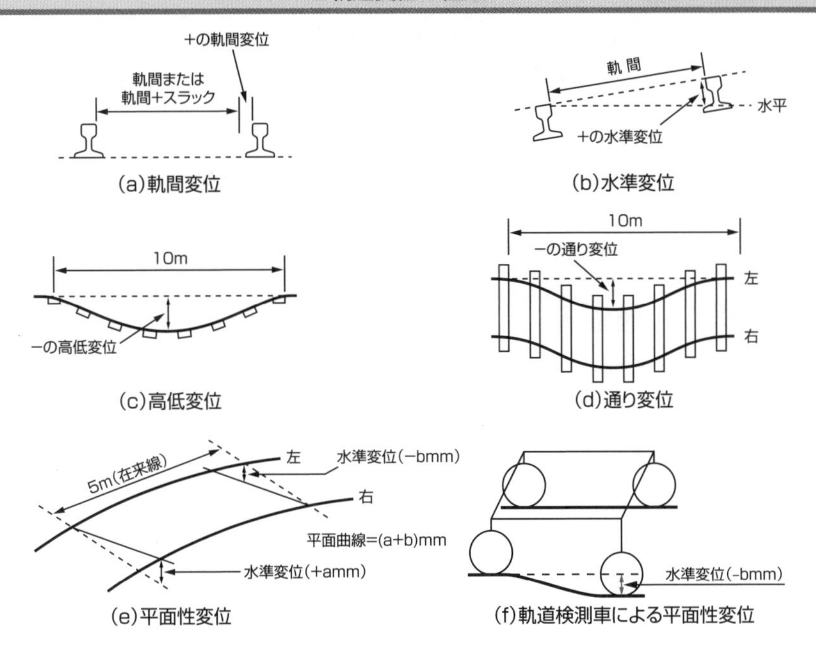

■JR東日本の電気・軌道検測車■

▼E491 系(East i-E)

軌道整備の目標と基準

軌道整備の目標値と基準値が定められ、検測の結果、目標値を超えていれば計画的に軌道整正を行ない、基準値を超えた場合には速やかに軌道整正を実施します。

● 整備目標値

軌道変位が整備基準値に近づくのを防止し、適切な乗り心地を維持するために定められています。

● 整備基準値

列車の安全走行上、危険な状態にならないことを前提に定められています。

■在来線の軌道整備目標値と基準値の例■

	整備目標値				整備基準値			
線区の区分／変位の種別	1級線	2級線	3級線	4級線	1級線	2級線	3級線	4級線
軌間	+10(+6) −5(−4)				・直線および半径600mを超える曲線 20(14) ・半径200m以上600mまでの曲線 25(19) ・半径200m未満の曲線 20(14)			
水準	11(7)	12(8)	13(9)	16(11)	平面性に基づき整備を行なう。			
高低	13(7)	14(8)	16(9)	19(11)	23(15)	25(17)	27(19)	30(22)
通り	13(7)	14(8)	16(9)	19(11)	23(15)	25(17)	27(19)	30(22)
平面性	−				23(18)(カントの逓減量を含む)			

(注)数値は高速軌道検測車による動的値、( )内は静的値を示す。

保線作業

決められた基準以内に線路の状態を整備することを保線作業といいます。主なものに、列車荷重により変形した軌道状態を元の状態に戻す軌道整正作業、列車荷重や経年で劣化したレールやまくら木・バラスト・分岐器などを同種の材料に交換する作業、木まくら木からPCまくら木への交換やレールの重量化、道床厚増など高品質材料・高規格に変更する軌道強化作業があります。

このような保線作業は、数年単位の全体計画を決め、さらに年間計画を立てて実施することが重要です。また、軌道の補修には、マルタイと呼ばれる大型保線機械MTT(Multiple Tie Tamper)を使用することが一般的です。

レール交換時期

第一の交換理由の「損傷」については、かつて、レールが先天的に欠陥を持っていたことが原因となることがありましたが、最近はレール製造時の品質管理技術が向上したため、後天的な原因により損傷が発生、進展する場合がほとんどとなりました。

日本ではこのうち、車輪からの転がり接触疲労損傷である「シェリング*」が代表的です。第二の交換理由の「疲労」は、「累積通過トン数」（以後、「通トン」と記す）というグロスの数値で表現され、レール種別、レール継ぎ目種別で疲労基準が定められています。

国鉄末期に定められた基準によれば、50kgNレールの普通継ぎ目では通トンで4億トン、溶接継ぎ目で6億トン、60kgレールでは、各々6、8億トンとなっており、たとえば、山手線では20年程度となります。

レールと保線作業

▼レール塗油装置（地上塗油）の例

▼夜間に保線作業を行なう軌道検測車マヤ34

＊シェリング（Shelling）　シェリングによってレールが横裂に破断したときの破断面の疲労パターンが、貝殻状（シェル、shell）の模様のように見えることから頭頂面シェリングとも呼ばれている。

7-16 構造物の維持管理

近年、構造物（橋梁やトンネル）のコンクリートのはく落など構造物の劣化が社会的な問題になっていることから維持管理に関する体系化された技術基準が必要となりました。このことから、鉄道構造物の技術基準である「鉄道構造物等維持管理標準」が、国土交通省鉄道局より通達（2007年）されています。鉄道構造物の維持管理においては、2年ごとの検査が義務づけられています。

鉄道構造物の維持管理に関する基準の経緯

2002年(平成14年)に「施設及び車両の定期検査に関する告示」*が施行され、それに基づき2007年(平成19年)には「鉄道構造物等維持管理標準」*が制定されています

維持管理の基本

● **コンクリート構造物の要求性能の例**

コンクリート構造物では、コンクリートのはく離や空洞等を目視のみで検出することは困難なので、必要に応じて点検ハンマーを用いた打音法等を併用して、検査を実施することとなっています。

主な検査内容は次のとおりです。

■コンクリート構造物の要求性能例■

要求性能	性能項目	照査指標の例
安全性	破壊	力、変位、変形
	疲労破壊	応力度、力
	走行安全性	変位・変形
	公衆安全性	中性化深さ、塩化物イオン濃度
使用性	乗り心地	変位・変形
	外観	ひび割れ幅、応力度
	水溶性	ひび割れ幅、応力度
	騒音・振動	騒音レベル、振動レベル
復旧性	損傷	変位・変形、力、応力度

注）このほかに、各構造物（橋梁やトンネルなど）に安全性などの検査項目があります。

＊**「施設及び車両の定期検査に関する告示」** 橋りょう、トンネル等の構造物は2年ごとの検査を実施する。トンネルの詳細検査は20年ごとに実施する（新幹線10年）。
＊**「鉄道構造物等維持管理標準」** トンネル以外の構造物も含めた検査方法等にて規定。

● 構造物の検査の区分

「検査」は,「構造物の現状を把握し,構造物の性能を確認する行為」と定義されていまる。

「調査」という用語も使用していますが、「構造物の状態やその周辺の状況を調べる行為」と定義され、検査の一部と位置づけています。

検査の区分は、初回検査、全般検査、個別検査および随時検査であり、全般検査は,通常全般検査および特別全般検査に区分されています。

構造物の検査の区分は次のとおりです。

■構造物の検査区分■

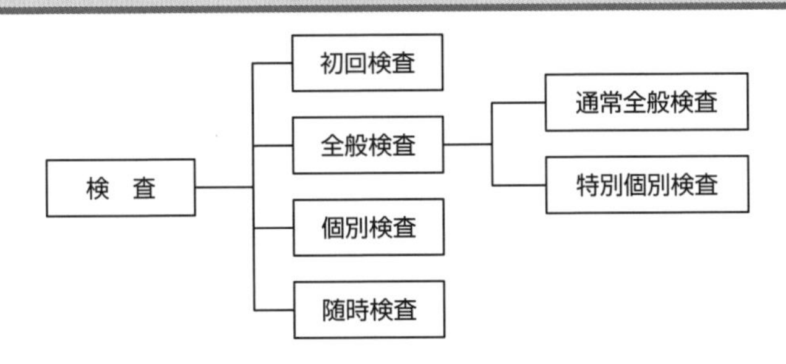

■さまざまなコンクリート橋りょう■

▼JR東日本上越線(土樽)

▼JR東日本中央本線(富士見)

7-17 自然災害に対する備え

自然災害の恐れがあるときは、沿線に設置した計器により、気象・地象状況を把握し、あらかじめ定めた基準によって列車の運行を制限して、走行の安全を確保しています。このしくみを「運転規制」といいます。ここでは、自然現象のうち代表的な地震と強風について紹介します。

地震の運転規制

地震発生時には地震の状態をただちに判断し、走行中の列車の運転を制御して、安全に停止させなければなりません。このため、鉄道では沿線に地震の揺れを測定する地震計や感震器を設置し、大きな揺れを観測した場合には、ただちに警報を発令するとともに、自動または手動で走行中の列車を停止させるようにしています。この地震観測から運転の制御までの一連の計測器や装置全体のことを総称して地震警報システムと呼びます。

S波警報

地震の揺れには、揺れの最初のころに小さくガタガタと揺れる小さな縦波(P波。PはPrimary)と、その後に続く主要動となる大きな揺れ(S波。SはSecondary)があります。地震の被害はS波で発生することが多く、このことから従来の地震警報システムは、地震計や感震器*がある一定基準以上の揺れの値を観測した場合に警報を出すしくみにしています。

P波警報

新幹線などの高速鉄道では、より高い安全性が求められ、地震の影響がある場合には1秒でも早く列車を停止させる必要があります。近年の電子機器の処理性能の向上により、地震計がP波を検知すると、瞬時に揺れの特徴を分析し、襲来するS波を予想、警報を出す**早期地震警報システム**が実用化されました。このしくみのことをP波警報と呼びます。

早期地震警報システムでは、震源に近い観測点ならP波初動から2～3秒で震源の位置、マグニチュードが推定できます。

＊**感震器**　揺れを感じるセンサ。倒立振子で地震加速度を振子周囲に設けた接点で機械的に検知する。

■早期地震警報システム■

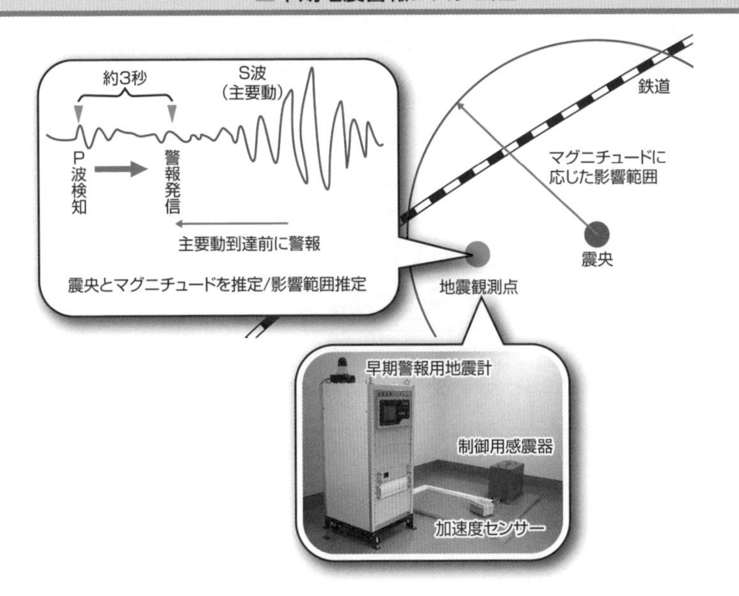

風の運転規制

風災害の中で最も深刻なものは、強風による列車の転覆事故です。また、軽微なものでは飛来物や沿線の倒木による障害があります。

このような風害から列車の走行安全を確保するために、強風が生じやすい場所に対しては、列車の走行を制御する運転規制が行なわれます。規制方法としては、駅間を規制区間と定め、途中の観測点で基準値以上の強風を観測したら、手前の駅で列車の抑止手配*をするパターンが一般的です。

■強風時の運転規制■

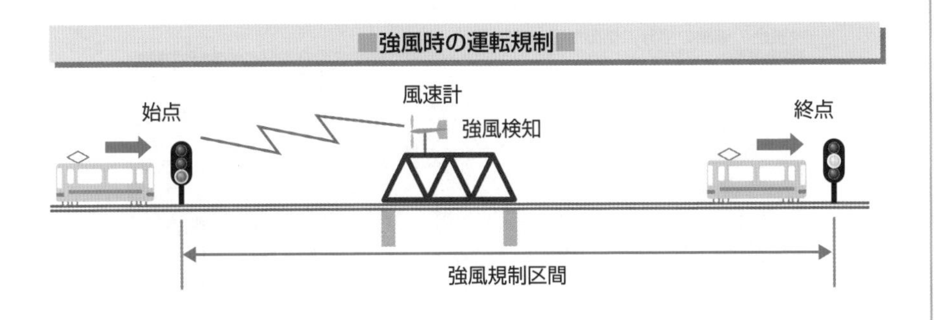

＊**抑止手配**　安全上、列車運行を止めることを「抑止する」といい、その指示を関係各所に行なうこと。

風対策

■防風柵設置■

防風柵設置前(早め規制)：風速 20m/sで速度規制(25km/h)、風速25m/sで運転中止
防風柵設置後(一般規制)：風速 25m/sで速度規制(25km/h)、風速30m/sで運転中止

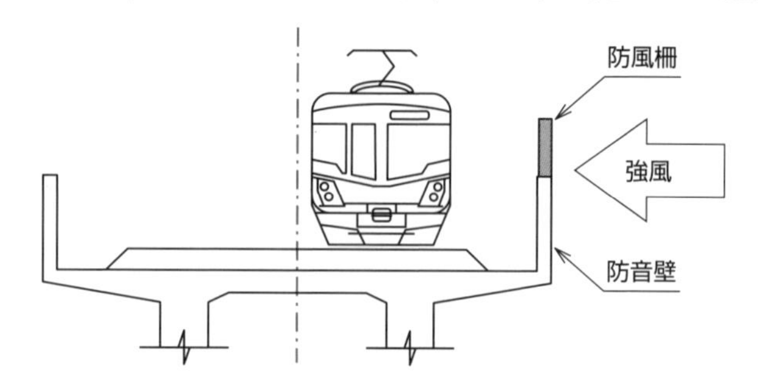

豪雨対策

鉄道河川橋梁が流失・傾斜した場合や鉄道隣接斜面が崩壊した場合、その復旧に長期間を要することから、新たな補助制度を活用して、鉄道河川橋梁の流失・傾斜対策や斜面対策を促進します。

また、河川改修事業とも連携し、計画的に河川橋梁を改修できるように関係者間で調整を行なっています。

台風等に伴う計画運休実施の際、どのようなタイミング・内容で情報提供を行なうのか、また、地方公共団体等に対する適切なタイミングでの情報提供について検討が進められ、近年では、計画運休が試行されています。

■橋脚転倒と橋桁流失例■

▼黄色の破線の部分に橋脚が建っていた

火災・排煙対策

省令では、換気設備が必要な地下駅を「主として地下式構造の鉄道の駅であって地下にあるもの」と規程して、掘割り構造のホームは該当しません。なお、解釈基準では、山岳地帯に設けられる地下駅も除外されています。想定する火災は、通常火災および大火源火災（ガソリン放火など）です。排煙設備の必要排煙量は、旅客が避難場所（地上）に安全に避難できることを基本とし、火災性状および煙流動性状の特性に応じた避難対策を整備しています。

防火シャッター、消火栓、スプリンクラーの設備をはじめ、避難階段を準備しています。地下鉄のトンネル排煙設備は通常の換気設備を兼用し、トンネルの形態に合わせていくつかの方式が設置されています。トンネルの火災事故に対処するための消火設備として、連結送水管を地上から配置し地下鉄のトンネル内消火栓に連結しています。

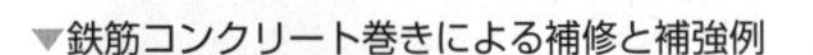
構造物の耐震補強例(大地震による損傷の復旧)

▼大地震による橋脚の損傷

▼鉄筋コンクリート巻きによる補修と補強例

損傷した橋脚

鉄筋コンクリート巻き
補修・補強

▼大地震による高架橋の損傷

▼鋼板巻きによる補修と補強例

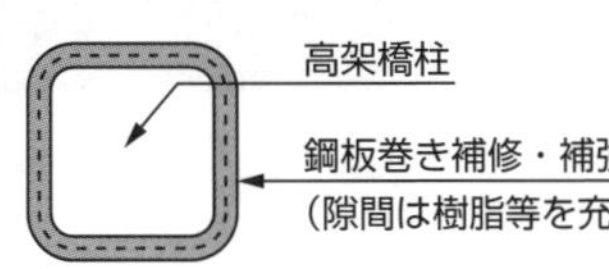

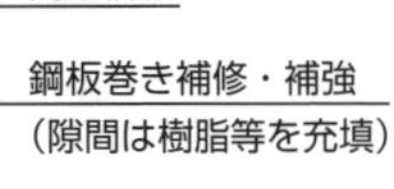

COLUMN 地下鉄の防水扉と剛体架線

地下鉄で、剛体架線の場合の防水扉の閉め方は、どのようにするのでしょうか？写真で見てみましょう。

平行移動できる剛体架線をスライドして防水扉を閉めます。

閉め方はいくつかあり、そのひとつがこの写真です。平行移動できる剛体架線をスライドして防水扉を閉める方法です。このほかに、防水扉を3段階で閉め、3番目に架線（架空電車線、剛体電車線）を挟み込んで最後に閉鎖する方式もあります。

車両基地

最近、鉄道ファンの間でも人気の高い車両基地。普段は見ることのできない場所をのぞいてみることにしましょう。

8-1 車両基地の目的

車両基地は、鉄道システムの中で人間の心臓にあたるところです。線路(網)が血管、列車(運行)を血液にたとえると、血液は血管を巡り心臓に帰り、リフレッシュしてまた体中を巡ります。つまり、日々の運転に使われた列車(車両)は基地に戻ります。車両は基地で検査を受けて、修理・洗車・車内清掃をして次の出番に備えます。また、ある周期ごとに大きな検査も行ないます。

車両基地における業務

車両は、車両基地において、整備・検査を行ないます。一方、乗務員の拠点も車両の運用に関連づけられるため、車両基地内に設けられます。そのほか、関連する業務を行なう要員も配置されます。

車両基地には以下の業務があります。業務とその設備は相互密接に関係し、一体で管理運営されています。

- **車両に関する業務**

  構内作業、整備作業、検査・修繕作業、車両運用、技術管理

- **乗務員に関する業務**

  運用計画業務、**運転当直**＊業務、指導・訓練業務

- **管理・運営に関する業務**

  企画業務、車両・職員管理業務、資材調達業務

■車両の略称■

車両	略称	英語
電車	EC	Electric Car
気動車	DC	Diesel Car
客車	PC	Passenger Car
電気機関車	EL	Electric Locomotive
ディーゼル機関車	DL	Diesel Locomotive
蒸気機関車	SL	Steam Locomotive
貨車	FC	Freight Car

＊**運転当直**　乗務員の日々の勤務操配・管理を行ない、列車の運転時刻や時刻変更・運用変更などを伝達したり、車両の割当て・検査などの計画を行なうこと。

車両基地の区分

車両基地は、車種の特徴や運用方法から**旅客車基地**と**機関車基地**、**貨車基地**の3つのタイプに大別され、広義では乗務員(運転士・車掌)基地も含まれます。なお、事業者によって事業所名などの呼び名は異なります。

■車両基地の区分■

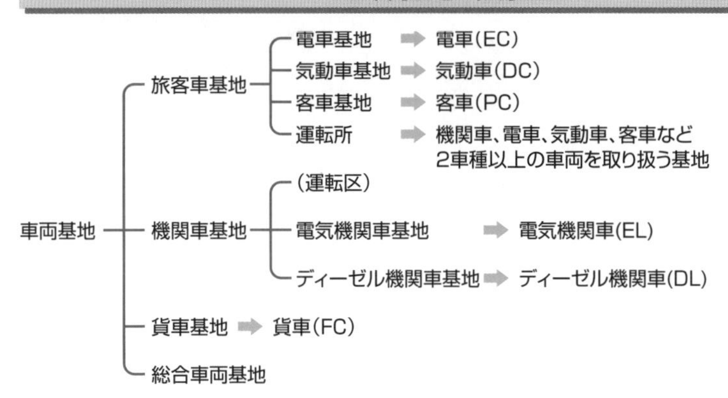

車両基地の位置

車両基地は、車両と乗務員の運用効率に大きく影響を及ぼすため、一般的には輸送量の段差が大きなところに設置されます。たとえば旅客車ではターミナル周辺や折り返し駅付近です。

位置選定に際しては、以下の点を考慮し、総合的に検討が行なわれて選定されます。

- 将来の輸送形態の変動に対処できる(ネットワークの拡大、輸送力増強など)
- 輸送断面の変化が大きい(車両の留置が必要)
- 要員の確保が容易で、効率的な運用が図れる(駅の近傍、回送ロスが少ない)
- 基地の規模が適正で、その用地が確保できる
- 周辺の都市計画や地域計画と整合する
- 地形や地質が良好で建設費が安い

■旅客駅に対する車両基地の位置■

旅客駅と基地の位置関係	配　置　図	特　徴
1. 直列 （本線抱き込み）	車両基地 旅客駅	着発駅と基地が直列に結ばれていて、直接入出区できる理想のタイプ。ただし、上下本線抱き込みの場合は、将来の拡張余地を十分考慮する必要がある。
2. 直列 （本線片側）	車両基地 旅客駅	本線の外側に基地があるタイプ。入出区線が本線と交差するため、列車回数を考慮し、立体交差化を図る必要がある。
3. 並列	車両基地 旅客駅	着発線に並列に設けるタイプ。本線と入出区線との平面交差のほか、引上線での折り返し作業が伴う。

■車両基地全景■

▼つくばエクスプレスの守谷車両基地

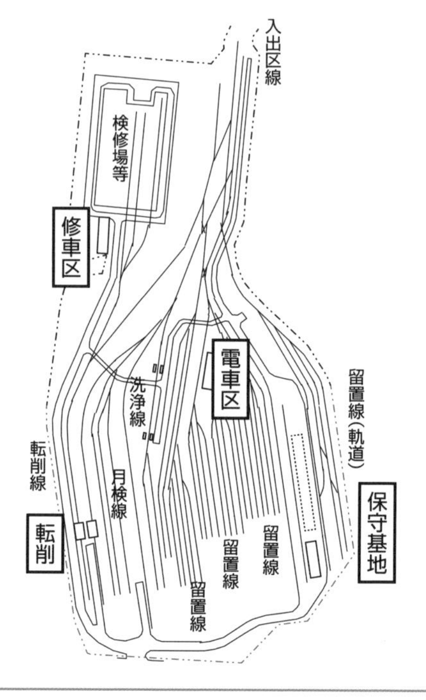

8-2 車両の検査とその設備

鉄道車両は、定められた頻度で各種の定期検査を行ないます。多くの車両が留置でき、各種の検査を行なうところが車両基地です。検査の内容に応じたさまざまな機械設備も車両基地内に設けられています。

定期検査と周期

車両は、車両の種類、走行距離、期間に応じた定期検査を行ないます。車両の状態や機能の点検は状態･機能検査と呼ばれ、車両の動力発生装置、走行･ブレーキ装置などの重要装置の主要部分に関しては重要部検査が行なわれます。さらに、車両全般について解体して細部まで調べる全般検査があります。また、目的や対象に応じて「仕業(しぎょう)、交番(こうばん)、臨時、運転」などさまざまな検査を実施します。

■車両定期検査の例■

車両の種類	状態・機能検査	重要部検査	全般検査
内燃機関車 内燃動車	3か月以内	4年または 走行距離50万km以内	8年以内
電気機関車 電車	3か月以内	4年または 走行距離60万km以内	8年以内
新幹線の電車	30日または 走行距離3万km以内	1年6ヶ月または 走行距離60万km以内	3年または 走行距離120万km以内

(注)新製車両の最初の検査、また車両に装備されている機能・様式によって期間は異なる。

● **仕業検査**

消耗品の補充や取り替え、各機器の機能確認を外部から行ないます。

● **交番検査**

車両の状態、動作、電気機器の絶縁状態を在姿(ざいし)で点検します。

● **重要部検査**

台車などの主要部分を解体のうえ、細部まで点検・整備します。

● 全般検査

車両の機器・装置を全般に解体のうえ、細部まで点検・整備します。

● 臨時検査

故障またはその恐れがある場合など、必要に応じて行ないます。

● 運転検査

車両に添乗して確認を行なう検査で、必要に応じて実施されます。

車両基地内の作業の流れ

車両基地内では、検修(仕業·交番検査、修繕)、整備(給油、給水、洗浄、清掃、汚物処理)、留置の３つに大別され、作業が行なわれます。

■車両基地の作業の流れ■

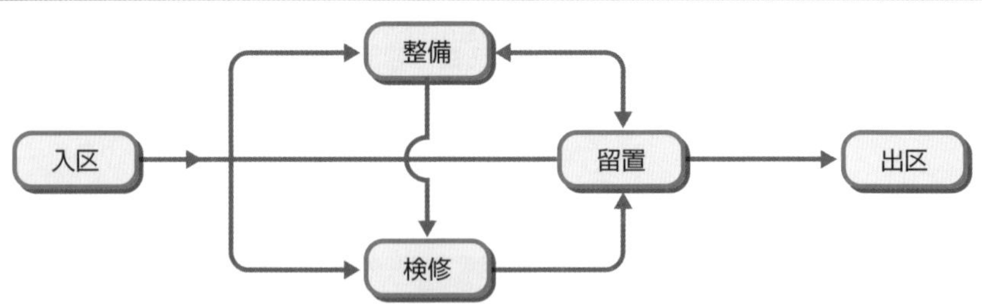

■検修庫の内部■

主な検修設備

検修のための線には、仕業検査線(列車検査線)、月検査線(状態・機能検査線)があります。また、定期検査以外に洗浄線、臨時修繕線、車輪転削線などを備えます。

車両基地には役割や機能に応じたさまざまな車両検修用の機械設備が必要です。特に全般検査を行なう場合は、広いスペース、さまざまな専用機械が必要となります。そのため車両工場と呼ぶこともあります。

検修機械の設備例

車輪転削盤	摩耗した車輪の踏面(とうめん)とフランジ部を削り、正規の形にする機械
リフティングジャッキ	車体を横から支え、かつ上下させる機械
車両洗浄装置	車両側面をブラシなどにより自動的に洗浄する機械
天井クレーン	建屋内に設置された部品などの搬送用クレーン
自動車体塗装機	車体外部の塗装を自動的に行なう機械
電動機検修設備	モータの分解・点検・部品交換・組立を行なう機械
屋根上点検台	車両の屋根上に設置された機器を点検するための設備
臨修設備	台車振替装置、ターンテーブル
各種試験設備	ATS、ATCなどの保安機器を点検するための設備

車両洗浄装置

8-3 車両基地の形態

車両基地を構成する線群は、作業別に分類すると収容線群、整備線群、検修線群の3つがあります。基地ではこれらの線群が合理的・有機的に結ばれており、各種作業が円滑に行なわれます。

形態設計上の基本事項

車両基地には、旅客車基地と機関車基地、貨車基地があり、それぞれ線群の配置や基地内の作業が異なります。ここでは、車両基地設計上の基本事項について、主として旅客車基地を中心に紹介します。

- 基地の最終規模を適正に設定し、将来の増強にも配慮する(配置車両数、作業の種類・規模・周期、組織、要員、作業工程、資材など)。
- 本線と車両基地の間を結ぶ線(入出区線、回送線)は、直接入出区できるよう配線することが理想。入出区線は原則２線とする。
- 線群の配線は作業の流れに沿ったものとする(入区→整備・検修→留置の流れに対応した効率的な配置)。
- 作業周期が比較的近い作業は同一線で、着発・留置も兼用とする。
- 事務室や詰所などの建物は各作業線の配列に合わせて、機能的な位置に設置する。

車両基地の設備配置

車両基地の形態には、大きく分けて直列型配線と並列型配線があり、留置や整備検修の規模、必要面積、対象地域の環境などによって決められます。

- **直列型配線**

滞泊(たいはく)編成数が多い場合、入出区線と**検修線**は列車の入出区回数や転線回数が多くなるので、作業の流れを円滑にする直列配線が理想です。

- **並列型配線**

仕業検査基地などで留置線数が少なく、構内作業との競合が少ない場合や都市部近郊で用地取得の制約がある場合は、留置線群と整備線群を並列にすると、基地をコンパクトにできます。

■検査と整備の流れ■

- 入区
  - 補給作業
    - 給油
    - 給水
    - 給砂
  - 清掃作業
    - 外板洗浄（洗浄装置）
    - 車内清掃（洗浄線内）
  - 検修作業
    - 列車検査（仕業検査）（列検線内）
    - 月検査（交番検査）（月検線内）
    - 臨時修繕（修繕線内）
    - 車輪転削（転削線内）
  - 折返作業
    - 折返清掃

■車両基地の設備配置■

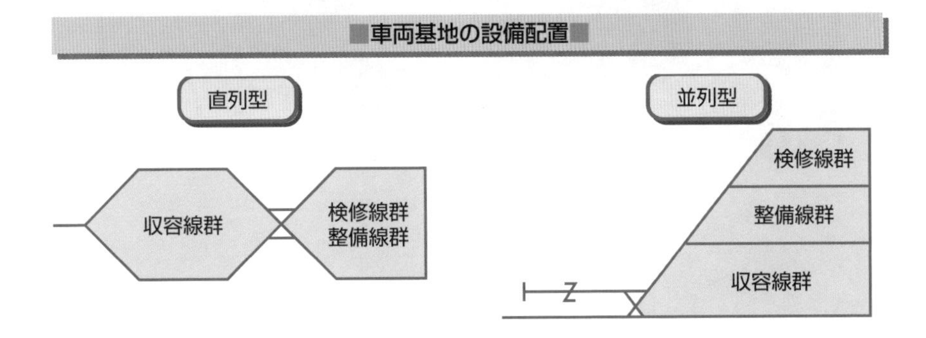

COLUMN 車両基地の様子

▼点検線(屋根上・床下への点検通路)

▼点検線(屋根上機器点検)

▼点検線(床下機器点検)

▼留置線

▼洗浄線(車両洗浄装置)

▼洗浄線(洗車)

これからの鉄道

社会インフラとしての鉄道の重要性が改めて注目されています。公共交通の中核を担う鉄道が果たす役割と、それを維持・発展させる取り組みを通して、明日の鉄道を展望してみましょう。

9-1 TOD(沿線開発)

交通結節点である駅を軸に、公共交通機関の利用を前提とした都市開発を計画的に進めることにより、自動車に依存しない社会を目指すのがTODの概念です。

公共交通の利用促進に効果的な土地利用政策

TODとはTransit Oriented Developmentの略で、「公共交通指向型都市開発」という意味です。

地方中核都市や沿線部の開発において自動車交通への依存が高いと、慢性的な道路渋滞を招くほか、エネルギー消費量の非効率化や環境の悪化などの影響が深刻になる問題を生じることになります。

そこで、都市中心部にある鉄道駅の周辺にオフィスや商業施設といった人が集まる拠点を重点的に配置し、それらを徒歩や**LRT**（=Light Rail Transit）などの軌道系公共交通機関の整備により回遊できるようにする考え方が生まれました。

日本版TOD

TODはアメリカの建築家で都市プランナーのピーター・カルソープが1990年代に提唱した概念とされており、日本では東急や阪急といった民鉄会社が沿線の住宅地開発で用いた手法がその一類型といえます。新規に街づくりを始める際の指針となるほか、衰退傾向にある既存都市中心部の再開発においても、この概念をもとに総合的な見地から計画を立案していくことが求められています。

鉄道を軸にした都市開発は日本において、ごく当たり前のように進められてきた手法といえます。新線開業や新駅設置に合わせて駅前広場の整備や商業施設の誘致をする計画も、官民が連携した効率的なプロジェクトとして立案、実行されてきました。都市機能を集約して利便性を高めた姿は、**コンパクトシティ**と呼ばれることもあります。

新興国で導入検討が進む

慢性的な交通渋滞に悩む東南アジアやインド、中東などの世界の新興国における主要都市では、車中心の社会から公共交通中心の街づくりへと転換する動きが出てきています。鉄道と都市を一体で整備し運用することで発展してきた日本版TODはその手本として注目され、その技術やノウハウの提供を求める声も高まっています。

ただし、それぞれの都市で社会背景や気候、土地条件などが異なるため、日本と全く同じ手法のままで成功するとは限りません。現地の事情に応じた形での日本の協力が必要とされています。

■TODの概念■

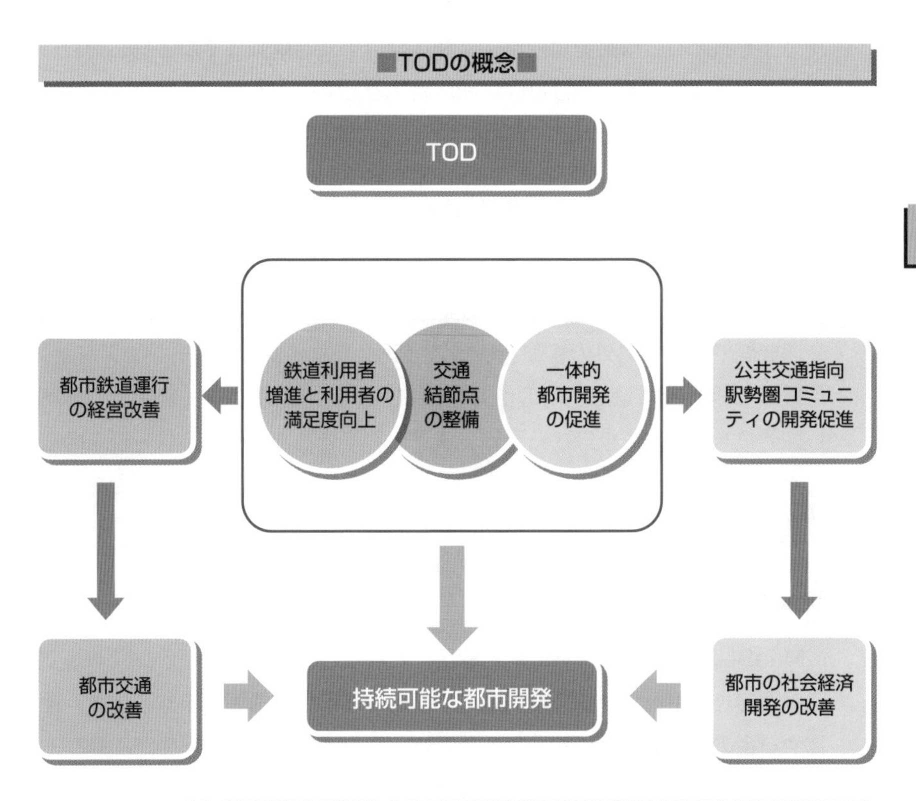

出典:（独）国際協力機構「ダッカ都市交通整備事業（TOD）準備調査」最終報告書（2018年12月）

9-2 MaaS

多様な移動手段（モビリティサービス）をシームレスにつないで移動の利便性を向上し、新しい生活スタイルを提案するMaaS（マース）への取り組みが各地で進められています。

異なる移動手段の連携が課題

移動手段にはさまざまなものがあり、それらを提供する事業者は、その利便性をアピールし、いかにして利用者に選択してもらうかを追求します。しかし、それぞれの事業者が独自に便利なシステムを構築していても、それらがきちんと連携していなければ、利用者にとっては何を選ぶかが面倒で手間がかかるものとなり、大きな負担になってしまいます。

スマホのアプリで複数の事業者のサービスを結合

MaaS（Mobility as a Service）とは、地域住民や旅行者一人ひとりに対し、その移動ニーズに応じて、鉄道やバス、タクシーといった複数の公共交通機関や、それ以外の移動サービス（シェアサイクルやカーシェアなど）を最適に組み合わせた利用の仕方をスマートフォンのアプリを使って提案し、それを一括して検索から予約、決済までできるようにするサービスのことです。観光施設のチケットや宿泊・飲食の手配といった関連分野とも連携できます。

MaaS のメリット

MaaSは移動手段の選択に有用なだけでなく、手配や決済がワンストップで処理でき、キャッスレスで現金をやりとりする手間も省けます。また、運賃や料金の設定を柔軟にすることができ、乗り放題・使い放題の定額制サービスの導入も可能です。無駄な待ち時間がなく、ストレスフリーな行動ができるので、便利で快適な移動が可能となります。

地域特性に合わせた実証実験を展開

国土交通省ではMaaSを大都市型、大都市近郊型、地方都市型、地方郊外·過疎地型、観光地型といった類型に分けており、それぞれの地域特性に応じた課題から目的を設定し、連携を図る実証実験が各地で進められています。

特に**観光地型**では、観光客の回遊性を高めるとともに、訪日外国人観光客の需要拡大にもつながるとして期待されています。

■MaaSの概要■

利用者

出発地から目的地までの移動を
ひとつのサービスとして提供
（検索・予約・決済）

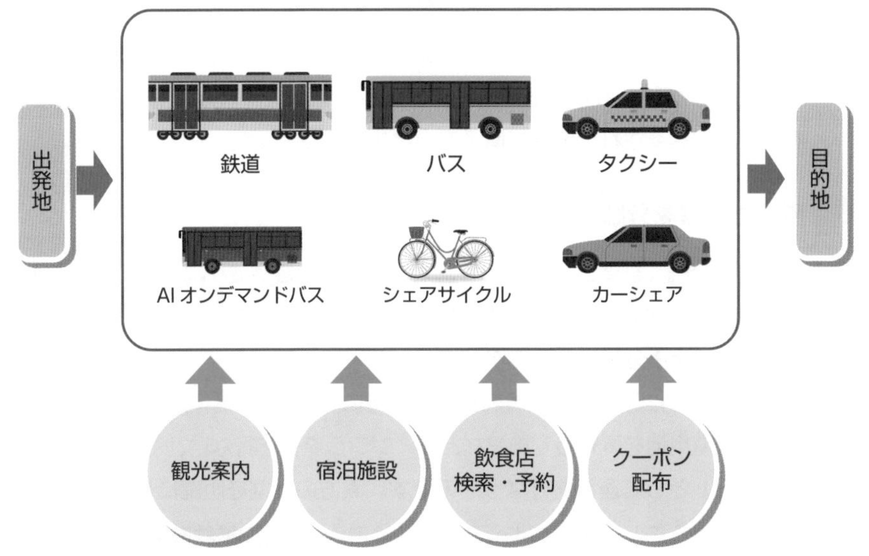

移動に付随するサービスを追加し、付加価値を高めることも可能

出典：国土交通省資料を基に作成

9-3 上下分離方式

鉄道を走らせるために必要な土地や施設を自治体が保有し、鉄道会社は運行に専念することで負担を減らして地域交通の維持を図る「上下分離方式」に移行する地方鉄道が増えています。

地域の足を支えた第3セクターの限界

1987年に行なわれた国鉄改革に前後して、数多くの**特定地方交通線**＊が廃止されました。その多くはバスに転換されましたが、鉄道の存続を求める地方自治体が地元企業とともに出資することで、そのうちのいくつかが半官半民の**第3セクター鉄道**＊として存続しました。また、国鉄時代には完成しなかった**未成線**を第3セクター鉄道が引き継いで開業したケースもあります。これらは、徹底した合理化と地域に密着したサービスを展開することで、国鉄改革から何十年にもわたり、地域の足を支えてきました。

しかし、ほとんどの第3セクター鉄道では沿線の過疎化が進んで乗客の減少に歯止めがかからず、地方自治体の財政も厳しく支援が難しいことから、廃止を余儀なくされた事例も増えています。

所有と経営を分離

経営難が続く鉄道会社にとって、大きな負担となっているのが路線を維持するための土地や設備に関わる費用です。それを軽減する方法として考えられたのが「**上下分離方式**」です。

「上下分離方式」とは、公設民営の考え方に基づき、自治体が「整備事業者」として鉄道用地を所有して施設などのインフラ整備を行ない、民間会社が「運送事業者」として運行を行なうものです。双方の役割を明確にし、連携して事業を進めることになります。この場合は自治体が**第3種鉄道事業者**＊、鉄道運行会社が**第2種鉄道事業者**＊ということになります。既存の鉄道で上下分離方式を導入する場合は、自治体が鉄道用地と施設を事業者からいったん買い上げ、それを無償あるいは減免した施設使用料で貸与する形にするのが一般的です。「**公有民営方式**」ともいいます。 車両の購入・所有は自治体が行なう場合と民間会社が行なう場合があります。

自治体が路線の維持を支援

上下分離方式のメリットは、運送事業者にとって大きな負担となる土地や施設に対する固定資産税や減価償却費を軽減することができ、民間のノウハウを生かした事業運営で地域交通の運行維持が図れる点にあります。

また、上下分離方式とは少し違いますが、自治体が土地を保有して事業者に無償貸与し、そこに事業者が線路などのインフラを整備して運行を担うパターンや、用地も自己所有している事業者に対して施設整備費や運行費を補助金の形で援助するケースもあります。

■上下分離方式の基本スキーム■

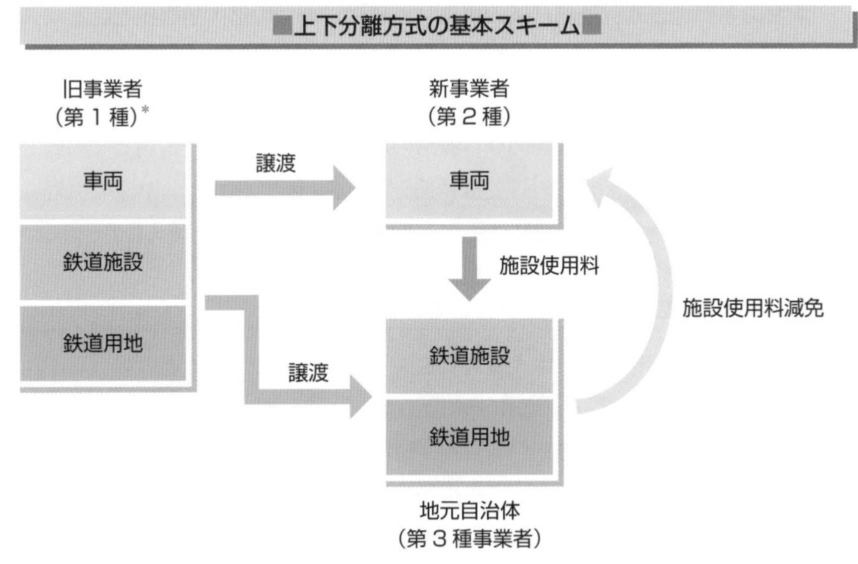

※車両も第３種事業者が保有し、第２種事業者は運行・営業のみを行なう形もある。

出典：国土交通省資料を基に作成

＊**特定地方交通線**　国鉄の路線を幹線と地方交通線に分類し、さらに旅客輸送密度4,000人未満の地方交通線は原則としてバス転換が適当で廃止対象とする特定地方交通線に指定された。

＊**第3セクター鉄道**　第1セクター（国や地方公共団体）と、第2セクター（民間企業）が共同出資して設立された事業体。

＊**第１種鉄道事業**　自社が保有する鉄道で旅客または貨物を運ぶ事業。

＊**第２種鉄道事業**　他人が所有する線路を使って旅客または貨物を運ぶ事業。

＊**第３種鉄道事業**　鉄道線路を第１種鉄道事業を経営する者に譲渡する目的で敷設する事業および当該鉄道線路を第２種鉄道事業を経営する者に専ら使用させる事業。

9-4 BRT

BRTは、定時性の向上や輸送能力の増大を目指したバス高速運行システムです。地方ローカル線の鉄道による運行からの切り替えのほか、ある程度の輸送需要がある大都市での新しい公共交通機関としての活用も期待されています。

BRTの定義

BRT（Bus Rapid Transit）は、バス専用道やバスレーン、**PTPS**（Public Transportation Priority Systems＝公共車両優先システム）による信号制御などを組み合わせることで速達性・定時性を確保し、また都市部の交通需要の多い地域では**連節バス**の導入などで輸送能力の増大も可能となるバス運行システムです。地域の実態に応じた交通体系を整備し、地域公共交通の利便性の維持向上と利用環境の改善を図ることができます。

バスが遅延する最大の要因は、道路の混雑状況という事業者側では制御できない問題にあります。BRTでは、優先的な走行路の確保と、バスの接近に合わせて交差点の信号を切り替えることにより、ロス時間を短くしています。

災害復旧の選択肢のひとつとしての導入が増加

2011年に起きた東日本大震災で被災し、長期にわたり不通となっていたJR東日本の路線のうち、気仙沼線の柳津～気仙沼間、大船渡線の気仙沼～盛間については、復旧にかかる費用や時間、復旧後の需要予測等などを総合的に勘案した結果、鉄道としての復旧ではなく、路盤跡を専用道として整備して、バスによる代替運行をするBRTの導入が決まりました。気仙沼線は2012年8月20日から、大船渡線は2013年3月2日からBRTによる運行を開始しています。

また、JR九州でも2017年7月の九州豪雨で被災して運休が続く日田彦山線の添田～夜明間について、2020年にBRTによる復旧方針が承認されました。

バス特有の弱点を克服

このように地震や水害といった被災不通区間で運行を再開する手段のひとつとして一躍注目を集めることとなったBRTですが、廃止された鉄道路線の跡地にバス専用道を設けるケースはこれまでにもありました。古いものでは戦時中に不要不急として休止され、戦後にバス路線として復活した福島県の白棚線もBRTの一種といえるでしょう。茨城県の日立電鉄や鹿島鉄道でも、廃線後の跡地をバス専用道として整備し、活用しています。

また、地方交通とは全く事情が違う都市部においても、BRT導入の取り組みが進んでいます。一般道をバスが走る場合には道路混雑による遅延という問題がありますが、専用道や専用レーンと優先通行を組み合わせることで定時性を確保し、鉄道駅に準じた設備を有する停留施設にバリアフリー対応の乗り降りしやすいプラットホームを設置するなどにより、利便性の高い移動手段としての活用を目指しています。

導入後の輸送需要の拡大に対しては、便数の増発や連節バスなどの大型車両での運行による対応が考えられますが、予測を超える利用者増に対する抜本的な輸送力改善には不向きな面があります。運行本数の増加で生じるドライバー不足の問題に対しては自動運転の実現も検討されています。

JR東日本が気仙沼線で運行するBRT

COLUMN 世界の鉄道最速記録

鉄道は、19世紀の初めにイギリスで誕生して以降、その動力は蒸気からディーゼル（内燃）・電気へと発達し、絶え間ない技術開発によりスピードアップを図ってきています。鉄道先進国のなかでも高速化に精力的に取り組んだのは、ドイツとフランス・日本です。フランスは電気機関車技術を中心に高速化を図ってきたのに対して、日本は、東海道新幹線以降、電車方式による高速化を目指してきました。

鉄輪・鉄レール方式において、試験での世界最高速度はフランスの574.8km/h（2007年）、現在の営業最高速度は中国の350km/hです。

▼鉄輪・鉄レール方式における試験走行などでの最高速度

年月日	国名	動力	車両	最高速度（km/h）
1829年10月 8日	イギリス	蒸気	ロケット号	46.8
1903年10月23日	ドイツ	電気	シーメンス＆ハルス社の試験車	206.8
1938年 7月 3日	イギリス	蒸気	マラード号機牽引列車	202.7
1972年12月 8日	フランス	ガスタービン	TGV001	318
1973年 6月11日	イギリス	内燃	HST試験車両	230
1988年 5月 1日	西ドイツ	電気	ICE(Experimental)	406.9
1989年 1月10日	フランス	電気	TGV-PSE	408.9
1990年 5月18日	フランス	電気	TGV-A	515.3
1996年 7月26日	日本	電気	新幹線955形電車(300X)	443
2006年 9月 2日	ドイツ	電気	タウルス型電気機関車	357
2007年 4月 3日	フランス	電気	TGV No.4402	574.8
2011年 1月 9日	中国	電気	CRH380BL	487.3

■2007年4月3日に世界最速の574.8km/hを記録したフランスの高速列車

▼LGV（高速新線）東ヨーロッパ線のメス付近で実施された高速試験（提供：SNCF）

世界の鉄道

海外には日本では見られない個性豊かな鉄道がたくさんあります。ここでは世界各国から集めた貴重なデータをもとに、海外鉄道のおもしろさ、魅力を探っていきましょう。

10-1 世界の鉄道とその類型

200年近い歴史を持つ鉄道は、世界約140の国や地域で運行しています。その路線延長の合計は約120～130万kmと、地球30周以上の長さがあります。国によって鉄道の果たす役割は違っていて、大きく4類型に分けられます。

鉄道発達の歴史

今から195年前の1825年に、イギリスで世界最初の公共輸送を目的とした**ストックトン・ダーリントン鉄道**が開業しました。その後の鉄道の発展はめざましく、19世紀から20世紀前半にかけて世界各国で鉄道の建設が進みました。そして産業発展と経済成長の牽引車となった鉄道は、交通市場で独占的な地位を占めるまでに発展しました。この頃は、鉄道の黄金時代といってよいでしょう。

しかし、20世紀中頃以降、自動車交通が発達するにつれ、鉄道の地位は徐々に低下し、一時は斜陽産業とまでいわれていました。こうした中で、日本の東海道新幹線の画期的な成功などにより鉄道の活路を見いだし、今日では、都市交通や都市間高速旅客輸送・大陸横断貨物輸送など、鉄道の特性が発揮できる交通分野で活躍しています。

さらに最近では、単位輸送あたりの消費エネルギーが少なく、排気ガスによる大気汚染がほとんどないので、環境面からも世界的に鉄道を見直す機運にあります。

世界の鉄道の分類

鉄道は、その国や地域の社会・経済・自然などの諸条件と密接に結びついて発展してきており、地域性・土着性が強い交通機関です。つまり、鉄道と一口にいっても、それぞれの国や地域で果たす役割や位置づけがかなり異なっています。

日本やイギリスのように旅客輸送が中心の鉄道、ドイツやフランスのように客貨それぞれの輸送に健闘している鉄道、アメリカに代表されロシアやカナダ・オーストラリアなど貨物輸送中心の鉄道、中国やインドのような鉄道大国、東南アジアやアフリカ・中南米の地下資源や生産物輸送のための鉄道など、地域ごとにさまざまな発展形態を示しています。

これらを類型化すると、北アメリカ・オーストラリア型とヨーロッパ・日本型、中国・インド型、発展途上国型または旧植民地型に分けることができます。

世界の鉄道の4類型

類型	内容	事例
北アメリカ・オーストラリア型	・広大な大陸国で人口密度は低く、豊富な天然資源を有し、生活水準は高い。 ・旅客輸送は自動車と航空機が中心で、鉄道は貨物輸送に専念している。	アメリカ合衆国 カナダ ロシア オーストラリア
ヨーロッパ・日本型	・国土は比較的小さく、人口密度は高い。 ・生活水準は高く、自動車と航空機は非常に発達しているが、幹線鉄道網や都市鉄道網もよく整備され、主要な都市間回廊や大都市圏の旅客輸送において、鉄道は重要な役割を果たしている。	ヨーロッパ 日本 韓国
中国・インド型	・広大な亜大陸に膨大な人口を有し、生活水準はまだ低いが、大きな潜在成長力を秘めている。 ・全国的な鉄道網が完成している。 ・鉄道資材や車両を自給できる技術と工業を持ち、鉄道を自ら近代化する力を持っている。	中国 インド
発展途上国型または旧植民地型	・全国的鉄道網を欠き、鉄道近代化に必要な技術・資金・人材のすべてが不足している。	東南アジア、中南米、アフリカ

出典:菅建彦「感覚的鉄道技術協力論」(『JREA』、1994年9月号)をもとに作成。

世界の鉄道あれこれ

▼最高速度400km/hを目標として開発されたCR400AF型高速電車(中国)

▼世界最長のシベリア鉄道を走る「ロシア号」(ロシア)

▼コンテナを2段積みにしたダブルスタックトレイン(アメリカ)(提供：西野保行)

10-2 輸送目的から見た鉄道の分類

鉄道は、旅客鉄道と貨物鉄道に大きく区分されます。さらに旅客鉄道は、都市間鉄道・都市鉄道・地域鉄道などに分けられます。また貨物鉄道は、コンテナ輸送が増加してきていますが、石炭やセメントなどの重量バラ荷輸送も盛んです。

いろんな形態がある旅客鉄道

旅客鉄道は、高速鉄道から在来の都市間鉄道・地下鉄(メトロ)・近郊鉄道・路面鉄道・地域鉄道・観光鉄道・登山鉄道・保存鉄道などに分類されます。

都市間鉄道として、日本の新幹線やフランスのTGVに代表される高速鉄道、また特急や急行が走る在来の都市間鉄道がその代表格です。

都市鉄道としては、都市内の大量高速輸送を行なう地下鉄（メトロ）が主役です。これをMRT(Mass Rapid Transit)と呼んでいる都市もあります。また都心と近郊を結ぶ鉄道も重要な役割を果たしていますし、路面鉄道では昔からの路面電車とそれを改良したLRT(Light Rail Transit)が注目を集めています。

その他の鉄道としては、地方都市を中心に運営されている地域鉄道、スイスに代表される観光鉄道や登山鉄道、また蒸気機関車を整備して動かしている保存鉄道があります。

大陸を横断する貨物鉄道

鉄道の貨物輸送は、大量の重量物を長距離にわたって運ぶ場合、鉄道の特性が十分に発揮できます。運ぶ貨物の種類により、取り扱いが便利なコンテナ貨物とそれ以外の**バルク***貨物(石炭や鉄鉱石・セメント・穀物などのバラ積み重量貨物)に大きく分けられます。日本では、鉄道貨物のほとんどがコンテナになってきています。

最近、日本とヨーロッパ間、日本とアメリカ東部間などにおいて、すべてを海上輸送によらず、中間経由地の陸上輸送を鉄道で行なう国際的な輸送方

***バルク(bulk)**　バラ荷や嵩のある貨物のこと。

式が注目を浴びています。つまり、出発地から目的地まで、トラックと船舶・鉄道を組み合わせた輸送方式です。これを**複合輸送**といい、特に大陸を横断するものを**ランドブリッジ**と呼んでいます。アメリカランドブリッジやシベリアランドブリッジ・チャイナランドブリッジなどがよく知られています。

輸送目的から見た鉄道の分類

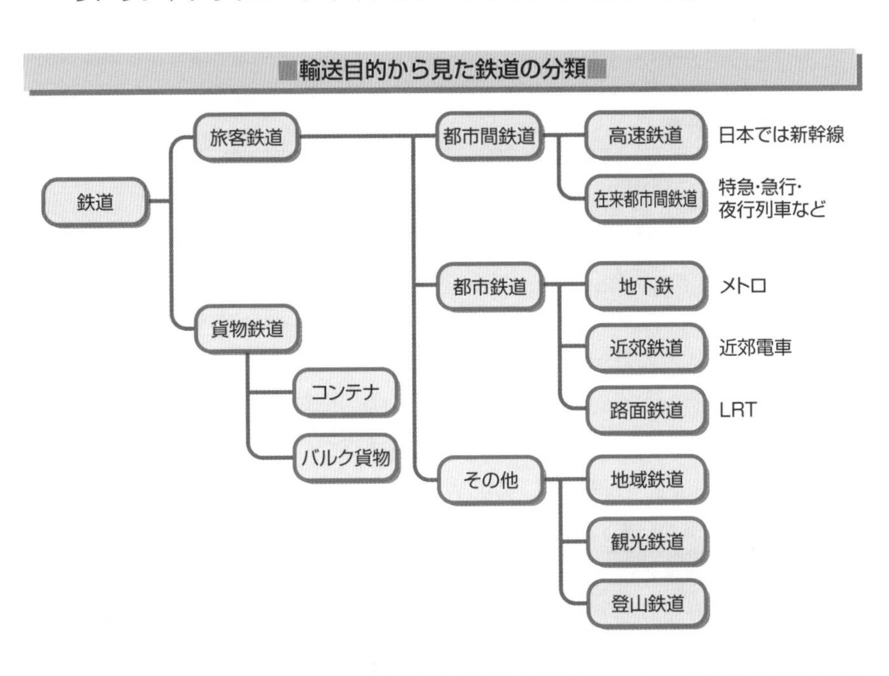

世界の鉄道車両

▼風光明媚な山岳地帯を走る「氷河急行」(スイス)

▼架線がないトゥールの新型路面電車(フランス)

▼輸出用の原油を運ぶタンク車群(ジョージア)

10-3 世界の鉄道分布

世界には合計で約120万kmの鉄道路線があります。その分布は、産業構造や輸送体系・人口分布を反映して、アジアとヨーロッパ・北アメリカの3地域に集中しており、この地域の路線網を合計すると全世界の70%近くを占めています。

地域的な分布

世界にある鉄道は、人口が多いアジア、鉄道発祥の地であるヨーロッパ、北アメリカ(特に、かつて世界一の鉄道路線網があったアメリカ合衆国)に集中しています。それぞれ全体に対する比率は、21%、20%、25%となっていて、この3地域の合計は世界全体の66%に達しています。

1980年代末と1990年代後期の路線延長を比較すると、人口増加と経済発展が著しいアジアで約5万kmも増加しているのに対して、南北アメリカの合計延長が約4万km減少しているのが大きな特徴です。ヨーロッパ（ロシア・**NIS***を含む）でも2万km減っていますが、これは東欧諸国の政策が1990年代の初めに計画経済から市場経済に180度転換し、交通分野において自動車交通量の増加に伴い鉄道輸送のシェアが低下し、不採算路線が運休・廃止された結果を反映しています。

電化路線の比率は、ヨーロッパ、ロシア・NIS、アジアの順に高くなっています。南北アメリカとオセアニアの電化率が極端に低いのは、ディーゼル機関車が牽引する貨物輸送が主体になっているからです。

■世界の鉄道分布(2013年)■

地域	営業路線		電化	
	延長(万km)	全体に対する比率(%)	電化延長(万km)	地域ごとの電化率(%)
アジア	23.9	21	9.8	41
ヨーロッパ	22.9	20	11.8	52
ロシア・NIS	14.2	13	6.2	44
アフリカ	8.2	7	1.3	16
北アメリカ	27.5	25	0.1	1
中南米	10.8	10	0.2	2
オセアニア	4.5	4	0.4	9
合計	112.0	100	29.8	27

(注)数値には都市鉄道を含んでいない。

出典：『世界の鉄道』（ダイヤモンド社）

鉄道の営業路線延長の変化

（単位：万km）

地域	1980年代末	1990年代後期	差
アジア	20.0	25.1	+5.1
ヨーロッパ(ロシア・NISを含む)	39.0	37.0	−2.0
アフリカ	8.0	8.4	+0.4
南北アメリカ	49.3	45.1	−4.2
オセアニア	4.5	4.4	−0.1
合計	120.8	120.0	−0.8

(注)数値には都市鉄道を含む。　　出典：日本鉄道車両輸出組合『鉄道車両輸出産業戦略研究報告書』(2004年)

営業路線延長ベスト5

では、国の路線延長が世界で一番長いのはどこでしょうか。第1位はアメリカ合衆国の22.9万kmです。その最盛期の1916年には42万kmにも及ぶ世界一の路線網がありました。第2位は、今や世界一の高速鉄道大国となった中国の10.3万kmです。第3位はロシアの8.6万kmです。崩壊前のソ連の鉄道網は14.8万kmありましたが、1991年に15の国に分裂し、そのうち最大の路線網を持つのがロシアです。続いて経済成長が著しいインドの6.5万km、広大なオーストラリアの4.1万kmです。上位はいずれも大陸国家ばかりです。

なお日本の鉄道路線延長(JR各社合計)は2.0万kmあり、世界第13位です。

国別鉄道営業キロベスト5(2013年)

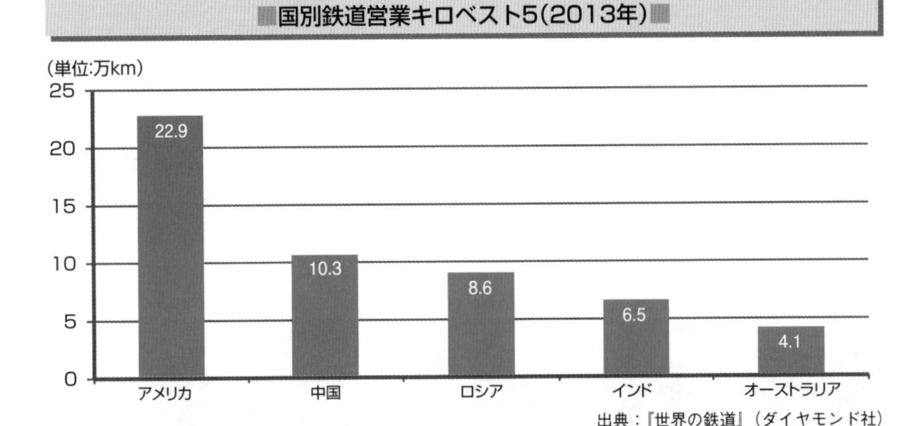

出典：『世界の鉄道』（ダイヤモンド社）

(注)10-3で解説する路線延長は、「営業路線延長の変化」の表を除き、国鉄(民営化後の会社も含む)や鉄道省など国の機関が運営する全国規模の路線網を対象としており、都市鉄道や民鉄などは含んでいない。

＊**NIS**　Newly Independent States(新独立諸国)の略称。旧ソ連から独立した国々のうちロシアとバルト3国を除いた11か国を指す。

10-4 旅客輸送量と貨物輸送量

鉄道は、旅客と貨物を運びますが、国によってその比率は大きく異なっています。それは、その国の人口配置や産業構造・資源分布・交通政策に左右されるからです。日本は旅客輸送中心の国ですが、世界には貨物輸送を主体としている鉄道が大半を占めています。

人口の多いアジアが中心の旅客鉄道

人キロ*単位の地域別旅客輸送量を比較すると、世界人口の約5割に相当する40億近い人が住んでいるアジアが突出しており、第2位のヨーロッパの2.5倍以上の輸送量があります。また広大な国土に人口密度が低く、自動車が発達した北アメリカでは、都市鉄道以外の旅客輸送はほとんどないに等しいです。国別では、インド・中国・日本とアジアの鉄道大国が上位を占めています。

このような輸送量は路線延長や国土の大きさに比例する部分があり、総輸送量だけで国別の輸送事情を比較するのは適切でない場合があります。そこで、**輸送密度***という単位でアジアとヨーロッパの主要国を比較すると、インドと日本・中国がいかに旅客輸送量が多いかがわかります。

ちなみにフランスの輸送密度7800人/日は、JR九州とJR北海道のほぼ中間値です。この程度の旅客輸送量で**インフラ費用***を全額負担して自立経営をすることは困難です。日本では3島のJRに**経営安定基金**という支援措置を設け、またヨーロッパでは、鉄道インフラと列車運行を分離し、鉄道運行会社に過大なインフラ費用を負担させない**上下分離***方式を採用し、自動車や航空機との競争力を鉄道につける政策を実施しているのは、自然の流れです。

▼ロシアとフィンランドを結ぶ国際特急列車

▼アメリカの2階建て近郊列車

■国別鉄道旅客輸送量ベスト5(2013年)■

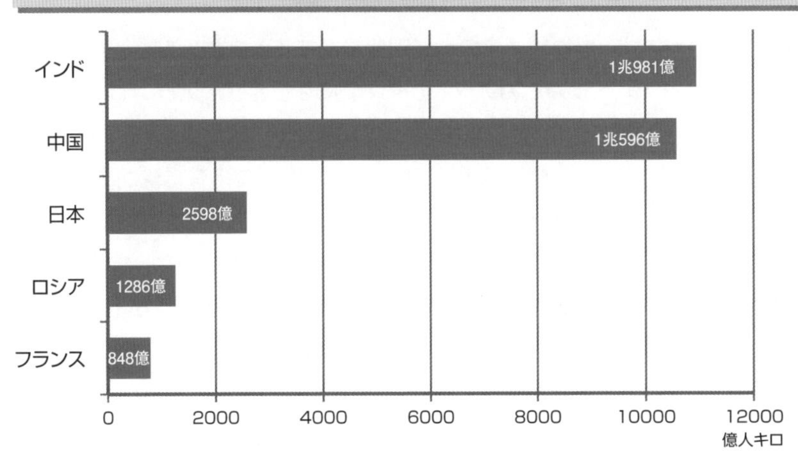

出典：『世界の鉄道』（ダイヤモンド社）

■アジアとヨーロッパ主要国における鉄道旅客の輸送密度(2013年)■

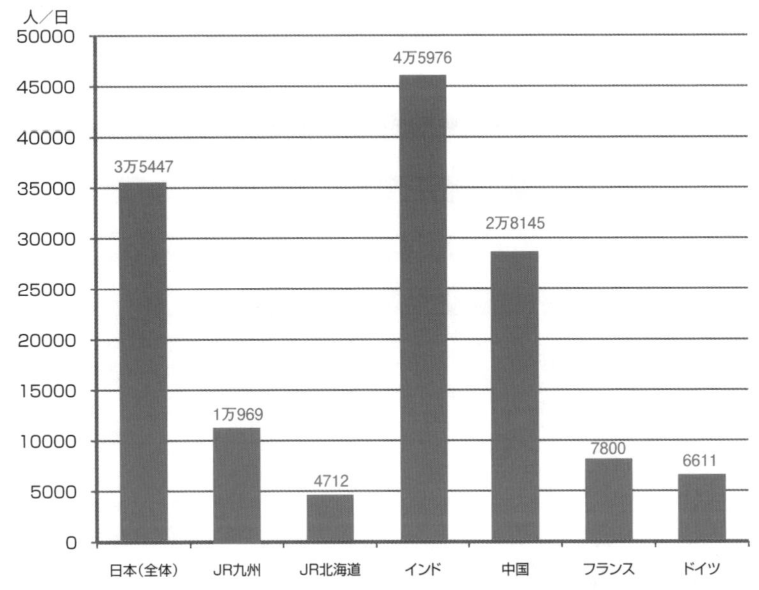

出典：『世界の鉄道』（ダイヤモンド社）

＊**人キロ**　旅客輸送量を表わす単位のひとつで、1人の乗客を1km運ぶと1人キロ。

＊**輸送密度**　路線1km当たりの平均輸送量のこと。年間輸送総人キロ÷365日÷路線延長キロ＝人/日。

＊**インフラ費用**　鉄道線路設備などを建設(含めないこともある)したり、保守するための費用。

＊**上下分離**　鉄道線路の保有・管理と列車の運行を別組織で行なう鉄道の運営方式。

大陸国が上位を占める貨物輸送

トンキロ*単位で貨物輸送量の地域別比較をすると、旅客輸送とは対照的に北アメリカ（アメリカとカナダ）が第1位になります。アジアは、中国とインドの輸送量が多いため第2位になっています。また、ロシア・NISは旧ソ連時代と比較すると大幅に減少しているものの第3位の輸送量があります。世界的にみると、この3地域が突出しています。

国別では、ロシア・中国・アメリカ・カナダ・インドの順に、いずれも広大な国土を有し、輸送距離の長い貨物輸送を実施している国々が上位を占めています。その他、ブラジル（穀物輸送）、NISのカザフスタンとウクライナ、南アフリカ（石炭と鉄鉱石輸送）、ヨーロッパの鉄道大国ドイツが上位10か国に入っています。

鉄道貨物大国であるアメリカ合衆国には、バーリントン・ノーザン・サンタ・フェ鉄道やユニオン・パシフィック鉄道のような巨大な民間貨物鉄道会社が7社あり、全米鉄道貨物収入全体の90%以上を占めています。これら7大貨物鉄道会社の経営は好調で、いずれも大幅な黒字を出しています。

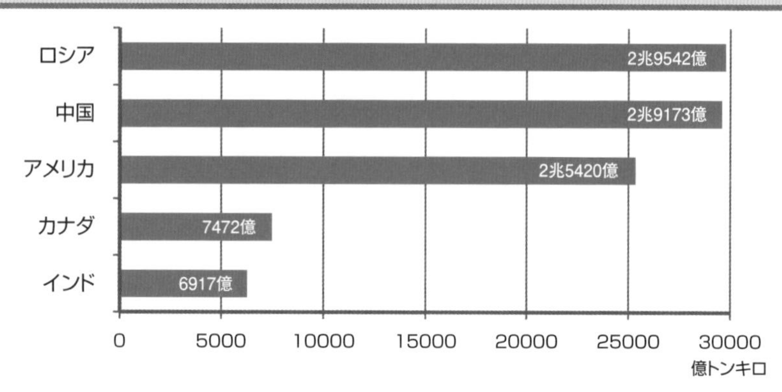

出典：『世界の鉄道』（ダイヤモンド社）

旅客と貨物の合計輸送量と鉄道経営

旅客輸送と貨物輸送を合計して議論する場合、人キロとトンキロを同等の単位として合算して使用することがあります。つまり、1人キロ＝1トンキ

＊**トンキロ**　貨物輸送量を表わす単位のひとつ。1トンの貨物を1km運ぶと1トンキロ。

ロ＝1TU(輸送単位：Transport Unit)として輸送量を比較するのです。

こうして地域別の旅客と貨物を合計した輸送量を比較すると、地域ごとの全体輸送量と輸送構造の違いがわかります。つまり、アジア・大洋州とヨーロッパ、アフリカ・中近東、中南米では旅客と貨物がほぼ均衡しているのに対し、北アメリカやロシア・NIS地域では貨物偏重の輸送構造になっています。

以上のような世界の鉄道の輸送実績から判断すると、日本の鉄道は、人口密度の高さを反映した大量・高密度の旅客輸送を行なっています。これに対して、世界の鉄道の大半は貨物輸送を主体としていますので、日本の鉄道は世界の中で特異な存在ともいえます。

また、鉄道経営という点において、線路などのインフラ費用まで鉄道会社が負担して民間企業として自立しているのは、効率的な長距離貨物輸送に特化したアメリカ合衆国の貨物鉄道会社と高い人口密度に支えられた日本(本州)の旅客鉄道会社だけであるといえるかもしれません。

■世界の地域別鉄道旅客・貨物輸送量(2000年)■

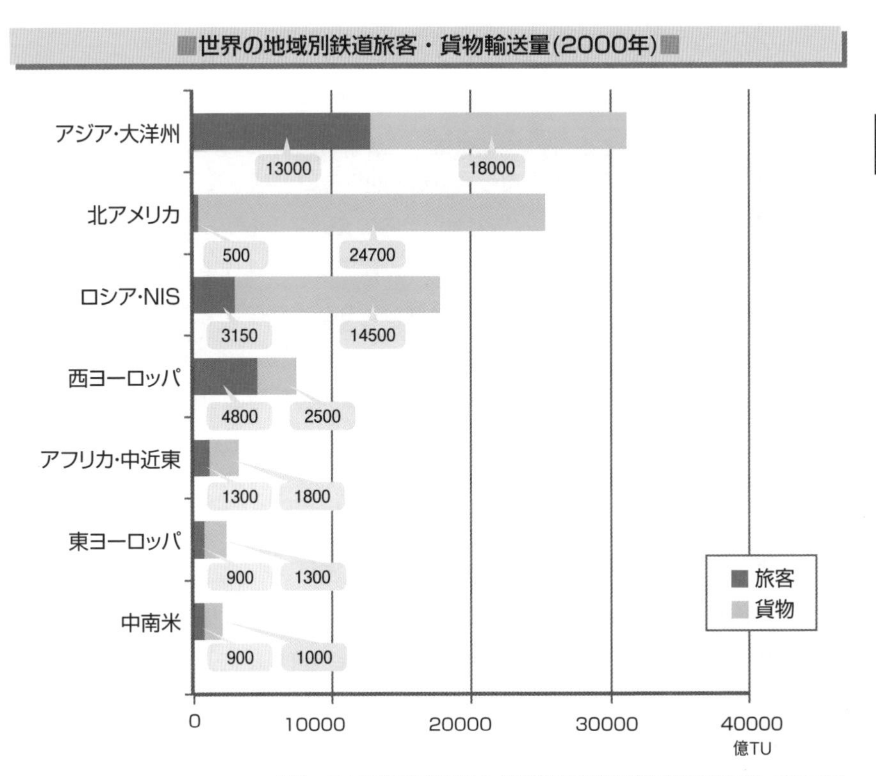

出典：日本鉄道車両輸出組合『鉄道車両輸出産業戦略研究報告書』(2004年)

10-5 世界の高速鉄道

東海道新幹線が開業して56年が経ちました。この世界最初の高速鉄道は画期的な成功をおさめ、それに影響されて西ヨーロッパや東アジアで高速鉄道が次々と開業しました。現在では、営業最高速度250km/h以上で走行している国は15か国あります。

西ヨーロッパと東アジアが中心

1964年10月1日に営業運転を開始した**東海道新幹線**は、増加を続ける自動車交通に押されて鉄道が斜陽化の流れにあった当時、都市間輸送において高速化が鉄道復活のための有効な手段であることを証明しました。

この東海道新幹線を徹底的に研究して、1981年からフランスの**TGV**（テジェヴェ）が当時世界最速の260km/hで運行を開始しました。それ以降、西ヨーロッパ諸国で次々と高速列車が走り始め、また東アジアでも韓国と台湾・中国で高速鉄道が営業運転を開始しています。さらに最近では、トルコとロシア·モロッコ・サウジアラビアでも高速鉄道が開業してます。

最近の高速鉄道の整備動向を見ると、西ヨーロッパと東アジアが中心です。西ヨーロッパではヨーロッパ連合(EU)内の交通ネットワーク強化のため、また人口が稠密（ちゅうみつ）な東アジアにおいては、大都市間を高速列車で結んで輸送構造を改善することが、さらなる経済発展につながるため、高速鉄道の建設が推進されています。

なお、高速列車(鉄輪・鉄レール方式)の試験運転での世界最速記録はフランスのTGVが2007年4月3日に樹立した574.8km/hです。また世界一の営業最高速度は中国の350km/hです。

短期間に世界の高速鉄道大国となった中国

1964年の東海道新幹線開業以来、高速新線の合計延長では日本の新幹線が常に世界一の座を保ってきました。しかし、21世紀に入ってから中国において全国の主要都市を結ぶ高速鉄道網の建設が猛烈な勢いで進められ、2009年には中国が一気に首位に躍り出て、実に短期間のうちに世界の高速鉄道大国になりました。現在、営業最高速度250km/h以上の路線が世界全体で約3万6000kmあり、その65%の約2万3000kmが中国の高速鉄道です。

ヨーロッパでは、ヨーロッパ全体の高速鉄道計画に基づき、フランスとドイツ・スペイン・イタリアが段階的に路線延長を伸ばしてきています。中でも世界第4位のスペインの路線延長は近年増加していて、第3位の日本に近づいてきています。

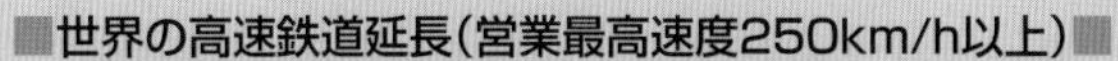
世界の高速鉄道延長(営業最高速度250km/h以上)

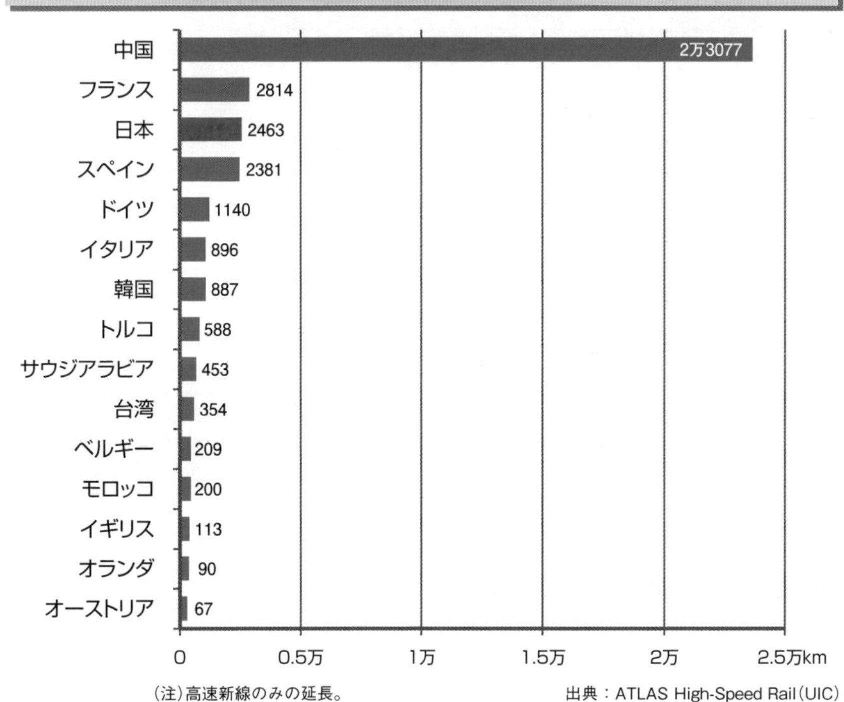

(注)高速新線のみの延長。
出典：ATLAS High-Speed Rail(UIC)

動力分散方式と動力集中方式

高速列車には、日本の新幹線に代表される客車にモーターを取り付けた電車タイプ（**動力分散方式**）とフランスのTGVのように両端に電気機関車を配置したタイプ（**動力集中方式**）の2種類があります。日本は東海道新幹線以来一貫して動力分散方式の高速列車を採用していますが、1981年のフランスTGVの出現以来、ヨーロッパではドイツのICE1、スペインのAVE

S100、国際高速列車のユーロスター、同じくタリス、イタリアのETR500と動力集中方式が主流でした。

しかしながら、動力分散方式の方が、①軸重が軽い、②高加減速が可能、③電気機関車がないので客室スペースを多くとれる、④電力回生ブレーキが効率的に活用できる、さらには⑤従来の直流モーターに対して新幹線300系から採用された小型・軽量の交流モーターのためモーターの保守が軽減されるなど、動力分散方式の方が省エネルギー・効率的輸送などの面において利点が多いため、ドイツのICE3が2000年に登場して以降、ヨーロッパやアジアでは動力分散方式の高速列車が主流となっています。

動力分散方式と動力集中方式の違い

▼動力分散方式:日本の新幹線など

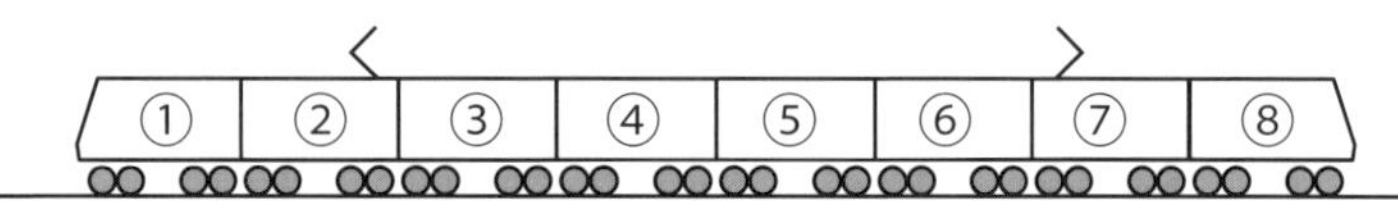

▼動力集中方式:フランスのTGVなど

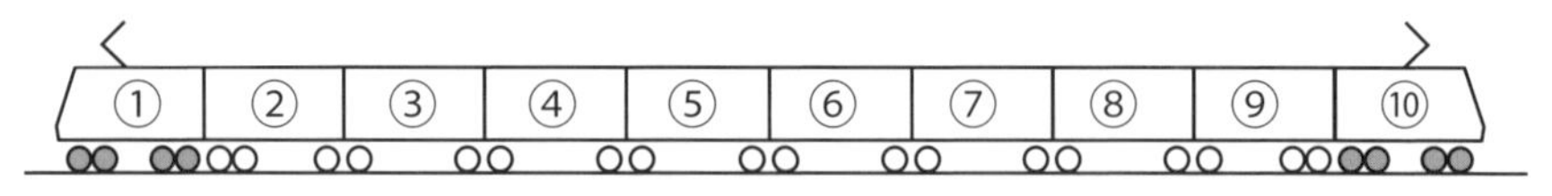

凡例:●は電動機付き

高速鉄道の世界的な広がり

高速列車が、航空機や自動車と競争して優位に立つ範囲として、料金設定や運行頻度にもよりますが、従来は走行時間にして3時間以内、距離にして300～500kmの範囲といわれてきました。しかし、最近では、テロ対策による空港での保安検査の長時間化、都市によりますが空港までの交通渋滞、また列車内の快適性の向上や300km/h以上の高速化といった条件の変化から、4時間程度、300～800kmまで範囲が広がってきています。

近年、西ヨーロッパや東アジア以外の地域でも、経済成長回廊の形成、環境問題やエネルギー効率の観点などから、高速鉄道の計画や調査の実施、プロジェクトの入札が行なわれたり、建設が開始されています。これらの新規プロジェクトの成熟度は、構想段階のものから実施段階までさまざまではありますが、東南アジアや南アジア・北アメリカなど、高速鉄道の整備は世界的な広がりをみせてきています。

■高速鉄道の世界分布■

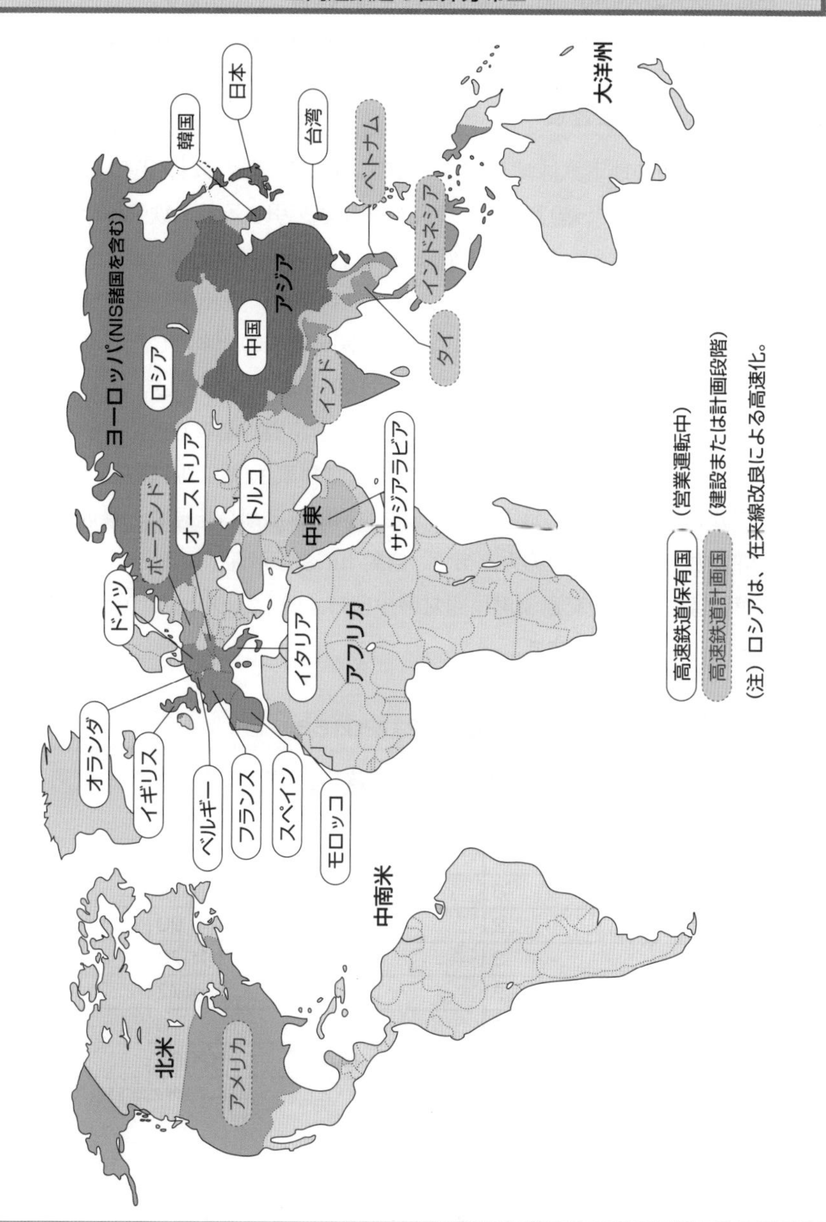

10-6 世界の地下鉄（メトロ）

地下鉄(メトロ)は、都市公共交通の主役として世界約160の都市で活躍しています。アジアとヨーロッパの合計路線延長は全体の73%を占めていて、さらにアジアの大都市において精力的に整備が進められています。

地下鉄の歴史と普及

世界最初の地下鉄は、1863年にロンドンで開業したメトロポリタン鉄道(現在のサークル線)ですが、蒸気機関車が牽引する地下鉄でした。続いて1890年には、同じくロンドンのシティ・アンド・サウス・ロンドン鉄道(現在のノーザン線)が円形断面の深いトンネル(チューブ)を使って完成しましたが、このときもまだ電車ではなく電気機関車牽引の列車でした。電車を用いた世界最初の地下鉄は、ブダペストで1896年に開業しました。

それ以降、ヨーロッパや北アメリカの大都市で、電車方式による地下鉄が建設され、1927年には日本最初の地下鉄が東京(銀座線)で開業しました。第二次世界大戦以後、地下鉄の普及は世界的な広がりを見せ、最近では、人口集中が著しいアジアの大都市で、自動車による渋滞や大気汚染·エネルギー浪費・事故などの交通環境問題対策からも、地下鉄(メトロ)の計画・整備が盛んに進められています。

■世界の地下鉄(2015年)■

地域	国の数	都市数	延長（km）	比率（%）
アジア	13	50	5012	40
ヨーロッパ	20	61	4189	33
ロシア・NIS	8	18	814	6
アフリカ	2	2	90	1
北アメリカ	3	22	1979	16
中南米	6	11	477	4
オセアニア	0	0	0	0
合計	52	164	1万2561	100

出典：『世界の地下鉄』（ぎょうせい）

　このように地下鉄(メトロまたはMRT*)は、都市内における大量・高速輸送手段として都市機能を維持するうえで必要不可欠な公共交通機関です。

地下鉄の線路配置技術

●乗り換えの利便性を考えた線路配置

　シンガポール地下鉄の南北線と東西線の両線が結節する都心部のシティ・ホール(City Hall)駅とラッフルズ・プレイス(Raffles Place)駅では、地下ホームが2階構造になっていて、駅前後の線路配置を工夫して同一ホームで方向別に南北線と東西線の乗り換えができ、大変便利になっています。

■シンガポール地下鉄の乗り換えが便利な線路配置■

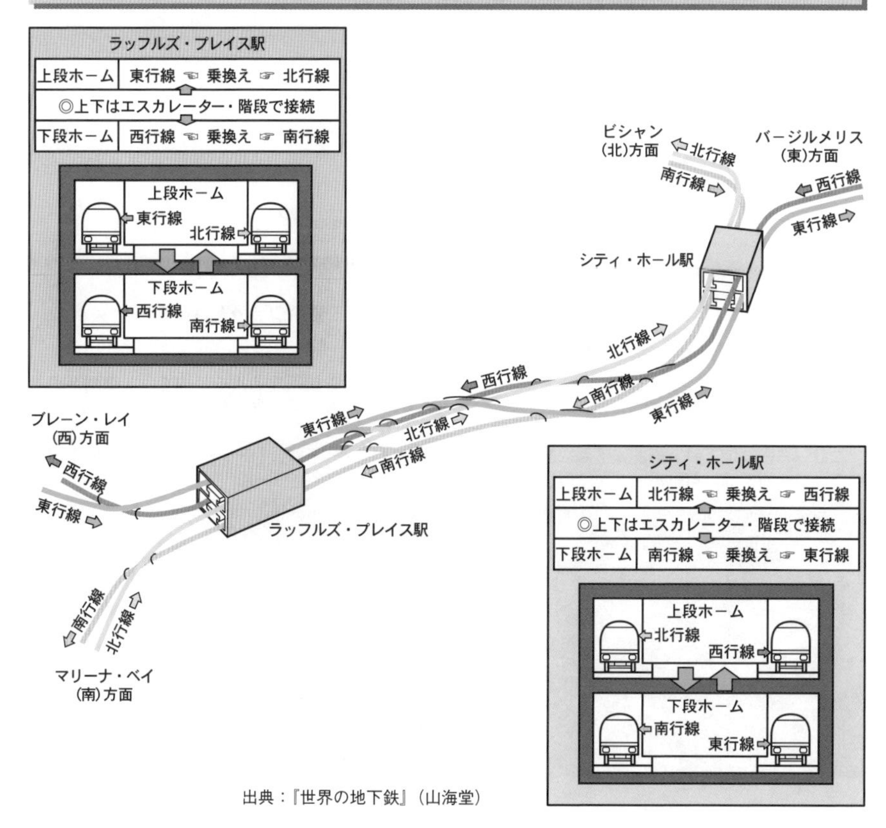

出典：『世界の地下鉄』（山海堂）

＊MRT　Mass Rapid Transit(大量高速輸送システム)の略称。アジアの都市鉄道(地下鉄や高架鉄道)で使われることが多い呼び方。

●終端駅の折り返しループ線

地下鉄の電車が終端駅に到着して折り返す場合、運転してきた先頭車両とは反対側の端にある車両の運転台を使用するのが一般的です。これに対して、駅の配線をループ線にすると、同じ運転方向でそのまま出発できるので、折り返し時間の短縮が図れます。このようなループ線は、ニューヨークとロンドンの地下鉄にあります。

■ニューヨーク地下鉄の終端駅における折返しループ線■

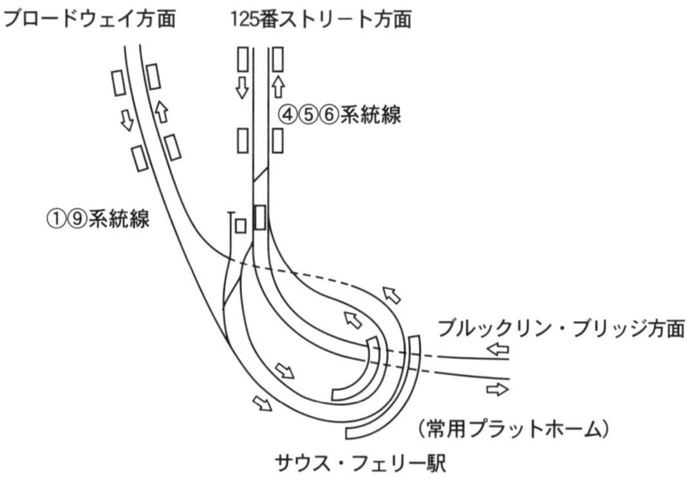

曲線区間にホームを設置するループ線では、車両との隙間が大きくなるため、可動ホームを使用している。

出典：『世界の地下鉄』（山海堂）

▼ニューヨーク地下鉄。急曲線区間にあるサウス・フェリー駅では、可動ホームを使用している。

▼ロンドン地下鉄。「チューブ」と呼ばれる円形小断面のジュビリー線

●省エネルギー型縦断勾配の採用

イギリス北部にあるグラスゴーの地下鉄は、駅位置を高くして、駅間を低くする縦断勾配を採用した世界初の省エネルギー型地下鉄として建設されました。このような縦断勾配を採用した場合、電車が駅を出発すると、線路が下り勾配になって加速を助け、逆に駅に近づくと上り勾配になって減速時の制動エネルギーを小さくできる利点があります。

省エネルギー型の縦断勾配は、ロンドンやモスクワ・モントリオールなどの地下鉄で採用されており、サンクトペテルブルクの地下鉄では40‰の勾配を使っています。

■省エネルギー型の縦断勾配の例■

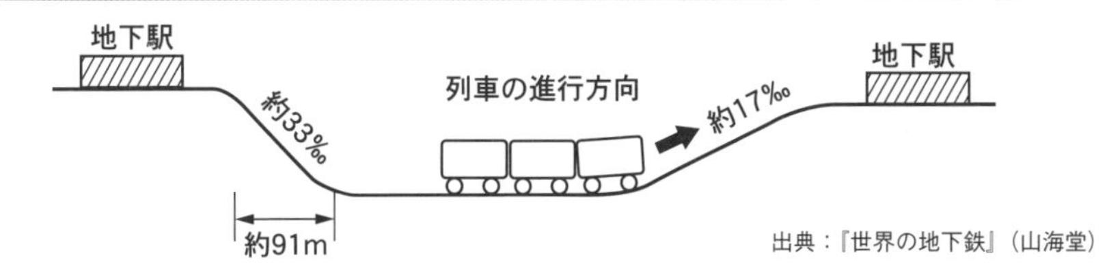

出典：『世界の地下鉄』（山海堂）

▼グラスゴー地下鉄。省エネルギー型縦断勾配と小断面車両を採用している

▼グラスゴー地下鉄。小断面車両の高さは大人の身長くらいである

▼モスクワ地下鉄。最初に開通した1号線を走るロシア製の電車

▼サンクトペテルブルク地下鉄。世界で初めてホームドアを設置

10-7 世界の路面鉄道

路面電車というと、時代遅れな乗り物だと考えられがちですが、最近では斬新なデザインの新型車両を既設路線に走らせたり、町づくりの基軸として新しい路線が整備されるなど、人にやさしい乗り物として復活しています。

路面鉄道の復活

路面鉄道は、19世紀末から20世紀前半にかけて、世界各地の主要都市の交通手段として活躍し、全盛期を迎えていましたが、自動車が普及し増加するのに伴ない、道路の邪魔者のような扱いを受け、路線が縮小されたり、廃止されてきました。

ところが、自動車の渋滞や排ガスが大きな社会問題になり、最近では環境や人にやさしい乗り物として、新型車両を用いた路面電車が世界各地で登場してきています。昔ながらの路面電車が残っている都市もありますが、ヨーロッパでは、斬新なデザインで乗りやすい低床式の車両を導入したり、またアメリカやカナダ・アジアでは、**LRT**(**Light Rail Transit**)と呼ばれる新しい路面電車システムが導入されるなど、全世界約400の都市で市民の手軽な交通手段として活躍しています。

■世界の路面鉄道(2008年)■

地域	国の数	都市数	延長（km）	比率（%）
ヨーロッパ (うち旧東欧)	24 (9)	184 (71)	8835 (3255)	55 (20)
南北アメリカ	5	42	1529	9
ロシア・NIS	7	104	4508	28
アジア	7	35	752	5
オセアニア	2	4	265	2
アフリカ	2	3	146	1
合計	47	372	1万6035	100

出典:『世界のLRT』（JTBパブリッシング）のデータを参考に作成。

なお、旧ソ連や旧東欧諸国では、昔ながらの路面電車が走っている都市が今なお多く残っています。これは、社会主義体制の時代に自動車交通量がさほど多くなく、路面鉄道を公共交通として活用したためです。

さまざまなタイプの路面鉄道

●【ベルリン】世界初の路面鉄道

ベルリンは、世界で最初(1881年)に営業用の路面電車が走り始めた都市として知られています。しかしながら、この路線網は第二次世界大戦後、東西に分断されてしまい、西ベルリン側は全廃、東ベルリン側にのみ残っていました。1990年に東西ドイツが再統一されて以降、ベルリンの路面鉄道は、旧東側では路線が延長され、その路線は旧西側にまで延びてきています。

●【フランス】架線のない最新型の低床式路面電車

ワインの産地で有名なフランス南西部にあるボルドーでは、架線のないタイプの低床式路面電車が2003年から営業運転をしています。これは、歴史的な建造物のある都心部を通る路面鉄道の地上電化設備が景観を損ねないようにするためで、路面に設置された第三軌条から集電する方式を採用しています。

●【香港】全面に広告を描いた2階建ての路面電車

いろんな広告が車体全面に描かれ、まるで走る広告塔のような路面電車がビクトリア・ハーバーに面した香港島北側の大通りを頻繁に走っています。創業が1904年ですから116年の歴史があり、ここでは今なお2階建ての路面電車が主役として活躍しています。

▼旧東ベルリンを走る新型路面電車(ドイツ)

▼架線がないボルドーの新型路面電車(フランス)

▼高層ビルの谷間を走る2階建て路面電車(香港)

10-8 世界の鉄道構造物比較

世界にはさまざまな鉄道があり、敷設地域の地形や自然条件を克服して建設されています。そのような中から橋梁やトンネル・標高・電化率などの世界ランキングを見てみましょう。なお、ここで示すものには、上位からの順番ではなくて地域ごとの代表例もあります。

鉄道橋梁の高さ

中国の水紅線（シュエイホン）で2001年に完成した**北盤江大橋**（ペイパンジャン）（長さ486m・高さ275mのアーチ橋）が世界で一番高い鉄道橋梁です。ただし、インド・カシミール地方のチェナブ川で建設中の鉄道橋梁は高さが359mもあり、完成すれば世界一になります。

■世界の鉄道橋梁の高さ■

国名	橋梁名	水面からの高さ	記事
中国	北盤江大橋	275m	世界第1位
モンテネグロ	マラ・リイェカ鉄道橋	198m	世界第2位
フランス	ファド鉄道橋	132m	世界第3位
日本	南阿蘇鉄道第一白川橋	65m	日本第1位

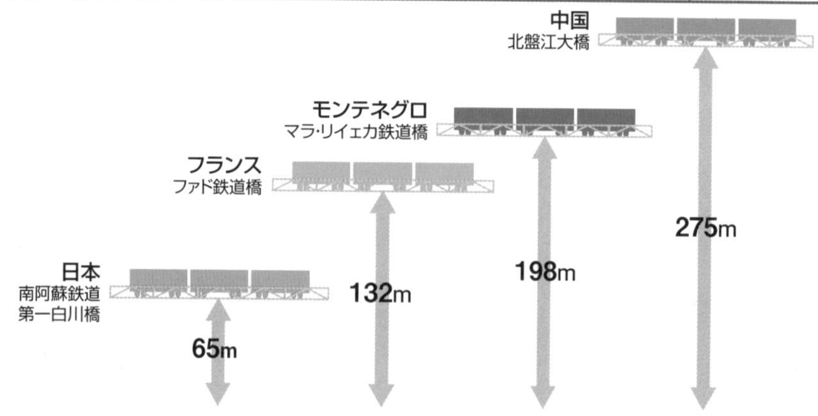

(注)高千穂鉄道が2008年12月に廃止されるまでは、高千穂鉄道橋（高さ105m）が日本第1位だった。

鉄道トンネルの長さ

大きな山脈を抜けたり、海峡を横断するために長大トンネルが建設されます。世界最長は、2016年に完成したスイスの**ゴッタルド基部トンネル**（長さ57.104km）です。このトンネルは、大気汚染の原因のひとつである貨物トラックの交通量を削減するために、トラックを鉄道で運ぶ方式を採用することを目的としてアルプス山脈を貫いて建設されました。それまでは、日本の本州と北海道を結ぶ青函トンネルが世界最長でした。

■世界の長大トンネル■

国名	トンネル名	長さ	記事
スイス	ゴッタルド基部トンネル	57.104km	世界最長
日本	青函トンネル	53.850km	世界第2位
イギリス・フランス	英仏海峡トンネル	50.450km	世界第3位
スイス	レッチュベルク基部トンネル	34.577km	世界第4位
日本	八甲田トンネル	26.455km	世界第8位

▼ゴッタルド基部トンネル

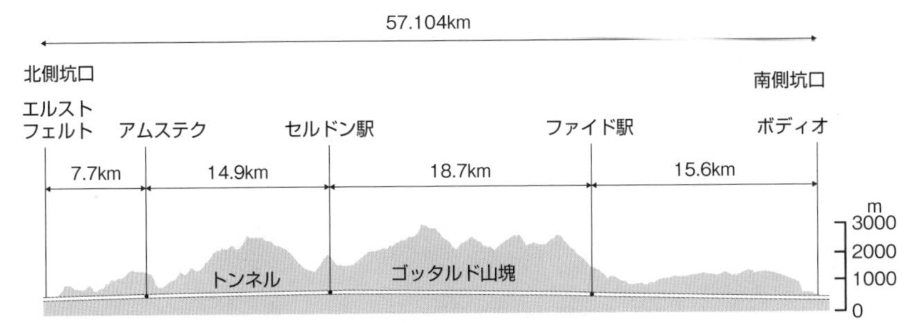

▼青函トンネル

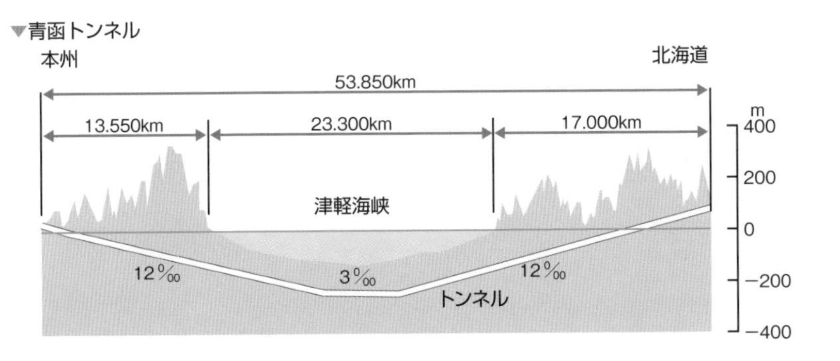

海底鉄道トンネルの深さ

日本の青函トンネルが世界最深（水深140m）のトンネルで、第2位はイギリス・フランス間の英仏海峡トンネルとトルコの**ボスポラス海峡横断トンネル**の水深60mです。トルコ・イスタンブールのアジア側とヨーロッパ側を結ぶボスポラス海峡横断トンネルは、鉄筋コンクリート製の函体（かんたい）を沈めて接合する**沈埋工法**（ちんまい）で建設され、沈埋工法では世界最深のトンネルです。

世界の海底鉄道トンネルの深さ

国名	トンネル名	最深部の水深	記事
日本	青函トンネル	140m	世界最深 山岳工法
イギリス・フランス	英仏海峡トンネル	60m	世界第2位 トンネル掘削機による全断面掘削
トルコ	ボスポラス海峡横断トンネル	60m	世界第2位 沈埋工法 2013年開業
アメリカ	サンフランシスコ BART（地下鉄）用のトンネル	42.5m	沈埋工法

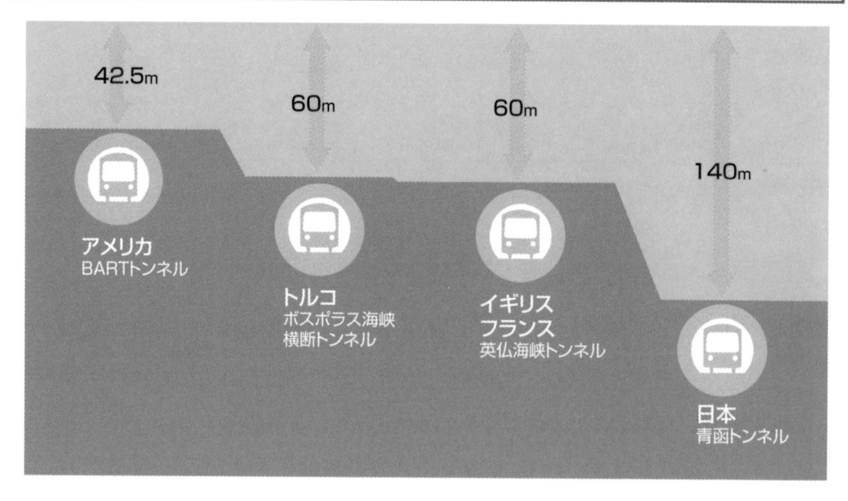

鉄道路線の標高

従来は、標高が5000m近い南米のアンデス山脈を走る高山鉄道が標高世界ベスト10を独占していましたが、2006年7月1日に中国の青海(チンハイ)省とチベットのラサを結ぶ**青蔵鉄道**(チンツァオ)が開業し、一気に世界最高地点の座に着きました。青蔵鉄道は、高山地帯の永久凍土帯で建設が行なわれ、そこを走る車両には気圧調整装置がついています。

世界の鉄道路線の標高

国名	路線	場所	標高	記事
中国	青蔵鉄道	唐古拉(タングラ)	5072m	世界最高
ペルー	ペルー中央鉄道	ラシーマ	4818m	世界第2位
ボリビア	ボトシ支線	コンドル	4787m	世界第3位
スイス	ユングフラウ鉄道	ユングフラウヨッホ	3454m	ヨーロッパ最高
日本	小海線	野辺山(野辺山駅〜清里駅間)	1375m	日本最高

m
5000
4000
3000
2000
1000
0

タングラ
中国　5072m
(世界最高)

ラシーマ
ペルー　4818m

コンドル
ボリビア　4787m

ユングフラウヨッホ
スイス　3454m(ヨーロッパ最高)

野辺山
日本　1375m(日本最高)

▼青蔵鉄道のラサ駅(提供：柴田耕一)

▼ユングフラウ鉄道(提供：三浦一幹)

鉄道の電化率

鉄道の**電化率**を比較すると、上位をヨーロッパの国が占めています。これは、水力発電が活用できたり、国策として電化を進めた結果です。中でもスイスは、一部の登山鉄道(蒸気機関車やディーゼル方式)以外は、ほぼ完全に電化されています。日本の電化率62%も高水準です。

世界の鉄道電化率(2013年)

国名	電化率	記事
スイス	99%	世界第1位、AC* 15kV 16⅔Hz
イタリア	71%	DC* 3000V
スウェーデン	71%	AC15kV 16⅔Hz
日本	62%	AC20kV/25kV、DC1500V
スペイン	61%	DC3000V、AC25kV 50Hz

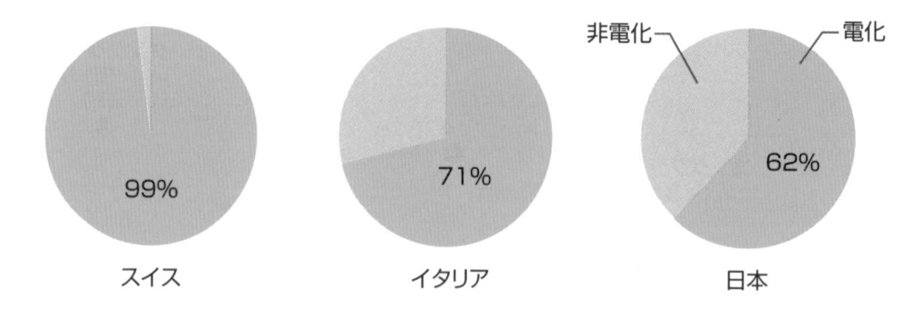

出典：『世界の鉄道』（ダイヤモンド社）

▼地方都市を走る近郊電車(スイス)

▼車体傾斜機構付き高速電車ETR600(イタリア)

▼ストックホルムと地方都市を結ぶ特急電車(スウェーデン)

＊**AC**　Altanating Current（交流）。
＊**DC**　Direct Current（直流）。

最北の旅客駅

世界最北の旅客駅は、ロシアのムルマンスク駅です。北緯68度58分ということは、北極圏（北緯66度33分以北）にあることになります。少し緯度は低いですが、ノルウェーのナルヴィーク駅も北極圏にあります。アメリカ大陸最北の旅客駅は、アラスカのフェアバンクス駅です。

■世界最北の旅客駅■

国名	駅名	緯度	記事
ロシア	ムルマンスク	北緯68度58分	世界最北
ノルウェー	ナルヴィーク	北緯68度25分	ヨーロッパ最北
アメリカ	フェアバンクス	北緯64度51分	アメリカ大陸最北
中国	古蓮(クーリェン)	北緯52度59分	アジア最北
日本	稚内	北緯45度25分	日本最北

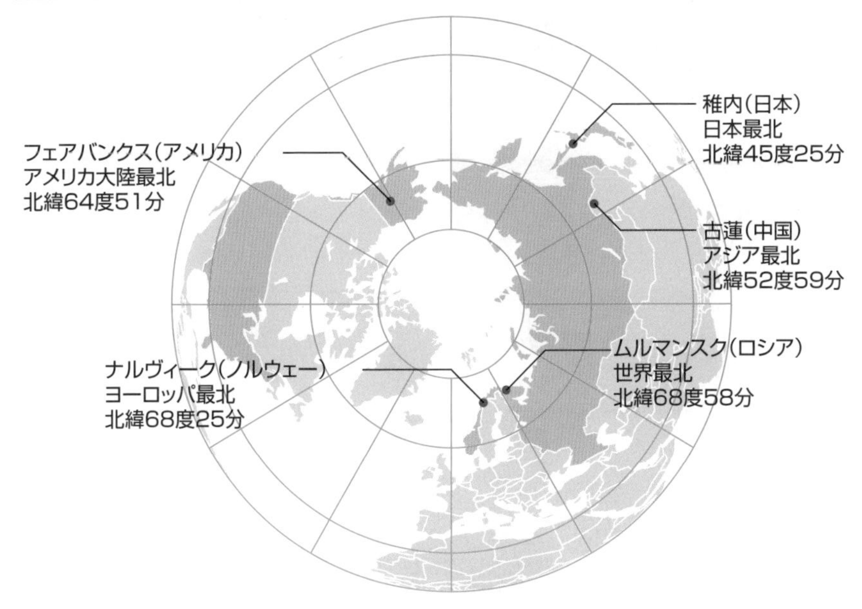

10-9 世界の軌間分布

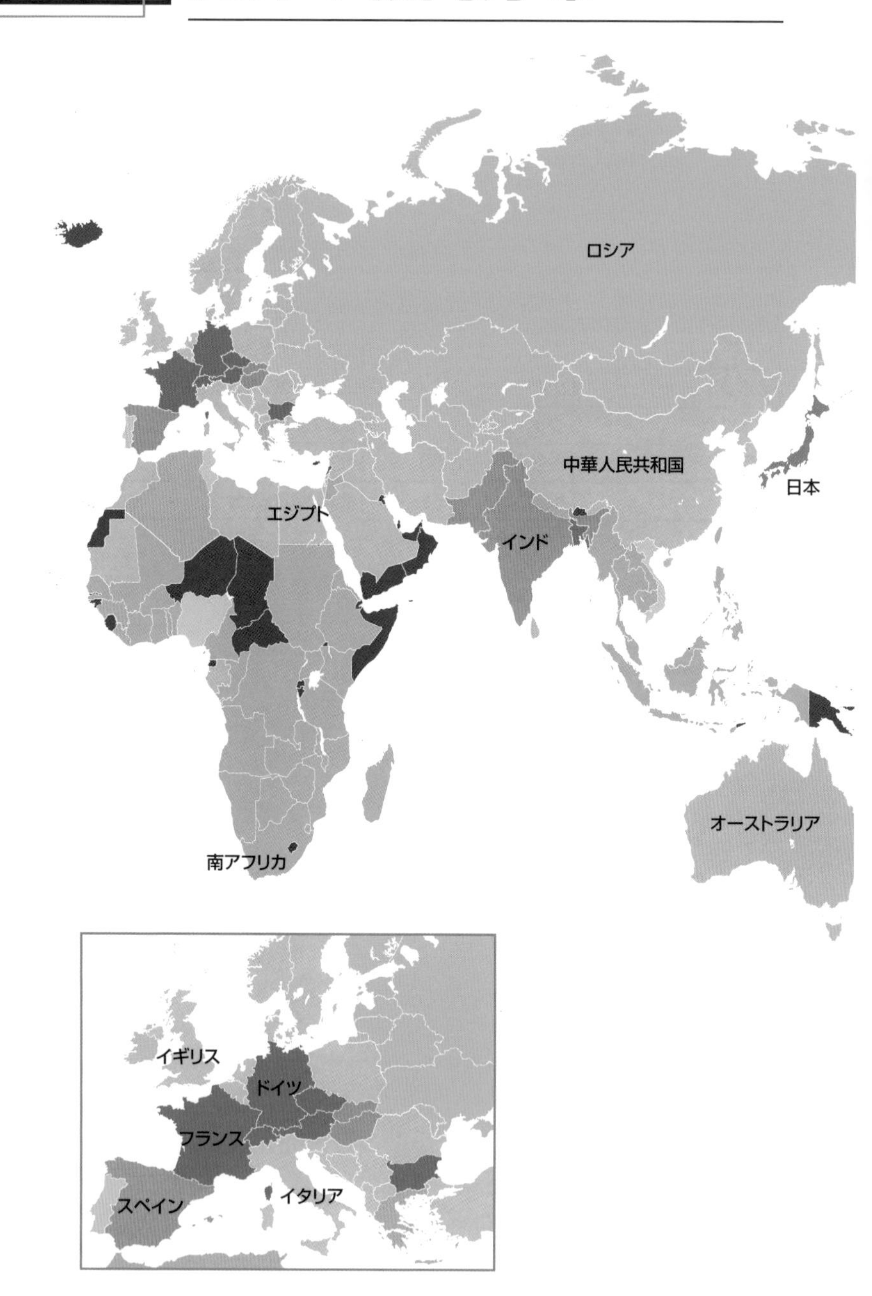

ロシア
中華人民共和国
日本
エジプト
インド
オーストラリア
南アフリカ
イギリス
ドイツ
フランス
スペイン
イタリア

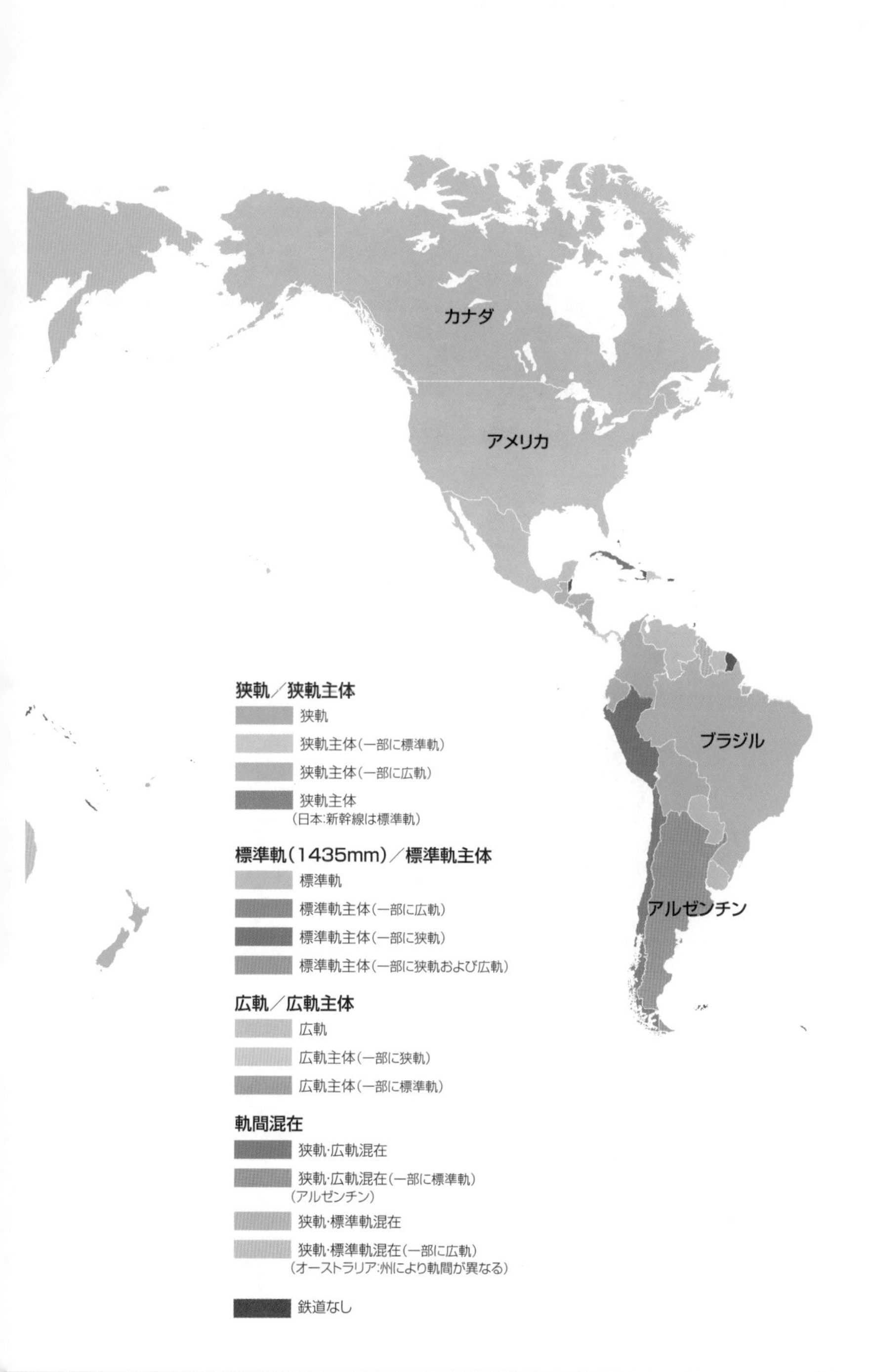
カナダ
アメリカ
ブラジル
アルゼンチン
狭軌／狭軌主体
狭軌
狭軌主体（一部に標準軌）
狭軌主体（一部に広軌）
狭軌主体
（日本:新幹線は標準軌）
標準軌（1435mm）／標準軌主体
標準軌
標準軌主体（一部に広軌）
標準軌主体（一部に狭軌）
標準軌主体（一部に狭軌および広軌）
広軌／広軌主体
広軌
広軌主体（一部に狭軌）
広軌主体（一部に標準軌）
軌間混在
狭軌・広軌混在
狭軌・広軌混在（一部に標準軌）
（アルゼンチン）
狭軌・標準軌混在
狭軌・標準軌混在（一部に広軌）
（オーストラリア:州により軌間が異なる）
鉄道なし

10-10 世界の電化方式分布

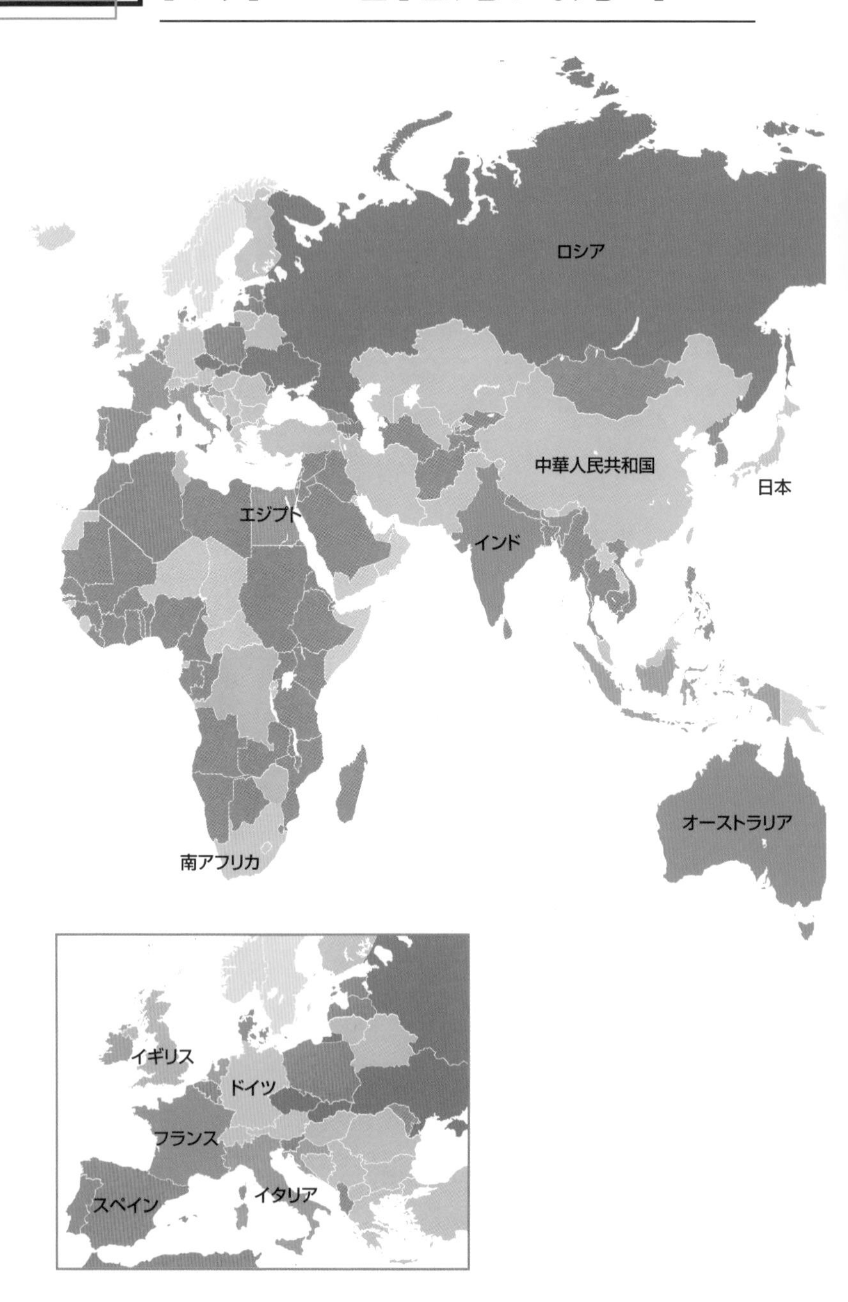

カナダ
アメリカ
ブラジル
アルゼンチン
直流／直流主体
DC3kV〜
DC3kV〜主体
DC3kV〜主体(一部にAC25kV)
DC3kV〜主体(一部にAC25/50kV)
(南アフリカ共和国)
DC3kV未満
DC1.5kV未満
交流／交流主体(50/60Hz)
AC25kV
(台湾は60Hz)
AC25kV主体(一部にDC3kV〜)
AC25kV主体(一部にDC3kV未満)
(韓国は60Hz)
AC50kV主体(一部にAC25kV、DC)
(カナダ:60Hz)
交流主体(25Hz)
AC11〜13kV主体(一部に60HzAC、DC)
(アメリカ)
交流／交流主体(16 2/3Hz)
AC15kV
AC15kV主体(一部にAC11kV、DC)
直流・交流混在
AC25kVとDC30kV〜混在
AC25kVとDC30kV未満混在
AC25kVとDC1.5kV未満混在
AC20kVとDC1.5kV混在
(日本:新幹線はAC25kV)
非電化
鉄道なし

10-11 海外に広がる日本の鉄道技術

1964年の東海道新幹線の開業以来、質の高い日本の鉄道技術は海外から高く評価され、日本の鉄道システムは、アジア・アフリカ・中南米などの開発途上国だけでなく、欧米の鉄道先進国へも輸出されています。

国際協力機構（JICA）の円借款を活用した鉄道整備

開発途上国の多くは、全国鉄道網の改善や大都市の自動車問題（渋滞・大気汚染）への対応、既存路線の改良などのために、幹線鉄道や都市鉄道・高速鉄道などの鉄道インフラの整備を必要としています。しかしながら、このような鉄道プロジェクトには多額の資金を必要とするため、先進諸国は、**政府開発援助**（ODA＝Official Development Assistance）により開発途上国を支援しています。

国際協力機構（JICA＝Japan International Cooperation Agency）は日本の政府開発援助の実施機関です。JICAの金融方式には**円借款**と**海外投融資**がありますが、鉄道インフラの整備には円借款が多く使われています。低金利・長期償還という緩やかな条件の円借款を開発途上国に供与することにより、鉄道インフラの整備を支援しています。

円借款のひとつに**本邦技術活用条件**（STEP（ステップ）＝Special Terms for Economic Partnership）があります。これは、日本の優れた技術やノウハウを活用し、開発途上国への技術移転を通じて日本の「顔が見える援助」を促進するために、2002年に導入されました。STEPの条件を満たせば、日本企業が主体的に鉄道プロジェクトを実施することになります。

このような鉄道の建設・改良だけでなく、鉄道にとって重要な運行の安全を確保するためにも円借款を用いて、この分野の能力向上に取り組んでいます。

■円借款により完成した海外の鉄道プロジェクト■

▼【コンゴ民主共和国】1983年に完成したマタディ橋(鉄道道路併用吊橋)。

▼【ベトナム】南北統一鉄道の橋梁架け替え事業(2005年～2017年)。

▼【インド】2002年に開業したデリーメトロ

▼【インドネシア】2019年に開業したジャカルタの都市鉄道(MRT)(提供：渡辺政博)

国際協力銀行（JBIC）による金融方式

国際協力銀行(JBIC＝Japan Bank for International Cooperation)は、日本企業の国際競争力の維持と向上、地球環境の保全などを目的として、海外におけるインフラ分野や環境分野などの事業を促進しています。JBICの主な金融方式には、輸出金融と投資金融があります。

輸出金融とは、日本企業の機械・設備などの輸出・販売の費用を融資するものです。貸付先は外国の輸入者か外国の金融機関になり、外国の輸入者に対する融資を**バイヤーズ・クレジット**（Buyer's Credit）と呼び、外国の金融機関に対する融資を**バンク・ローン**（Bank Loan）と呼びます。融資の条件として、**日本貿易保険**（NEXI＝Nippon Export and Investment Insurance）による保証をつけることと、民間の金融機関との協調融資を行なうことが条件になっています。

　もうひとつの**投資金融**とは、日本企業が**官民連携**（PPP＝Public-Private Partnership）で事業を実施する際に融資する制度で、日本企業が設立する**特別目的会社**（SPC＝Special Purpose Company）に融資を行ないます。

　鉄道関連では、車両や車両部品の輸出支援、日本企業が出資する会社による車両調達や車両基地整備に対する融資を行なっています。最近の事例として、イギリスにおける**都市間高速鉄道計画**（IEP＝Intercity Express Programme）に対するプロジェクト・ファイナンスがあります。

JBICの融資により輸出された鉄道車両

▼【イギリス】IEPにより幹線鉄道に導入されたClass 800高速電車

海外から受注した鉄道プロジェクト

　日本の政府関係機関であるJICAとJBICが関与するプロジェクト以外に、海外の政府などから直接受注する鉄道プロジェクトもあります。

　高速鉄道の代表例が、新幹線の海外輸出第一号といえる**台湾高速鉄道**です。フランスとドイツのヨーロッパ連合に日本が勝ち、新幹線システムが導入され、2007年に開業しました。またイギリスの高速列車ジャヴェリンも日本製です。

　都市鉄道として、台北とシンガポールの地下鉄、ニューヨークとワシントンの地下鉄などに日本製の電車が納入されています。またアメリカのダラスやロサンゼルスなどでは日本製の近郊電車や路面電車（LRT）も走っています。

日本製の**AGT**（**Automated Guideway Transit**）は空港ターミナル間の移動用にアジアやアメリカの空港で多く採用されていますが、都市交通機関としてマカオで2019年末から運行を開始しました。

■海外から受注した鉄道車両■

▼【台湾】日本の700系新幹線をもとにした川崎重工製700T型高速列車

▼【台湾】在来幹線に投入されている日本車両製の振子式電車「普悠瑪(プユマ)」

▼【マカオ】都市交通機関として整備された三菱重工製のAGT(提供：三浦一幹)

▼【ドバイ】ドバイメトロを走行する近畿車輛製の電車

▼【イギリス】イギリスの高速新線を走行する日立製のジャヴェリン

▼【アメリカ】ダラスの都市鉄道輸送で活躍する近畿車輛製の電車

COLUMN 世界の高速列車

▼韓国の「山川(サンチョン)」。韓国・現代ロテム社製の動力集中方式

▼中国のCRH380A。中国・中車製の動力分散方式

▼フランスの「イヌイ(inOui)」(従来のTGV)。フランス・アルストム社製の動力集中方式

▼トルコのYHT。ドイツ・シーメンス社製の動力分散方式

▼イタリアの「イタロ」。フランス・アルストム社製の動力分散方式

▼ロシアの「サプサン」。ドイツ・シーメンス社製の広軌動力分散方式

COLUMN 天才技師ブルネルとゲージ戦争

ロンドンにあるパディントン駅は、グレートウエスタン鉄道のターミナルとして1838年に開業しました。1854年に完成した現在の駅舎は、天才技師イザムバード・キングダム・ブルネル（1806年～1859年）の設計です。長さが213mもある3連のアーチ式ガラス屋根が特徴です。

ブルネルの業績はいずれも革新的で、主なものだけでも ①クリフトン吊橋（1830年設計）、②ロンドン～ブリストル間の超広軌高速鉄道の建設（軌間2140mm、1841年開通）、③世界最長（当時）のボックス（箱形）トンネル（1841年）、④大気圧鉄道（1847年～1848年運転）、⑤ロンドンのパディントン駅（1854年完成）、⑥ロイヤルアルバート橋（1859年開通）があげられ、蒸気船の設計でも先例を超える業績を残しました。

ブルネルは1833年にグレートウエスタン鉄道（ロンドン～ブリストル間延長190km）の技師となり、この鉄道を7フィート4分の1インチ（2140mm）という超広軌で建設しました。その結果、大型の蒸気機関車が使用できる超広軌が高速運転に有利なことを実証したのです。

一方、当時のイギリスでは、蒸気機関車の父として知られるジョージ・スティーブンソン（1781年～1848年）が、1825年にロコモーション号を作った時に採用した4フィート8インチ半（1435mm）のゲージ（軌間）で鉄道が敷設されていました。

このためどちらのゲージで鉄道を建設するかについて、ゲージ戦争が起こりました。しかし、既に1435mmで建設された鉄道路線が多数を占めていたために、ブルネルの2140mmゲージの普及は阻まれました。最終的には、1846年にイギリスで軌間法が成立し、1435mmに統一されました。これが、今日「国際標準軌」と呼ばれるものです。ゲージ戦争の結果、ブルネルの超広軌が勝っていたら、世界の高速鉄道の軌間も2140mmが標準になっていたかもしれません。

▼ロンドンのパディントン駅にあるブルネルの像

COLUMN 南アフリカで運行する世界最長の貨物列車

南アフリカの鉄道（軌間1067mm）は貨物輸送が主体となっていて、コンテナを含めた一般貨物はもとより、内陸部の鉱山や炭田から輸出港まで、鉄鉱石や石炭の重量輸送も行なわれています。これらのうち重量貨物輸送用の鉄鉱石線と石炭線は、日本では見られない大規模な貨物専用鉄道です。

このうち、鉄鉱石の鉱山がある内陸部のSishen（シシェン）から大西洋岸の港Saldanha（サルダナ）までの861kmを結ぶ単線の貨物専用線は、世界でも珍しい交流50kV 50Hz電化を採用しています。1976年に開業したこの路線では、「ジャンボ」と呼ばれる積載量100トン（軸重30トン）の貨車を電気機関車5両が最大で342両を牽引しています。その輸送能力は4.1万トン、貨物列車の長さは約4100mあり、営業列車として世界最長です。

このように南アフリカの鉄道技術は、重軸重の貨物輸送では、狭軌にもかかわらず世界有数の水準にあります。

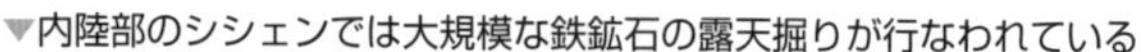

▼内陸部のシシェンでは大規模な鉄鉱石の露天掘りが行なわれている

▼シシェンとサルダナを結ぶ長大貨物列車を牽引する電気機関車は、交流50kV 50Hzの電化路線を走行

▼342両の鉄鉱石貨車を牽引する世界最長4.1kmの貨物列車。列車の前後と中間2か所、合計4か所に電気機関車を配置している(提供：Transnet Freight Rail)

▼南アフリカの鉄鉱石線(延長861km)と石炭線(延長450km)・マンガン線

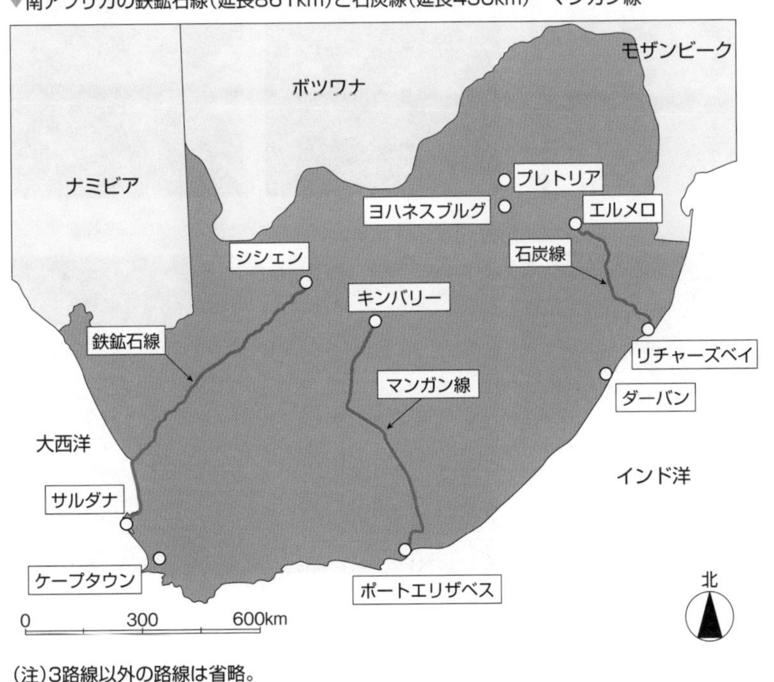

(注)3路線以外の路線は省略。

COLUMN 剛体架線と架空電車線との接続

明かり区間は架空電車線、隧道区間は架空電車線の場合も多くありますが、地下鉄で用いる剛体架線も使用しています。地下鉄では、新しく、維持管理の軽減のために軽量剛体架線を明かり区間にも連続して採用している例が海外では見られます。

普通鉄道でも隧道断面が小さく、架空電車線方式では絶縁距離が確保できない場合、隧道区間に剛体架線が使用され、明かり区間の架空電車線との接続が生じます。

また、地下鉄でも隧道区間はもちろん剛体架線が使用されていますが、橋梁や地上の車両基地は架空電車線であり、その明かり区間との接続が生じます。その一例を写真で紹介します。

■鋼体架線と架空線の接続例

▼架空線同士の接続例

▼鋼体架線同士の接続例

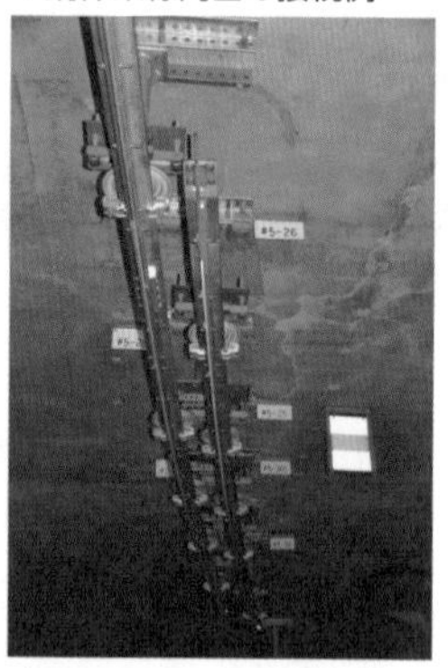

▼剛体架線と架空線の接続例

▼剛体架線と架空線の接続例(交流20kV)隧道外から

▼剛体架線と架空線の接続例（LRTの終端駅）

■剛体架線の例

▼地下鉄の剛体架線の例（左：単線、右：複線）

▼LRT終端駅の剛体架線の例

COLUMN 特殊な軌道(複雑分岐・まくら木・レール防振等)のいろいろ

特殊な分岐・まくら木・レール制振・３線・本線クロスを紹介します。

▼複雑分岐：シーサス、シングルスリップ、片わたり、３分岐、ダイヤモンドクロスなど多岐にわたっています。

▼鉄まくら木と絶縁：通常は、木製まくら木、コンクリートまくら木、合成樹脂まくら木ですが、鉄まくら木も使われています。但し、左右のレールを短絡しない様に左右を絶縁しています。

▼レール制振：重量の重い高速列車が走行する路線には、車両走行時のレール振動音を低減するための制震装置がレールに取り付けられています。

▼3線式：1067㎜と1435㎜の3線式の軌道もあります。青函隧道がその例です。

▼本線同士のクロス渡り：15両編成が頻繁に高速で行き来する本線上のクロス渡りです。

▼ダブルスリップ分岐器

▼シングルスリップ分岐器

COLUMN レールの数々と輸送

鉄道のレールは、日本製鉄八幡製鉄所で製作され、日本以外のアメリカなどの海外にも輸出され、使われています。これらは、八幡から各地に鉄道や船で輸送されています。

▼レール断面寸法(例)：高さA、底部幅B、頭部幅C、厚さD

規格	記号	サイズ	A (mm)	B (mm)	C (mm)	D (mm)
JIS E1101-2001 (普通レール) JIS E1120-2007 (HHレール)	37A、 40N、 50N、 60	37kg 40kg N 50kg N 60kg	122.24 140 153 174	122.24 122.24 127 145	62.71 64 65 65	13.49 14 15 16.5
AREMA2011 American Railway Engineering And Maintenance Association	115RE(L-10) 132RE 136RE(L-10) 141RE	115lbs 132lbs 136lbs 141lbs	168.27 180.97 185.73 188.91	139.7 152.4 152.4 152.4	69.05 76.2 74.61 77.79	15.87 16.66 17.46 17.46
EN13674-2011 European Norm	EN54 EN60	54kg 60kg	159 172	140 150	70 72	16 16.5
IRS T12-2009 Indian Railway Standard	IRS60	60kg	172	150	72	16.5
UIC860-R, International Union of Railways	UIC54 UIC60	54kg 60kg	159 172	140 150	70 72	16 16.5
GOST、State Standard of the Soviet Union	P65	65kg	180	150	75	18
AS Australian Standard	AS60 AS68	60kg 68kg	170 185	146 152	70 74.6	16.5 17.5

HH：Head Hardened Rail、頭部全断面熱処理レール(HH340：HH370)、重荷重レール(DHH、HE)

出典：日本製鉄パンフレット

▼日本各地に鉄道輸送されるレール

▼150m長尺レール輸送

▼25m定尺レール輸送

おわりに

全面改訂版制作の背景と謝辞

本書が 11 年ぶりに改訂になった背景を書いておきます。

2009 年版『図解入門 よくわかる 最新 鉄道の基本と仕組み』の中にある図面を講演用に使用させて欲しいとの依頼が読者から 2019 年 8 月下旬にありました。それ以外にも同書が欲しいのだけどどこで売っているのかとの問合せが、たびたび私にありました。ところが、同書は既に絶版になっていて、市場在庫もほとんどありませんでした。

そこで秀和システム第 2 編集局と相談し、ほぼ 1 年後の 10 月 14 日(鉄道の日)の発刊を目標として改訂作業を開始しました。しかしながら、前版の出版から 10 年も経っており、執筆者の中にはお亡くなりになった方もおられます。基本的には前版執筆者に改訂作業をお願いし、新規執筆者(鷲田鉄也氏と阿佐見俊介氏)にも参加していただき、分担改訂体制が整ったのが 2020 年 4 月のことです。

しかしながら、新型コロナウイルス感染拡大に伴ない、その頃から直接の打合せが困難になり、メールや電話による連絡により編集・改訂作業を進めました。写真は、基本的にすべてを差し替えることにし、つくばエクスプレスの総合車両基地で写真撮影をさせていただいただけでなく、磯部栄介氏の写真ライブラリーを活用させていただきました。また口絵の鉄道施設イメージ図も全面改訂し、磯部栄介氏のこだわりにより他に例を見ないものが出来上がりました。猛暑の夏にも執筆陣に作業をしていただき、2020 年 10 月の発刊に漕ぎつけることができました。

2009 年版に続き、多くの方々に本書を活用していただければ、執筆者一同大変嬉しく思います。最後になりましたが、本書制作にあたりお世話になった方々のお名前を挙げ、謝辞に代えさせていただきます。

2009年版でお世話になった方々

●法人（順不同）

首都圏新都市鉄道（株）、（財）鉄道技術総合研究所、北海道旅客鉄道（株）、東日本旅客鉄道（株）、四国旅客鉄道（株）、（社）日本地下鉄協会、中央復建コンサルタンツ（株）、（株）ぎょうせい、立山黒部貫光（株）、北九州高速鉄道（株）、御岳登山鉄道（株）、（財）東京都交通局協力会

●個人（50音順、敬称略）

大塚和之、小野田滋、小池房雄、河野祥雄、楠田和男、柴田耕一、島田健夫三、渋谷祥夫、菅建彦、高井薫平、高橋洋、地田信也、富澤征一、中田晴康、西野保行、原口隆行、藤森啓江、藤田崇義、古川裕、村石尚、山田直徳、楊志群、鷲尾敏昭、Alessandro Albè

2020年改訂版でお世話になった方々

●法人（順不同）

首都圏新都市鉄道（株）、東京地下鉄（株）、（一社）日本地下鉄協会、日本鉄道システム輸出組合、慶應大学鉄研三田会

●個人（50音順、敬称略）

笠原広和、亀井秀夫、島村聡彦、高井薫平、萩原武、藤森啓江、松本陽、三浦一幹、山田信一、渡辺政博

2020年10月（鉄道の日）

秋山芳弘

索引
INDEX

数字

A

B

C

D

F

G

H

I

J

か行

さ行

た行

な行

は行

ま行

や行

ら行

わ行

●参考文献

『わかりやすい鉄道技術 1［鉄道概論・土木編］』（(財）鉄道総合技術研究所鉄道技術推進センター、2003 年）
『わかりやすい鉄道技術 2［鉄道概論・電気編］』（(財）鉄道総合技術研究所鉄道技術推進センター、2004 年）
『わかりやすい鉄道技術 3［鉄道概論・車両編・運転編］』（(財）鉄道総合技術研究所鉄道技術推進センター、2005 年）
『鉄道工学ハンドブック』（久保田博、グランプリ出版、1995 年）
『鉄道の知を探る』（慶應大学鉄研三田会、山川出版社、2012 年）
『鉄道車両のダイナミックス』（日本機械学会、電気車研究会、2007 年）
『電車基礎講座』（野元浩、交通新聞社、2017 年）
『最新電気鉄道工学』（電気学会、コロナ社、2000 年）
『電気鉄道ハンドブック』（電気鉄道ハンドブック編集委員会、コロナ社、2007 年）
『JREA』（(一社）日本鉄道技術協会）
『日立評論』（(株）日立製作所、日立評論社）
『これからの都市交通』（都市交通研究会、山海堂、2002 年）
『第 2 版 鉄道技術用語辞典』（(財）鉄道総合技術研究所、丸善、2006 年）
『数字でみる鉄道 2019』（国土交通省鉄道局監修、（一財）運輸総合研究所、2020 年）
『世界の鉄道』（(一社）海外鉄道技術協力協会、ダイヤモンド社、2015 年）
『世界の鉄道調査録』（秋山芳弘、成山堂書店、2020 年）
『世界の地下鉄 151 都市のメトロガイド』（(社）日本地下鉄協会、ぎょうせい、2010 年)
『完全版 世界の地下鉄』（(一社）日本地下鉄協会、ぎょうせい、2020 年）
『新幹線と世界の高速鉄道 2014』（(一社）海外鉄道技術協力協会、ダイヤモンド社、2014 年）
『世界の高速列車』（三浦幹男・秋山芳弘、ダイヤモンド社、2008 年）
『世界の高速列車 II』（地球の歩き方、ダイヤモンド社、2012 年）
『世界の車窓から DVD ブック』（朝日新聞出版、2007 年～ 2009 年）

● 著者プロフィール

秋山　芳弘（あきやま　よしひろ）：監修

1953年、岡山県西大寺市生まれ。1976年、東京大学工学部卒業後、日本国有鉄道に入る。日本鉄道建設公団、社団法人海外鉄道技術協力協会を経て、現在は日本コンサルタンツ株式会社に所属。世界100か国を訪問し、約40か国で鉄道コンサルティングを行なうとともに、海外の鉄道情報を幅広く紹介する。

専門は鉄道計画・交通計画。主な著書に『世界の鉄道調査録』（成山堂書店）、『世界の鉄道』（編著、ダイヤモンド社）、『完全版　世界の地下鉄』（編著、ぎょうせい）、『世界の高速列車』（共著、ダイヤモンド社）、『鉄道で世界が見える！』（全9巻、旺文社）、『世界にはばたく日本力　日本の鉄道技術』（ほるぷ出版）、『世界鉄道探検記』（全3冊、成山堂書店）などがある。

執筆　第10章

阿佐見　俊介（あさみ　しゅんすけ）

1989年、滋賀県野洲市生まれ。2014年、京都大学大学院農学研究科を卒業後、西日本旅客鉄道株式会社に入る。主に運転部門の業務を経験し、現在、日本コンサルタンツ株式会社に出向中。インド国鉄の安全性向上調査、コロンビア国メデジン市の都市交通計画など海外鉄道に関するコンサルティング業務を行なう。

共著に『完全版　世界の地下鉄』（ぎょうせい）。専門は運転。

執筆　第3章

磯部　栄介（いそべ　えいすけ）

1948年、東京都世田谷区生まれ。1971年、慶應義塾大学工学部卒業後、株式会社日立製作所に入る。現在、一般社団法人日本地下鉄協会で、地下鉄に関する技術協力を行なう。

専門は電気鉄道とその関連技術。慶應義塾大学鉄道研究会所属。電気学会・日本技術士会所属、技術士（総合技術監理、機械、電気電子部門）。第31回市村産業賞受賞、電気学会「第10回　でんきの礎」顕彰受賞

主な共著に『最新　世界の地下鉄』（ぎょうせい）、『これからの都市交通』（山海堂）などがある。

執筆　第2章、「鉄道施設イメージ」原案

出野　市郎（いでの　いちろう）

1953年生まれ。1975年3月中央大学理工学部電気工学科卒業後、同年4月日本国有鉄道入社。鉄道技術研究所、JR東日本研究開発センターテクニカルセンターを経て、元日本電設工業株式会社技術開発本部長。

これまでに、電気鉄道の保守、工事と電気鉄道分野のき電回路保護・電食に関する研究に従事。技術士（電気電子部門）。第44回電気科学奨励賞オーム技術賞受賞。

執筆　第6章6-1～6-9節

佐藤　盛三（さとう　せいぞう）

1958年、札幌市生まれ。1982年、東京大学理学部卒業後、日本国有鉄道入社。1987年JR東日本入社、無線式信号システム（ATACS）の実用化プロジェクト担当部長などを歴任。2015年東日本電気エンジニアリング常務取締役、2019年大同信号株式会社専務取締役、2020年同社代表取締役社長に就任、現在に至る。

専門は鉄道信号システム。技術士（電気電子部門）。

執筆　第6章6-10～6-18節

千代　雄二（ちしろ　ゆうじ）

1947年、京都府京都市生まれ。1965年、日本鉄道建設公団〔現鉄道・運輸機構（独立行政法人鉄道建設・運輸施設整備支援機構）〕に入る。その後、株式会社レールウェイエンジニアリング、日本コンサルタンツ株式会社に所属した。

専門は鉄道計画・構造物計画。国内では在来線・新幹線、海外では台湾高速鉄道・中国高速鉄道・バンコック地下鉄・インド高速鉄道（ムンバイ～アーメダバード間）などの構造物計画（設計）に従事した。

著書は『これからの都市交通』（第7章モノレール、第8章AGT)、『図解入門　よくわかる　最新　鉄道の基本と仕組み』（第7章線路）など。

執筆　第7章、第8章

鷲田　鉄也（わしだ　てつや）

1965年生まれ。主に国内の鉄道を対象にした「乗る」「撮る」「調べる」をライフワークとする鉄道愛好家。鉄道関連書の企画、執筆にも携わる。

主な執筆協力：『分冊百科　歴史でめぐる鉄道全路線（JR・国鉄編、大手私鉄編、公営鉄道・私鉄編)』（朝日新聞出版)、『世界の高速列車Ⅱ』（ダイヤモンド社)、『図解　鉄道の技術』（PHP研究所)、『日本鉄道事始め』（NHK出版)、『動く図鑑MOVE　鉄道』（講談社）など。

執筆　第1章、第4章、第5章、第9章

●イラスト

小野寺　良明（おのでら　よしあき）

『図解入門　よくわかる　最新　鉄道の基本と仕組み』（2009年）初出図版

有限会社ブルーインク / 神林　光二（かんば　こうじ）

『図解入門　よくわかる　最新　鉄道の技術と仕組み』（2020年）新規図版

図解入門 よくわかる 最新 鉄道の技術と仕組み

発行日 2020年 11月 5日 第1版第1刷
2023年 12月 1日 第1版第4刷

監 修 秋山 芳弘
著 者 阿佐見 俊介／磯部 栄介／出野 市郎
佐藤 盛三／千代 雄二／鷲田 鉄也

発行者 斉藤 和邦
発行所 株式会社 秀和システム
〒135-0016
東京都江東区東陽2-4-2 新宮ビル2F
Tel 03-6264-3105（販売） Fax 03-6264-3094
印刷所 三松堂印刷株式会社 Printed in Japan

ISBN978-4-7980-6348-5 C0065